新水沙条件下弯曲和分汊河段
冲淤调整特点与机理

陈 立 张 为 王俊洲 陈 帆 著

国家重点研发计划项目课题（2016YFC0402101）资助

U0252497

科学出版社

北 京

内 容 简 介

三峡水库蓄水运用后，下游河段面临新的来水来沙条件，冲淤调整特点发生明显改变；弯曲和分汊两类不同河型河段的冲淤调整驱动因子与驱动机制不同，在蓄水后呈现出差异性冲淤调整特点。本书采用实测资料分析、概化水槽试验、数学模型、理论分析等研究手段，分析新水沙条件下弯曲河段凸岸边滩冲淤演变和主支汊冲淤调整特点，揭示新水沙条件下弯曲河段凸岸边滩"撇弯切滩"和分汊河段主支汊冲淤调整的驱动因子与驱动机制，对深化认识河床演变规律，丰富河床演变学等相关学科的理论和内容，指导长江中游河道整治与保护具有重要意义。

本书可供水力学及河流动力学相关专业的教师和研究生、河道管理人员，以及从事河流泥沙基础理论研究，河床演变与河道整治规划、设计和施工的人员阅读参考。

图书在版编目（CIP）数据

新水沙条件下弯曲和分汊河段冲淤调整特点与机理/陈立等著. —北京：科学出版社，2023.11
ISBN 978-7-03-076859-9

Ⅰ.① 新⋯　Ⅱ.① 陈⋯　Ⅲ.① 长江中下游-河流泥沙-泥沙冲淤-研究
Ⅳ.①TV152

中国国家版本馆 CIP 数据核字（2023）第 211322 号

责任编辑：何　念　张　湾/责任校对：高　嵘
责任印制：彭　超/封面设计：无极书装

科 学 出 版 社 出版
北京东黄城根北街 16 号
邮政编码：100717
http://www.sciencep.com
武汉精一佳印刷有限公司印刷
科学出版社发行　各地新华书店经销
*
开本：787×1092　1/16
2023 年 11 月第 一 版　　印张：13 1/4
2023 年 11 月第一次印刷　　字数：314 000
定价：**139.00** 元
（如有印装质量问题，我社负责调换）

前 言

长江为亚洲第一长河，流域面积约占我国陆地的 19%，流域人口约占全国总人口的 33%，地区生产总值约占全国的 47%。唐宋时期以后，长江中下游开始进行大规模的开发，以长江为中心的水运网络沟通南北、串联东西，为我国社会的兴盛和发展做出了不朽的贡献。1950 年以来，为促进经济建设，我国先后在长江流域修建了近 50 000 座水库，在流域防洪、灌溉、航运等方面发挥了巨大作用。大型水库的调水调沙作用显著改变了下游河道的水沙条件，破坏了原有的动平衡状态，河床通过纵向冲刷下切、侧向河岸侵蚀、横向摆动、洲滩消长等一系列冲淤响应的调整来达到新的平衡，从而对防洪、航运、生态等功能产生影响。同时，新水沙条件下，弯曲河段凸岸边滩、分汊河段江心洲滩等河床边界将不可避免地产生变形，水沙及河床边界条件调整后，长江中游弯曲和分汊河段的冲淤演变特点及驱动机制是否发生变化，河道演变将呈何种趋势，以及如何通过工程措施提前应对新水沙条件带来的不利变化等问题，都是当前亟须研究、解答的关键性问题。

本书着眼于分布在长江中游、数量众多的弯曲和分汊河段，基于对大量实测资料的分析，系统研究新水沙条件下长江中游弯曲和分汊河段河床调整的形态特征与冲淤调整特点，结合概化水槽试验、理论分析与数学模型，探讨新水沙条件下弯道凸岸边滩的冲淤演变规律和分汊河段调整的响应机制。全书分 9 章：第 1 章概述研究背景和弯曲、分汊河段水沙输移及演变规律研究现状；第 2～5 章为新水沙条件下弯曲河段冲淤调整特点与机理，介绍三峡水库建库后坝下游弯曲河段的演变特性，以此为基础通过概化水槽试验研究不同因素对弯道水流结构和凸岸边滩冲淤的影响，总结水库下游弯曲河段"撇弯切滩"现象的驱动机制；第 6～9 章为新水沙条件下分汊河段冲淤调整特点与机理，分析三峡水库建库后坝下游分汊河段河床调整和主支汊冲淤调整的特点，改进分汊河段阻力和分流比的计算公式，通过数学模型试验探明径流过程、来沙饱和度变化等对分汊河段总体冲淤、断面形态及主支汊冲淤调整的影响，结合理论推导与实测资料分析，得出分汊河段主支消长变化的驱动因子，以及各驱动因子对分汊河段主支消长变化的影响规律。

与本书内容相关的研究工作得到了国家重点研发计划项目课题"新水沙条件下长江航道演变机理及趋势"（2016YFC0402101）的资助，同时，本书在撰写过程中参考了许多研究者的有关成果，在此一并致谢。

由于作者水平和时间有限，书中不足之处在所难免，恳请读者批评指正。

作 者

2022 年 1 月

目　录

上篇　新水沙条件下弯曲河段冲淤调整特点与机理

第 *1* 章

绪　论

1.1 新水沙条件下河道冲淤调整特征概述

大江大河是生命的起源，孕育了人类文明，推动了人类经济社会的发展。长江是我国第一、世界第三长河，流域面积约 180 万 km^2，具有丰富的空间资源、能源资源和生态资源。作为我国南方文化的发祥地，长江数千年来与人类社会共同发展演变、奔流不息，时至今日，长江沿线仍是我国的经济重心与活力所在。

为满足经济发展的需求，人类与河流的关系从最初的受制于河流逐步演变至利用河流、改造河流，在充分挖掘河流各项功能的实践中，拦河大坝的修建一度被视作人类征服大自然的杰作。历史上第一座大坝修建于 5 000 年前（Petts and Gurnell，2005），随后世界上的主要河流陆续被 10 万多座大坝拦截。在带来防洪、灌溉、航运、发电效益的同时，大坝修建也带来了水沙条件的变化，引发了水库淤积、水库下游河道清水冲刷、江湖关系转变、入海泥沙减少、生物多样性降低等新的问题，给河流生态系统的健康状态造成了损害。以长江干流上的三峡水库为例，三峡水库蓄水后，约 70% 的泥沙被拦截在坝前，宜昌—大通河段各水文站的年输沙量较蓄水前减少 67%～92%，水沙关系明显改变，水库下游河道面临新的来水来沙条件，原有的动态冲淤平衡被打破，由此引发了河床纵向下切、断面形态和洲滩格局变化等一系列河床冲淤调整，对河流原有的防洪、航运、生态等产生了重大影响。

针对变异水沙条件对下游河道冲淤调整所造成的影响，众多学者从坝下游河道冲淤响应过程、断面形态变化特点、新平衡态河相关系等方面开展了细致的研究，但受水文地质、河床边界条件及人类活动干预程度差异的影响，不同河流展现出的调整特点不尽相同（Shin and Julien，2010；Zahar et al.，2008；Yang et al.，2007），在研究坝下游河道冲淤调整机制时，考虑地理背景和流域特征对河床演变影响的重要性逐渐凸显。从影响河床演变的主要因素来看，下游侵蚀基准面的变化在坝下游河道调整响应过程中为次要因素，进口水沙条件的变化为主导因素，河道边界条件虽受制于进口水沙条件，但其一旦形成，将直接对水沙输移规律产生影响，在决定坝下游河床冲淤演变方面发挥独立的作用（谢鉴衡，1997）。因此，越来越多的学者通过区分河型来研究水库下游的河床重塑过程（郑珊 等，2014；倪晋仁和张仁，1991）。

根据谢鉴衡（1997）提出的河型划分方法，冲积河流一般可以划分为顺直型、弯曲型、分汊型和游荡型四类。在三峡水库下游分布最多的为分汊型和弯曲型，其中，分汊河段更是占到全长的 75% 以上（李明和胡春宏，2017）。无论是紧邻三峡水库下游的砂卵石河段，还是河床可冲层厚度更大的沙质河床段，弯曲和分汊河段的冲淤调整普遍较为剧烈，对防洪、航运等产生了重要的影响。

本书以长江中游弯曲和分汊河段分布较多的宜昌—九江河段为研究对象，其全长约 950 km，根据河床组成及河道形态，一般可分为宜昌—枝城河段、枝城—城陵矶河段和城陵矶—九江河段。宜昌—枝城河段为山区河流向平原河流过渡的河段，两岸地貌以低山丘陵、河流阶地为主，对河道边界、河谷走向的控制作用较强，河床组成以砂卵石为主，局部基岩出露。枝城—城陵矶河段俗称荆江河段，横贯江汉平原与洞庭湖平原，南岸有松滋口、太平口、藕池口和调弦口分流分沙进入洞庭湖，江湖关系较为复杂。以藕池口为界，上段称上荆江，为微弯分汊河段，下段称下荆江，为蜿蜒型河段。其中，枝城—杨家脑河段属于砂卵石河段，河床由卵石夹砂或砂夹卵石组成；杨家脑以下河段为沙质河段，河床组成以粉细沙或细沙为主。三峡水库蓄水拦沙后，来沙量的减少使得长江中游河段整体以冲刷为主，荆江河段的冲刷尤为剧烈。

从 20 世纪 60 年代末开始，荆江河段遭遇了下荆江人工裁弯、自然裁弯和葛洲坝水利枢纽运行等人类活动与突变性自然调整，河道总体冲刷，1966~2002 年河段平均冲刷强度约为 3.95 万 m^3/(km·a)。尤其是 1998 年大水后，上荆江冲刷强度一度达到 12.2 万 m^3/(km·a)。三峡水库蓄水后，2002~2014 年河段平均冲刷强度高达 19 万 m^3/(km·a)，较 1966~2002 年均值增大约 3.8 倍，上、下荆江的冲刷强度分别为 21.6 万 m^3/(km·a)、16.5 万 m^3/(km·a)，冲刷强度均较蓄水前显著增大。冲刷自上而下发展的规律明显，尤其是在三峡水库 175 m 试验性蓄水阶段，从枝江河段至监利河段，河床冲刷强度沿程递减，其中，砂卵石河床过渡段枝江河段的冲刷强度达到 36.1 万 m^3/(km·a)，沙质河床起始段沙市河段的冲刷强度次之，为 29.4 万 m^3/(km·a)。受护岸工程的限制，河段两岸冲刷展宽的现象并不明显，仅局部崩岸段河宽发生变化，冲刷以河床下切为主要形式，至 2014 年 11 月，河段深泓纵剖面高程冲刷下切约 2.13 m，最大冲刷深度达 16.5 m（调弦口附近），平滩水位以下河床高程下降约 1.56 m，枯水位以下河床高程下降约 1.39 m。

上荆江的分汊河段在三峡水库蓄水运用后，大多出现了明显的中枯水短支汊冲刷发展的现象。上荆江 6 个分汊河段中枯水期的分流比均不同幅度增大。分流比统计起始时段为三峡水库蓄水前，考虑到部分重点分汊浅滩河段实施了支汊限制工程，这些河段分流比统计的末时段为工程实施前。来流条件相近时，上荆江各类型汊道支汊分流比的增幅均在 9% 以上，顺直分汊河段支汊发展强度最大，芦家河汊道、太平口汊道支汊分流比的增幅分别达到 20.5% 和 18%，太平口心滩河段的右汊 2005 年末开始成为中枯水主汊，2006 年南星洲汊道实施了支汊的护底限制工程，其发展受到限制。支汊分流比增大的同时，河床下切显著，关洲汊道荆 6、太平口汊道荆 32、金城洲汊道荆 49 及南星洲汊道荆 56 等断面都出现了支汊河床冲刷下切幅度大于主汊的现象，关洲汊道、太平口汊道及整治工程实施前的南星洲汊道支汊的河床高程下切至低于主汊，限制了工程实施后南星洲汊道支汊的回淤。

下荆江急弯段属于边滩发育型的蜿蜒河道，凸岸侧一般分布有大规模的滩体，深槽贴靠凹岸侧。弯道的取直多是通过滩体冲刷、切割，深槽向凸岸侧摆动来实现的，俗称"撇弯切滩"。三峡水库蓄水前，下荆江弯道段"撇弯切滩"现象一般只在特殊的水文条件下出现，如特大水作用，大水取直切割凸岸侧滩体，不具有普遍性和持续发展性，长期中小水年作用后凸岸侧边滩能够淤积恢复。三峡水库蓄水后，坝下游除遭遇 2006 年极枯水文条件外，整体水文过程以平水年居多，大洪水被三峡水库削减。然而，下荆江急弯段多出现"凸冲凹淤"现象，虽然未发展至"撇弯切滩"，但局部河段的滩槽格局、断面形态变化明显，几个典型的偏 V 形断面都转化为不对称的 W 形，部分弯道于凹岸侧淤积形成水下潜洲。

总地来看，三峡水库蓄水运用使得长江中游的冲淤特点发生了明显变化。从冲淤性质来看，蓄水后河段整体以冲刷为主；从冲淤部位来看，冲淤变化主要集中于中枯水河槽。以荆江河段为例，三峡水库运用后荆江河段中水、枯水河槽的冲刷量占平滩河槽的比例分别为 92.3%和 87.4%。但上、下荆江在滩、槽冲淤量的分布比例上存在较大差别，2002～2014 年上荆江滩体累计冲刷量仅占 7.8%，下荆江滩体累计冲刷量占比偏大，约为 18.6%，枯水河槽冲刷量占平滩河槽的比例分别为 92.2%和 81.4%，这些分析结果表明上、下荆江冲淤量的滩、槽分布规律不尽一致，究其原因是，上、下荆江不同河型冲淤调整的驱动因子不尽一致，这也是本书重点探讨的内容。

1.2 弯曲河段水沙输移及演变规律研究现状

1.2.1 弯曲河段水流运动特性

水沙耦合作用是推动河床冲淤调整的直接动力，研究弯曲河段水流运动规律对于认识弯曲河段冲淤演变是至关重要的。众多学者利用理论推导、试验统计等方法从弯道水流的主流-环流结构、紊动强度等多种角度研究了弯道中的水流特性（哈岸英和刘磊，2011；谢鉴衡，1997；Dietrich et al.，1979）。影响弯曲河段水流运动规律的最直观的两个因素就是流量和河道边界形态：在不同淹没水深下水流动力轴线会发生横向摆动，不同弯曲度下的离心力和凸岸边滩导流作用存在差异，弯曲河段水流运动特性也极为不同。下面将从流量和边界形态对弯道纵、横向水流动力的影响这个角度介绍现有研究成果。

1. 不同流量条件下的弯曲河段水流运动特性

一般情况下，弯曲河段水流遵循"大水取直，小水坐弯"的基本性质。张植堂等（1984）提出的适用于荆江河段的河湾水流动力轴线表达式为

$$R_0 = 0.053R\left(\frac{Q^2}{gA}\right)^{0.348} \tag{1.2.1}$$

式中：R_0 为弯曲河段主流线的弯曲半径；R 为河道弯曲半径；Q 和 A 为流量与对应的过流面积；g 为重力加速度。随着流量的增加，主流线的弯曲半径也不断增大，主流线不断向凸岸边滩摆动，因此凸岸边滩的流速不断增加。

在大流量下，主流带在弯道进口处位于凸岸附近（Dietrich et al.，1979）。主流带处床面切应力（Dietrich and Smith，1983；Dietrich et al.，1979）、水流比能（Kasvi et al.，2013a）及挟沙能力（Han et al.，2017）等动力指标较高，这意味着弯曲河段上段凸岸边滩的泥沙输移能力较大。通过计算河床沙波的输移速度，Dietrich 等（1979）指出在弯

曲河段上段凸岸边滩上的床沙输沙率要大于凹岸深槽。凸岸边滩头部滩面的泥沙粒径也显著大于凹岸深槽（Dietrich and Smith，1984）。在弯道离心力和凸岸边滩导流的双重作用下，主流带穿过凸岸边滩摆动至凹岸深槽内（Dietrich et al.，1979；Leopold and Wolman，1960），这也导致了在凸岸边滩上段水流向凹岸的横向运动（Dietrich and Smith，1983）。这种水流的横向运动增加了凹岸水位，形成了典型的弯道环流结构：上部水体向凹岸运动，下部水体向凸岸运动（Bridge and Jarvis，1982；Bathurst et al.，1977）。当主流带过渡至凹岸时，水流斜向越过弯顶凸岸边滩后水深增加，凸岸边滩下段流速减小（Dietrich and Smith，1983；McGowen and Garner，1970）。弯顶以下凸岸或凸岸边滩滩缘还有可能发生水流分离现象，产生缓流区或回流区（Blanckaert，2011）。在缓流区，泥沙更容易沉降，加上向凸岸运动的近底水流的输送，凸岸边滩尾部更易发生淤积（Thompson，1986）。

当流量减小时，主流带将更靠近凹岸深槽，在更上游的位置过渡至凹岸深槽。许栋等（2011，2010）、许栋（2008）在室内水槽试验中发现：随着流量的减小，水流动力轴线更靠近凹岸，主流顶冲点向上游移动。凸岸边滩头部水流动力减弱（Hooke，1975），弯道环流强度也随之减弱（Ferguson et al.，2003；Hooke，1975）。环流强度的减弱也使得向凸岸边滩尾部运动的床沙质减少（McGowen and Garner，1970）。

2. 水沙运动特性与弯道形态的关系

1）弯道平面形态对水流结构的影响

描述弯道平面形态的特征参数通常采用弯曲半径和圆心角。关于弯曲半径对弯道水流结构的影响，已有大量的研究成果，Hickin（1977，1974）提出将相对曲率半径（河道弯曲半径与河宽之比）作为衡量弯道急缓程度的指标，当相对曲率半径小于 2 时，弯道被视为急弯。Kashyap 等（2012）研究了不同相对曲率半径下 135° 弯道床面切应力和横向环流的变化。而对于不同圆心角的弯道水流结构的分布规律，目前的研究成果较少。

学者开展了大量水槽试验和数值模拟试验来研究弯道水流的运动规律，针对弯道圆心角为 100°、120°、180° 等的单弯及连续弯道，进行了弯道水流运动特性研究，以及弯道输沙研究（吴岩，2014；王平义 等，1995；陆永军和张华庆，1993；Chang，1971）。这些试验研究虽然涉及了不同圆心角，但由于其他试验条件各不相同，如横断面包括了矩形断面、梯形断面及自由变化的可动床面，流量、水位条件也有很大的差异，所以关于弯道圆心角对水流纵、横向水流结构的影响，难以对各家成果进行定量对比。

有部分学者对比研究了不同弯道圆心角对水流结构的影响。Liu 等（2005）在由两个 60° 弯道和一个 90° 弯道组成的连续弯道中研究了弯道紊动强度的分布规律，其中两个 60° 弯道采用了不同的相对曲率半径（河道弯曲半径 R 与河宽 B 之比），但是并未对其他水流特性指标进行分析，如纵、横向流速分布等。蔡金德等（1993）在三个 90° 弯道和一个 45°弯道组成的连续弯道中研究了连续弯道内滩槽推移质的交换规律，揭示了在非恒定流条件下过渡段浅滩的冲淤演变规律，该研究更为关注非恒定流条件下深槽-浅滩的沿程流速变化。许栋（2008）分别研究了最大偏角为 30°、60°和 110°的正弦派生曲线形态的弯道的水沙运动规律，但仅测量了表面流场。马淼等（2016）通过三维数值模拟计算了 30°、60°、90°、120°、150°、180°、210° 7 个圆心角弯道内的水流结构，指出随着圆心角的增大，弯道出口断面主流区向凹岸偏移的程度增大，环流强度也不断增强；该研究中弯道断面为矩形，没有考虑实际河道的凸岸边滩对水流结构的影响，且其采用的重整化群（renormalization group，RNG）$k\text{-}\varepsilon$ 模型（k 为湍流动能；ε 为湍流耗散项），虽然相比于标准 $k\text{-}\varepsilon$ 模型有所改进，但其还是基于 Boussinesq 各向同性紊流黏性的假设，对弯道复杂水流结构的模拟精度还有待提升。

早期的研究工作还重点关注了由弯道横向比降和离心力引发的环流结构，以及其对弯道流速分布、床面切应力、泥沙输运和弯道纵、横向冲淤调整的影响（Engelund，1974）。在构建环流分布模型时，通常不考虑环流与纵向流速的耦合作用，这种简化的环流模型认为二次环流强度正比于 H/R（水深 H 与河道弯曲半径 R 之比），因此被称为线性模型（Engelund，1974）。在这种线性模型中，二次环流是影响近岸流速分布的主要驱动因子。在研究弯道横向演变的理论模型中，通常认为凹岸近岸流速和断面平均流速的差值与河岸侵蚀率呈线性关系，Ikeda 等（1981）应用 Engelund（1974）中的模型建立了描述冲积平原河流平面摆动的理论模型，在这个理论模型中河道的平面摆动只与河道弯曲度相关。

线性环流模型及建立在此基础上的蜿蜒河道演变模型仅在一些微弯或中等弯曲且床面地形差异较小的河道中得到了验证（Camporeale et al.，2007）。随着河道弯曲度的增加，纵向水流与环流的耦合作用会限制环流强度的增加（Yeh and Kennedy，1993；de Vriend，1981）。Blanckaert（2009）指出，在急弯河道中，环流强度没有随着弯曲度的增加进一步增大，急弯河道的曲率存在临界值，在小于此值后环流强度趋于饱和。在急弯河道，随着弯曲度的增加，凹岸近岸流速和断面平均流速的差值处于减小趋势（Crosato，2008）。此外，在天然河道中，河道复杂的周界条件也会影响近岸流场结构（Engel and Rhoads，2012）。

现有研究多基于天然情况下自由蜿蜒发展的弯曲河段，随着弯曲河段的蜿蜒发展，弯道弯曲半径不断减小，圆心角不断变大，因此多数情况下在定义弯道急缓形态时仅采用了弯曲半径这一个参数。但天然河道边界条件复杂，演化结果各异，弯曲半径和圆心角并不简单地呈线性关系，如长江荆江碛子湾河段弯曲半径与平滩河宽之比约为 1.8（覃莲超 等，2009），根据 Hickin（1977，1974）的定义，弯曲半径与河宽之比小于 2 即可视为急弯，但实际上碛子湾河段的圆心角较小，属于微弯河段。关于圆心角对弯道水流结构的影响，目前研究成果较少。关于不同圆心角对弯道水流动力轴线、环流分布、纵横向输沙动力的影响，尤其是凸岸边滩上水流动力的变化规律，还需要进一步深入研究。

2）床面形态对水流结构的影响

非线性环流模型考虑了河道纵向地形起伏对水流的影响。Engelund（1974）的研究把由滩槽结构产生的对流加速（附加应力）视为次要因素，Dietrich 和 Smith（1983）的研究成果表明早期的研究如 Engelund（1974）低估了沿程的地形变化对流速分布的影响。Dietrich 和 Smith（1983）指出，由沿程地形变化引起的附加应力与纵向床面切应力及水面比降产生的压力项是同一量级的。凸岸边滩上段沿程水深减小，压迫主流线斜向过渡至深槽，这使得凸岸边滩上段的水流横向流速和切应力横向分力整体都指向凹岸，由河道弯曲引起的指向凸岸的切应力分力仅局限在凹岸深槽内。许栋等（2010）在不同圆心角、可动床面的水槽试验中通过测量水流的表面流速发现，当弯道凸岸边滩开始形成并发展时，表面流速的主流线更靠近凹岸，而且主流线从上游弯道向下游弯道过渡的横向变化梯度更大，即凸岸边滩的形成加剧了水流向凹岸的偏斜。Legleiter 等（2011）利用数值模拟计算了弯道从平整床面演化至典型的滩槽结构时各作用力的变化，结果表明凸岸边滩的形成和发展增强了导流作用，其产生的附加应力与压力梯度项和离心力的量级相同，这种导流作用减小了横向压力梯度，增强了主流线最大流速，并使其更快过渡至凹岸深槽内，在大流量下这种导流作用依然很明显。MacWilliams 等（2006）指出，凸岸边滩所产生的对流加速使得凸岸边滩上段流速增加，主流线位于凸岸边滩而不是凹岸深槽内。

1.2.2 弯曲河段"撇弯切滩"特性

由于天然河道平面、纵向形态复杂，岸滩、河床组成各异，弯道串沟的发育有着不同的特点，"撇弯切滩"的发展过程也不尽相同。学者通过对弯道"撇弯切滩"发展过程的对比分析，总结出了几种典型的"切滩"模式（李志威 等，2013；Grenfell et al.，2012；Constantine et al.，2010）。在弯道凸岸根部发生的裁弯过程，一种是在已形成较长河环但还没有形成狭颈的弯道中，无论是自上而下的沿程切割，还是溯源冲刷切割，本质上都是由水流漫滩后比降陡增、流速变大导致的，与自然裁弯现象较相似；另一种则是在曲折系数还不是那么大的弯道中，沿进口来流方向顶冲弯道内侧河岸，形成缺口，直至贯通上下游水流（Constantine et al.，2010）。在弯道自由蜿蜒发展的过程中，凹岸不断冲刷后退，凸岸下段淤积形成弧形自然堤（van de Lageweg et al.，2014），自然堤之间存在洼地，这种形态被称为鬃岗地形（谢鉴衡，1997），国外文献将其称为"slough and scroll bar"。串沟冲刷指的就是在漫滩水流的作用下，洼地冲刷发展直至上下贯通。国内学者研究"切滩"更多地集中于凸岸边滩的冲刷切割。

影响河床演变的主要因素可以概括为进口条件、出口条件及河道周界条件（谢鉴衡，1997）。关于弯曲河段"撇弯切滩"成因的研究成果也大致可以归结为这三个因素。

1. 进口条件的影响

进口条件主要是指上游来水量及其变化过程和上游来沙量、来沙组成及其变化过程。

现有研究大部分认为弯道"切滩"现象主要发生在来水量大的洪水期（Dijk et al., 2014；Constantine et al., 2010；Hooke, 2004）。在大流量条件下，主流线的弯曲半径增大，主流线向凸岸摆动（覃莲超 等，2009），漫滩水流的流速（Zinger et al., 2013；Kasvi et al., 2013b）、床面切应力（Kasvi et al., 2013b）、水流比能（Grenfell et al., 2012）及挟沙能力（樊咏阳 等，2017；Han et al., 2017）等动力参数都有大幅增加。平滩流量一般被认为是对凸岸边滩冲刷切割作用最大的流量，流量进一步增加对凸岸边滩的冲刷作用反而减弱（樊咏阳 等，2017；Han et al., 2017）。对于河漫滩的冲刷切割而言，洪峰流量越大，冲刷作用越强，越容易发生"切滩"。大流量的持续时间对于能否成功"切滩"非常关键（Micheli and Larsen, 2011），大流量的持续时间越长，凸岸边滩的冲刷幅度越大（樊咏阳 等，2017；Han et al., 2017），串沟才能不断冲深、扩大直至切开边滩。然而，Lotsari 等（2014）在对芬兰塔纳河支流某连续弯道河床演变的研究中发现，尽管各弯道形态不同，凸岸边滩的淹没时间和最大水位对凸岸边滩演变的影响最为显著，大流量（平滩流量附近）持续越长，凸岸边滩的淤积幅度越大。

除了大流量的切割作用，学者指出流量变幅也会影响"撇弯切滩"进程。洪笑天等（1987）在研究弯曲河流形成条件的试验中指出了洪水和中、枯水的交替作用对凸岸边滩发育的重要性，当漫滩水流不大时，泥沙在滩面淤积，到中、枯水期滩面出露，淤积层自然密实，可以增强边滩的稳定性。Constantine 等（2010）指出，较小的漫滩流量会造成滩面淤积，滩面出露还会促进植被的生长（Miller and Friedman, 2009），进一步增强滩面的抗冲性。Dijk 等（2014）通过数值试验证明了在变化的流量中弯道更不容易发生"切滩"。当然，流量变幅不能过大，变幅过大，滩面流速增加太多，不利于滩面泥沙落淤（洪笑天 等，1987）。假冬冬等（2014）通过三维水沙模型模拟了弯道的形成过程，发现恒定的流量过程塑造了稳定的主槽，非恒定的流量过程会冲刷"切滩"，不易形成稳定的主槽，这应该是由所选的流量变幅过大、洪峰流量过强导致的。

来沙量增加促进了凸岸边滩的淤积发育，并能回淤冲刷出的串沟，从而抑制"切滩"的发展（Grenfell et al., 2012）。水槽试验的相关成果显示，悬沙中的细沙在滩面落淤，多次累积固结可以增强凸岸边滩的抗冲性（Braudrick et al., 2009；尹学良，1965）。另外，泥沙补给的增加加速了凸岸边滩的发育，也使得其导流作用增强，加剧了凹岸的冲刷（Dunne et al., 2010）。Constantine 等（2014）在对亚马孙河支流的研究中发现，在来沙量大的河段，其凹岸侵蚀速度更大，且发生"撇弯切滩"现象的频率也更高。Constantine 等（2014）的研究仅考虑了年输沙量这一个指标，缺少了对来流情况的分析，而水、沙组合条件也会影响河道特性。尹学良（1965）指出，大水期来沙偏小而小水期来沙偏大，会导致河道游荡散乱，难以形成稳定的弯道主槽。

2. 出口条件的影响

出口水位条件变化会引起弯道滩槽的冲淤调整。20 世纪 70 年代初，长江荆江监利河段发生了"撇弯切滩"现象，河道深泓由凹岸摆动到了凸岸低滩，这与 1969 年监利河段下游约 13 km 处上车湾人工裁弯有着重要关系。谈广鸣和卢金友（1992）通过水槽试验复演了监利弯道的"切滩"过程，指出下游水位下降会引起凸岸边滩的冲刷切割。覃莲超等（2009）指出，由于比降增大，弯道主流线向凸岸摆动，水流动力轴线的弯曲半径增大，导致了"撇弯切滩"现象的发生。长江上发生的类似的"撇弯切滩"过程还包括 1994 年石首河段（许全喜 等，2004）。

美国密西西比河下游在 1929~1945 年实施了 16 处人工裁弯工程，河道缩短了243 km，从 1939 年至 1955 年，又发生了多起自然裁弯，河道长度进一步缩短了 88 km（Harmar，2004；Smith and Winkley，1996），河段分汊系数也随之增大。这是由于人工裁弯后河道比降增大，引起了"撇弯切滩"，河道长度缩短，并由单一河道向分汊型河道发展。

Eekhout 和 Hoitink（2015）在研究中发现，由于下游湖泊顶托，弯道出口的水位壅高，凹岸发生淤积，将主流逼向凸岸，导致了凸岸边滩的冲刷。

3. 河道周界条件的影响

本书中的河道周界条件指的不仅是河谷比降、河床组成等，还包括河道平面形态。

Hickin（1977，1974）建立了弯道横向变形的理论模型，指出在弯道形成初期，随着弯道的蜿蜒发展，弯曲度增加（弯曲半径与河宽之比减小），凹岸冲刷后退的速率也随之增加，达到最大横向变形速率之后弯道形成急弯，凹岸横向变形速率开始降低。弯道横向变形速率取决于很多因素，不同弯道之间呈现出了巨大的差异，但大量实测资料显示，最大横向变形速率还是存在于急弯形态的河道中（Blanckaert，2011）。Dijk等（2012）在试验中发现了相似的规律，当弯道发展至一定阶段时，凹岸横向摆动停滞，"撇弯切滩"开始发生，河道形成多汊分流的格局。Micheli 和 Larsen（2011）在原型观测中发现，发生"撇弯切滩"的河道的弯曲度和曲折系数都大于未发生"撇弯切滩"的河道。

除了弯道弯曲度，进口河道走向也常被视为"切滩"的影响因素，当弯道进口入流角度过大并顶冲凸岸，凸岸受冲刷形成缺口时，会发生上面提到的主流顶冲切割现象（Micheli and Larsen，2011；Constantine et al.，2010）。上游河势变化（如上游顶冲点下移、主支汊易位）引起的进口主流线的摆动对于凸岸边滩的冲淤也有较大影响（卢金友 等，2011），当进口主流线直接摆向凸岸边滩时，会发生"切滩"（谈广鸣和卢金友，1992）。尹学良（1965）提到进口流向仅影响主流线摆动至凹岸之前的河段，再往下的河段受其影响较小。

河谷比降影响了水流冲刷强度，陈立等（2003）指出随着比降的增大，河床断面宽深比越来越大，河床有向宽浅河道发展的趋势；洪笑天等（1987）指出比降增加，河床下切和展宽明显，但并没有加速河曲的形成。Nicoll 和 Hickin（2010）在分析不同河道的横向演变规律中发现，河道横向变形速率与河谷比降有一定的关系，但相关度较低（相关度 $R^2=0.32$）。

上面提到的影响因子主要是直接或间接动力因素，河床抗冲性更多地作为被动因素影响凸岸边滩的演变。尹学良（1965）在弯曲河流形成的试验中发现，河床的可动性越小，越容易形成单股无汊的河道。这说明滩面泥沙粒径越大，凸岸边滩越稳定，越不易发生"切滩"现象。Constantine 等（2010）指出，滩面串沟多形成在植被覆盖较少的区域，植被增大了滩面阻力、减小了漫滩流速，且植被根系也有一定的固土作用，抑制了"切滩"的发展。

综上所述，关于弯道"撒弯切滩"的驱动因子目前尚未形成统一认识，有些研究对于同一影响因子得出了不同的结论，如有学者认为大流量的持续时间越长，凸岸边滩受冲刷切割的幅度越大（Micheli and Larsen，2011），也有研究发现大流量的持续时间越长，凸岸边滩的淤积幅度越大（Lotsari et al.，2014）。还有一些研究考虑了多个因子的综合作用，但对于各因子的主次还存在争议。何广水等（2011）认为长江中游荆江河段凸岸边滩持续冲刷的最主要原因是蓄水后来沙量大幅度减少，李宁波等（2013）认为水库蓄水运用后枯水期流量增大、中水期流量时间的延长是荆江河段凸岸边滩冲刷的主要原因。现有的研究已经探讨了多个因素对凸岸边滩冲刷的影响，但是还需要进一步深入研究。

关于弯道"撒弯切滩"发生机制的研究，学者采用实测资料分析及室内水槽试验等方法，多从宏观角度建立水沙过程、边界形态因子与演变特征间的对应关系（Dijk et al.，2014；李宁波等，2013；Grenfell et al.，2012；何广水等，2011；Micheli and Larsen，2011；Hooke，2004）。有部分学者从动力学角度出发，揭示了河段局部水流结构及其引起的冲淤变化（Han et al.，2017；樊咏阳等，2017；Kasvi et al.，2013b），但这些成果受限于实测资料的收集，对不同流量级下弯道水流纵、横向输沙动力与来沙变化的耦合作用及其对弯道滩槽演变影响的定量研究还不够充分。

1.2.3 水库下游弯曲河段演变

国外学者多采用卫星地图研究弯曲河段的平面演变特性，其研究内容更多的是关注河岸（河漫滩）的横向侵蚀速度（Marren et al.，2014）。河漫滩的横向侵蚀速度与漫滩洪水频率呈正相关关系（Miller and Friedman，2009），水库削洪补枯的调度运行方式减小了下游河道洪水出现的频率，除了部分河段由于崩岸局部有所展宽外，整体上平滩河宽变化较小，所以其研究成果多认为水库下游的弯道横向变形速率降低（Wellmeyer et al.，2005；Shields et al.，2000；Friedman et al.，1998）。由于凸岸边滩相对低矮，通过卫星地图难以对其进行定量研究，国外学者对蓄水后弯道凸岸边滩冲淤调整的研究较少。国内对丹江口水库下游弯曲河段再造床过程、三峡水库下游荆江河段演变规律则积累了较丰富的成果。

弯曲河段的一般演变趋势是凹岸后退，凸岸淤积。水库蓄水拦沙后，在下游清水冲刷过程中，张春燕等（2005）指出自由河湾变形的主要特点是"撇弯切滩"现象较普遍，尤其是局部"撇弯"最为普遍。谈广鸣等（1996）以汉江中游河段为例，分析了蓄水后皇庄—泽口河段河床演变的特点，指出水库下游弯曲河段除了在垂向上冲刷下切外，横向上也会发生变形。张俊勇等（2007）指出，"撇弯切滩"现象实质上是弯道向着最佳弯道形态进行调整的复杂过程，这种过程受水沙条件变化的影响很大。三峡水库蓄水运用以来，荆江河段的枯水河床和高程相对于较低的洲滩与边滩发生了明显的冲刷下切，在荆江河段 20 个弯道中，弯道段凸岸边滩都有不同程度的冲刷（何广水 等，2011）。位于下荆江首段的石首河湾，其进口段因心滩刷低形成多槽口争流之势；反咀弯道的凸岸边滩上段受到冲刷切割，致使弯顶上游滩槽较散乱（江凌 等，2010）。莱家铺弯道进口主流右摆，凸岸边滩不断冲刷后退，凹岸一侧形成边心滩并淤展下移，弯道进口段浅滩存在向交错浅滩发展的不利变化趋势（周祥恕 等，2013）。熊家洲—城陵矶河段为连续急弯河段，熊家洲、尺八口、观音洲三个弯道的凹岸深槽及凸岸侧河床下段均以淤积为主，凸岸侧河床的中上段均发生冲刷，弯道河床具有明显的"撇弯切滩"演变特点（李明，2013）。

水库蓄水前后河道的边界条件基本没有大的改变，江湖关系的变化对于弯道"撇弯切滩"的促发作用也较弱（朱玲玲 等，2017），蓄水前后对下游河道影响最大的主要还是水沙条件发生了显著变化。

对于不同流量下弯曲河段凸岸边滩水流动力条件的变化，现有研究成果较多，主要认为：随流量增加，凸岸边滩水流动力条件增强；在大流量下，主流线弯曲半径增大，主流线向凸岸摆动（覃莲超 等，2009），漫滩水流的流速（Zinger et al.，2013；Kasvi et al.，2013b）、床面切应力（Kasvi et al.，2013b）、水流比能（Grenfell et al.，2012）及水流挟沙能力（Han et al.，2017；樊咏阳 等，2017）等动力指标都有大幅增加。因此，多将弯道"撇弯切滩"归因于此。实际上，弯道凸岸边滩的水流动力随流量变化的特性在蓄水前后是一致的，但在蓄水前并没有发生蓄水后才出现的群发性"撇弯切滩"现象。显然，大流量上滩水流动力增强不是蓄水后弯曲河段出现群发性"撇弯切滩"现象的主要驱动因子。

有学者提到坝下游河段冲刷调整受上游河势变化的影响（卢金友 等，2011；何广水 等，2011），上游主流摆动改变了下游弯道进口的水流条件，可能是出现"撇弯切滩"现象的原因。而部分河段即使上游河势稳定，仍然发生了"撇弯切滩"（樊咏阳 等，2017），因此上游河势变化也不是坝下游弯曲河段出现群发性"撇弯切滩"现象的主要驱动因子。

水库削洪补枯的调度方式改变了不同流量级的持续时间，谈广鸣等（1996）提出水库调洪调度使得洪水峰值减小但持续时间延长，对滩面较长时间的冲刷容易产生"切滩"。樊咏阳等（2017）、Han 等（2017）通过分析莱家铺弯道的实测资料发现，蓄水后平滩流量持续时间超过 20 天的年份，凸岸边滩表现为冲刷。然而，从三峡水库蓄水后径流过程的变化来看，持续时间延长的主要是枯、中水流量，平滩及以上流量持续的时间反而略有下降（Li et al.，2018a）。根据朱玲玲等（2018）的研究，三峡水库蓄水后 5 000～10 000 m³/s 流量级出现的频率大幅增加，10 000～30 000 m³/s 流量级出现的频率变化不明显，30 000 m³/s 以上流量出现的频率显著减小（图 1.2.1）。从蓄水后长历时的径流过程的变化来看，洪水流量的出现频率是减小的，因此洪水流量的调平、延长不是驱动坝下游弯曲河段"撇弯切滩"的关键因素。樊咏阳等（2017）、Han 等（2017）提到的平滩流量超过 20 天，是因为丰水年份洪水流量持续时间较长，并非水库调度的原因。

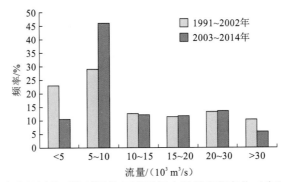

图 1.2.1　三峡水库运用前后枝城站特征流量级出现频率的变化（朱玲玲 等，2018）

李宁波等（2013）认为，坝下游枯水期流量增大，中水期流量时间延长，加上来沙减少，凸岸复原性淤积减弱，使尺八口弯道段主流"撇弯"、凸岸边滩切割。蓄水后下游河段 5 000～10 000 m³/s 流量级的出现频率的确大幅增加，但是中枯水下，凸岸边滩没有完全淹没，虽然可能会导致凸岸低滩的冲刷后退，发生"撇弯"现象，但难以引发凸岸边滩的"切滩"现象。

对于沙质河床，悬移质含沙量对河道冲淤有重大影响。有学者提出输沙量的增加会导致弯道凸岸边滩由冲转淤（Gautier et al.，2010），并抑制凸岸"撇弯切滩"的发展（Grenfell et al.，2012；Jeff et al.，2007）；何广水等（2011）认为荆江河段弯道的凸岸边滩持续冲刷的最主要原因是三峡水库蓄水后荆江河段来沙量大幅减少。这些成果主要从宏观角度来阐述来沙量对弯曲河段冲淤的影响，坝下游河段的水流含沙量整体大幅减小，但河道并未发生全断面的冲刷下切，特别是弯曲河段的冲淤调整呈现了"凸冲凹淤"的横向差异，因此仅从来沙量减少不足以解释弯道横向冲淤调整的差异。

综上所述，弯曲河段"大水取直，小水坐弯"的水流动力特性、进口河势的变化、蓄水对径流过程的调整、来沙量的减少等因素均不能单独解释坝下游弯曲河段群发性"撇弯切滩"现象的机理。此外，水库下游的不同弯曲河段，其凸岸边滩冲刷切割的部位也存在着显著的差异：长江中游碾子湾河段为微弯河型，凸岸边滩滩头至滩尾呈现出整体性的冲刷后退趋势；而荆江河段的尺八口急弯河段则发生局部"撇弯切滩"现象，凸岸边滩上段被切割，形成心滩。关于不同弯曲河段凸岸边滩切割部位的差异及其影响因素，目前尚未见相关的研究成果。

1.3 分汊河段水沙输移及演变规律研究现状

1.3.1 分汊河段水沙输移规律

1. 分汊河段水沙运动特性

1）理论推导与概化模型试验

关于分汊河段水沙运动特性的研究最早可追溯到20世纪20年代，当时的学者根据流体力学基本理论推导得到分流边界线的表达式及分水口前主槽的水面线，并以此为基础分析分水口附近的水流状态、分流过程和能量损失。20世纪40年代开始，学者从边界条件相对简单的明渠分汊着手，研究分汊口的水流运动特性，如Taylor（1944）在主、支汊等宽的直角分汊明渠中开展试验，研究了分汊口附近的水流结构，发现支流的回流特性与分汊口的流速分布是支汊分流量的决定因素；Lakshmana等（1968）在直角分汊水槽中对分汊口处的三维水流结构进行了观测，分析了汊道水力因素的分布特征，并利用近底与水面分流线的差异讨论了分汊口回流区的发展过程。Neary和Odgaard（1993）关注了直角分流明渠中水流运动的三维特性，建立了分流点附近二次流强度与主、支汊流速比之间的相关关系，并将支汊与主汊流速之比所代表的分流动量之比和弯曲河道内的离心力与水流惯性力之比类比，分析了两者的相似之处。

国内关于分汊河段的试验研究起步较晚。罗福安等（1995）在试验水槽内对直角分水口前的水流结构进行了研究，测量了平面流场沿水深的分布，详细描述了分水口前的水流运动状态并分析了分水宽度沿垂线的变化规律。余新明等（2007）在顺直分汊河段的水槽试验中发现，在分流区洲头浅滩附近流速减小，形成明显的回流区；在汇流区水流发生掺混，使洲尾附近水流发生分离。华祖林等（2013）在分汊河段物理模型中研究了不同主支汊汊宽比、江心洲长宽比条件下分汊河段水流结构与紊动强度的变化，结果表明只有当江心洲长宽比较小时，支汊进口才会存在回流区，主支汊汊宽比才会影响回流区的强度和范围。顾莉等（2011）在对顺直分汊河段的水流紊动特性进行试验研究后发现，紊动强度最大的位置位于支汊进口段的缓流区与高流速区之间的过渡带。高紊动区的范围及紊动强度随汊道宽度的增加而增加，且由底至表呈现先增加后减小的规律，上游来流的变化对断面紊动能分布的影响较小；在弯曲分汊河段的模型试验中，王伟峰等（2009）观测到江心洲洲头与洲尾均存在较强的紊动集中区，汊道分流格局对弯曲分汊河段紊动能的影响较大，当左右汊分流接近平衡时，河道内总的紊动能最大，分汊形态也最不稳定。另外，边滩和洲头低滩的存在会抑制洲头、洲尾强紊动区的出现，减弱河床及江心洲的冲刷。

2）原型河流实测资料分析

分汊河段水流运动最显著的特点为分流、汇流。野外观测资料表明，分流点一般遵循高水下移、低水上提的变化规律，分流点位置随水流动量大小的变化而变化。在分流区，支汊侧水位一般高于主汊侧，而支汊侧纵比降小于主汊侧。

根据余文畴（1987）的研究，长江中下游分汊河段的形成必以一定的河宽条件为基础，单个大流核分解成多个小流核且流核的个数随河宽的增加而增加是冲积河流分汊河段形成的水力因素。在进口展宽段，挟沙能力的沿程分布与流量相关：大流量下呈沿程减小的规律，小流量时则沿程增加，中洪水流量下挟沙能力的沿程分布较为均匀。这也很好地解释了为什么分流区的年内冲淤遵循汛淤枯冲的变化规律。

罗海超（1989）在研究长江中下游典型分汊河段的比降变化后指出，主流位置、河道断面形态及两汊阻力对比产生的壅水差异会造成分流段横比降的出现，使得表层水流在分流区从高水位一侧向低水位一侧运动，底层水流则与之相反。高水时水面横比降一般大于低水，沿流程逐渐增加，至洲头附近最大。由于分汊前后河床纵坡呈马鞍形，分流区因河床抬升产生壅水，分汊口门附近的水面纵比降也可能为负值。

姚仕明等（2003）在分析了多个分汊河段的水位测量资料后得出，汊道段水面纵比降一般大于上游单一段，而水深则小于上游单一段。通过对分流区水流运动与挟沙因子的分析，姚仕明等（2006）进一步指出，分流区断面平均水深总是沿程递减的，断面平均流速的沿程分布则类似于挟沙能力的沿程分布：中洪水流量下断面平均流速的沿程分布较为均匀，流量的增加或减少都会增加沿程流速分布的差异。

刘小斌等（2006）在观察分汊口门附近断面的流速分布后指出，流量的大小对断面流速的分布有较大的影响，流量越大，其流向的分散程度越小。当流量过枯时，部分分汊河段存在从一汊经洲头浅滩进入另一汊的横向水流。另外，许多研究表明，分汊河段由于受阻力分布、主流位置、河道断面及平面形态的影响，分流段往往产生分离流、环流、螺旋流等次生流，大大增加了河道流态的复杂性，进一步影响汊道的分流分沙（王伟峰 等，2009；刘小斌 等，2006）。

根据实测汊道悬移质含沙量的分布可以分析其输沙特性。在低水期，含沙量沿垂线的分布较为均匀；中高水期，近底区域的含沙量梯度显著增加。从横向分布上来看，分流区泥沙易于河道两侧输运，中间含沙量较小，这与分流区断面流速的分布是对应的（刘小斌 等，2006）。

3）数学模型计算

最早关于流体分汊的研究源于动脉分叉中的血液流动（Kandarpa and Davids，1976）。从 20 世纪 80 年代开始，陆续有学者对汊道水流结构进行了数值模拟，早期主要是建立二维数学模型来求解流场的平面分布。随着计算机计算速度的提升，用数学模型模拟汊道平面二维及三维水沙输移运动特性的研究也越来越普遍。Bramley 和 Dennis（1984）将 Navier-Stokes（N-S）方程以涡量-流函数的形式表达并用有限差分法来求解汊道口的二维流场分布，讨论了不同分汊相对宽度及雷诺数变化对汊道分流的影响；Bramley 和 Dennis（1984）将贴体网格生成技术运用到汊道模拟中，进一步研究了不同分汊角度下的二维流场变化情况，但该模型仅限于模拟层流流动；李克锋等（1995）在二维浅水方程中引入 k-ε 模型，并用有限容积法和 SIMPLE（semi-implicit method for pressure linked equations）求解，提出区域坐标系统法来处理分汊河段的不规则边界，可以较准确地揭示分汊河段流场的内部特征；Vasquez（2005）利用二维水流动力学模型（River2D）成功模拟了明渠分流中支汊环流区域的发展过程，但对干流壁面附近的小涡及主、支汊水位的预测尚不准确；Shettar 和 Keshava（1996）采用二维 k-ε 模型对直角分汊问题进行了研究，得到了分汊口水位、分流参数和能量损失的变化，并与水槽试验的结果进行了对比。

利用三维数学模型开展分汊流动计算的研究相对滞后。Neary 和 Odgaard（1993）在正交曲线坐标下求解 N-S 方程，并引入 k-ω 模型（ω 为湍流频率）实现紊流闭合，模拟了直角分汊流动并分析了分流面、分流量随水深的变化情况；在此基础上，Neary 等（1999）改用各向同性的 k-ω 模型来闭合雷诺平均的 N-S 方程组并考虑了阻力变化对直角明渠分汊水流结构的影响，更详细地描述了横向取水产生的复杂水力及泥沙输移过程；Dargahi（2004）在三维水流计算中使用 k-ω 模型并考虑粗糙系数平面分布的差异，较准确地模拟了实际分汊河段的三维流场分布；童朝锋（2005）以逆变流速张量为主变量推导了三维水流动力学方程的新表达式，在正交网格下建立了三维水流数学模型，模拟了简化边界条件下分汊口的水流结构；Hardy 等（2011）利用三维水流数学模型做了一系列数值敏感性试验，研究了不同底坡、分流角、来流条件下分汊河段流场的变化，结果表明随着分流角的增加，下游主、支汊内的流速均有所增加。总地来说，数学模型在分汊流研究中最常应用于直角分汊的流场计算，较少考虑分流角变化所带来的影响。

在模拟天然分汊河段时，数学模型需要根据不同河段水沙输移特性、河道边界条件、河道尺度的差别对网格生成技术、模型参数计算方法、控制方程的表达形式等做出相应的调整。马振海（1995）对分流区水流边界处理模式进行探讨后建立了黄河倒灌渭河的一维数学模型，成功模拟了发生倒灌时渭河下游河道水位、流量、含沙量的变化及河床淤积；窦希萍等（1999）以潮流和波浪作用下的泥沙运动理论为基础建立了二维全沙数学模型，模拟了长江多级分汊河口的流速、含沙量分布及地形变化；姚仕明等（2006）在正交曲线坐标系下，运用同位网格和界面动量插值建立了二维水流数学模型，并研究了长江中游弯曲分汊河段在不同入流条件下的分流区水力参数和挟沙因子的变化规律；张为等（2008）利用实测资料对数学模型中的水流、泥沙计算参数进行了率定，较准确地模拟了长江中游典型分汊河段的水沙输移特性；Yang 等（2015）对平面二维模型中悬沙计算参数的计算方法进行改进后，将其应用于以悬移质运动为主的大型分汊河段，并成功模拟了它的分汊过程。

尽管前人对不同分汊形态的水流结构、紊动强度、各水力因素的时空分布等开展了较为全面的研究，但取得的认识尚存在一定的局限性：早期的概化水槽对分汊河段水流运动的影响因素考虑得并不全面，未能完全反映汊道水沙运动特性随上游水沙条件的变化情况，且试验成果缺乏与实际河流野外观测资料的对比，使其在应用方面有较大困难；相较而言，原型河流水文观测数据取自分汊河段真实的状态，也更能反映复杂边界条件下分汊河段的水沙运动特性。但由于水文观测难度较高、耗资巨大，无法从时空方面对河流进行密集观测，仅通过实测资料分析也难以分离出各变量对汊道水沙运动特性单独的影响，需结合其他手段进行综合分析；数学模型可以将实测水文、地形资料作为输入条件计算不同水沙、地形边界条件下各水力、泥沙因素的变化，较全面地反映各因变量与自变量之间的关系，丰富了人们对汊道水沙运动特性的认识，但对水流计算结果有决定性影响的粗糙系数的取值大多通过验证流速、水位来率定，由此确定的河道阻力分布更贴近于验证水沙条件下的阻力分布，无法准确反映变水沙条件下汊道发生的阻力分布调整，从而影响了模型计算结果的准确性。

2. 汊道分流分沙计算

汊道分流是汊道水流动力条件的重要组成部分，汊道分沙随汊道分流的变化而变化。分流量、分沙量的确定可为汊道兴衰、冲淤的预测提供依据，是分汊河段研究关注的重点。已有的分流比、分沙比计算方法主要通过两种途径得到：一是结合理论推导与水槽试验，即先由基本方程推导出分流比、分沙比的理论计算公式，再利用水槽试验采集的不同水沙、地形边界条件下的汊道水力几何、流速、含沙量数据计算得到实测的分流比、分沙比，通过分析试验条件与计算结果之间的关系得出分流比、分沙比的计算表达式，或者点绘它们与其他因变量之间的图解关系，最后与理论表达式互相验证；二是结合理论推导与原型河流野外观测，即直接用实际河流中的断面观测数据去验证理论推导所得的分流比、分沙比计算公式。不管采用何种方式，分流、分沙的定量计算少不了数据的支撑，但无论是水槽试验，还是原型河流观测，流速、水位数据的采集往往比含沙量、输沙率等泥沙要素的采集更为容易，因此有关分流比计算的研究成果要多于分沙比。

1）汊道分流比计算方法

早期学者常通过第一种途径来研究分流比计算方法。Law 和 Reynolds（1966）在连续方程、动量方程、能量方程中引入反映支汊入流有效宽度的收缩系数，建立了直角分汊明渠中弗劳德数与分流比、收缩系数之间的关系表达式，并利用试验结果对公式进行了验证；Lakshmana 等（1968）通过对直角分汊明渠中三维水流结构的观测，建立了汊道分流比与主、支汊弗劳德数之间的关系；Ramamurthy 等（1990）通过理论推导进一步得出了直角分汊明渠中弗劳德数与分流比、水深比之间的关系，并用试验数据进行了验证；罗福安等（1995）在水槽中研究了直角分汊河段的水流结构，分别建立了单宽分流比、分流宽度与相对流速、水流强度的关系。尽管上述分流比计算公式与水槽试验数据吻合良好，但缺乏实测资料的验证，使其在边界条件更为复杂的天然河道中的适用性有待商榷。

国内多采用第二种途径来研究分流比的计算方法。天然分汊河段分流比的确定多基于水面线的推求，常采用试算法，即用不同的迭代法求解天然河道恒定非均匀流的能量方程（何书会，2000；许光祥，1995）；严以新等（2003）运用最小能耗原理推求了分流角与河宽、水深、流量之间的关系，并据此反推了分流比的计算公式，但由于其需要反解三次方程，计算结果对输入数据的依赖程度较高，精度很难保证，且所推求的关系式均假定河流已处于最小能耗状态，难以应用于冲淤调整剧烈的河段；童朝锋（2005）

在总结分流计算研究现状的基础上提出了水位差等值法、动量平衡法、等含沙量法和人工神经网络法四种计算汊道分流比的方法，前三种方法的推导均基于一定的假设条件，应用于天然河流时有一定的局限性，人工神经网络法的使用范围较广，但对训练模型所需的水文资料的数量要求较高，且河床冲淤变化剧烈时，分流比预测的误差较大。

2）汊道分沙比计算方法

河道输沙在很大程度上取决于水流动力。由于水流从上游单一段进入下游分汊河段时会发生流线的弯曲，不同水层流线弯曲的程度有差异，表层和底层流向常存在偏差。含沙量在垂线上遵循上稀下浓的分布规律，底层水流进入的汊道通常挟带更多的泥沙。另外，受地形影响，产生的汊道次生流也会改变汊道的分流、分沙特性，汊道分流段因横比降或弯道特性产生的横流会使分沙比与分流比产生较大的偏差。

丁君松和丘凤莲（1981）通过观察汊道分流段地形的沿程变化后发现，从分流点至洲头，两侧深泓均具有明显的马鞍形特征，由此他们将鞍顶高程作为控制分沙的参考点，推导求出了分沙比的计算表达式，并与长江中下游汊道的实测资料进行了对比验证，发现它们吻合良好。该分沙模型的局限在于其仅适用于主、支汊分流差别较大的汊道。之后，丁君松等（1982）又综合考虑了泥沙的纵、横输移，将弯道环流横向输沙公式引入汊道横向输沙计算中，修正了主、支汊含沙量比值的计算表达式，得到了新的分沙模型并与实测资料进行了对比验证，结果表明，对于分布较均匀的悬移质，考虑与不考虑横向输移对计算结果影响不大，而对于分布不均匀的床沙质，考虑横向输移后的计算结果与实测值更相符。韩其为等（1992）认为，汊道悬移质分沙比与分流比关系很大，也与分流引起的流线弯曲有关。在计算汊道悬移质分沙比时，他们引入当量水深的概念，利用分流比来确定主、支汊引水深度，再根据流速及含沙量沿水深的分布推求汊道分沙比与分流比的关系。此分沙模型不用考虑分流段深泓纵剖面的分布，可直接将分流比与分沙比联系起来，在荆江河段取得了较好的应用效果。秦文凯等（1996）指出，在分流角较大、河道断面较窄深的汊道，环流的影响不可忽略，分沙比的计算必须加入环流修正项。由此，他们在韩其为等（1992）分沙模型的基础上进一步考虑横向环流的影响，得到了改进的分沙模型，较好地解释了荆江三口分流等大角度分汊条件下支汊含沙量也有可能大于主汊含沙量的现象。

综上，分沙比计算均以分流比计算为前提，而分流比计算的本质在于建立汊道分流量与水力几何变量（宽、深、过水面积）、水流条件变量（进口流量、弗劳德数、主流位置）和洲滩形态变量（滩槽高差、分流角、洲滩几何形态）之间的关系。

1.3.2　水库下游分汊河段演变

1. 水库下游分汊河段冲淤调整特点

冲积河流具有自动调整作用，在一定的水沙条件下，通过河床演变达到输沙平衡。江心洲滩属于稳定性较强、尺度较大的成型堆积体，是构成分汊河段必不可少的要素，水库下游分汊河段的冲淤调整必定伴随着洲滩形态的变化。罗海超（1989）利用原型河流实测资料，分析发现分汊河段发生主、支汊易位是由于汊道分流比和分沙比的变化；李振青等（2005）将层次分析法运用到长江中下游分汊河段汊道冲淤调整影响因素的分析中，发现支汊口门附近主流的偏离是其萎缩的主要原因；Bertoldi 等（2010）分析塔利河 6 次不同洪水过程导致的地形变化后发现，流量脉动主要造成单个汊道内的冲淤演变，而洪峰脉动所导致的水流重分配会拓宽发生活跃造床过程的河道宽度，使得河道冲淤变形扩展到更大的空间；Smith 等（2006）利用地质雷达勘测了加拿大南萨斯喀彻温河分汊河段中的各单一沙洲和复合沙洲的沉积相分布，通过河道中沉积相的序列和分层来分析河道地貌堆积与河床演变过程之间的关系。

在水库蓄水拦沙显著改变下游河道来水来沙的条件下，分汊河段响应性冲淤调整特征明显。何娟等（2009）通过研究不同边界条件下的分汊河段冲刷调整过程，得出了水库下游河道的冲刷侵蚀最先发生于汛期主汊的结论；江凌等（2008）对三峡水库蓄水后荆江沙质河段的河床演变特性进行了分析，发现微弯分汊河段的响应性调整特点主要表现为江心洲滩的冲退与支汊的发展；潘庆燊等（1982）指出，丹江口水库运用后，下游河道中稳定性较差的带游荡性质的分汊河段逐渐向稳定性更强的分汊河段发展；李义天等（2012）认为，汊道边滩、心滩、深槽的冲淤幅度与主流的持续时间密切相关，提出了特征流量级及其持续时间与滩槽冲淤变化的响应关系；刘亚等（2014）分析了典型河段滩槽冲淤对年内流量过程的响应特征，据此总结了不同部位发生冲淤调整的临界流量。可见，以往对水库下游局部分汊河段的冲淤响应特点的研究较多，汊道兴衰导致的主、支汊易位及江心洲滩的消长变化是分汊河段最显著的演变特征。

2. 水库下游分汊河段冲淤响应机理研究

目前，关于水库下游分汊河段普适性冲淤调整响应机理的研究较少，未能充分揭示不同分汊河段发生差异性冲淤调整的原因。以三峡水库下游河段为例，蓄水后，下游分汊河段呈现出"主长支消""主消支长"的多样性变化（李明和胡春宏，2017），已有研究分别从水流动力轴线的交替与摆动、中枯水历时延长促进枯水主汊发展、比降优势主导次饱和水流冲刷等方面论述了蓄水后水沙条件变化与汊道演变之间的关系，各研究所选取的代表性河段有交叉重叠的区域，但对于驱动汊道冲淤调整的关键因素的识别不尽一致，缺乏与已有研究的对比分析（表 1.3.1）。

表 1.3.1　三峡水库下游汊道冲淤调整研究汇总

序号	研究者	主要结论	研究选取的汊道
1	陈立等（2011）	洪水主流所在汊发展	宜昌—枝城河段共 4 个汊道
2	李明和胡春宏（2017）	比降大的汊道发展	枝城—九江河段共 13 个汊道
3	朱玲玲等（2018）	短支汊发展	上荆江共 6 个汊道
4	韩剑桥等（2018）	枯水倾向汊河发展	城陵矶—九江河段共 10 个汊道

研究 1：陈立等（2011）对近坝砂卵石河段的 4 个典型汊道的冲淤调整特点分析后得出，坝下游分汊河段冲刷发展的部位均为洪水水流动力轴线所经之地，当洪、枯水水流动力轴线在两汊间不发生交替时，枯水水流动力轴线所在汊发展；当洪、枯水水流动力轴线在两汊间发生交替时，洪水水流动力轴线所在汊发展（图 1.3.1）。

图 1.3.1 汊道冲淤调整示意图（陈立 等，2011）

研究 2：李明和胡春宏（2017）结合蓄水后长江中下游多个分汊河段分流比的变化及汊道冲淤量的分布情况，分析了不同类型分汊河段汊道冲淤调整的特点，最终发现，微弯分汊河段与鹅头分汊河段内，有比降优势的短汊是发展的，而顺直河段内则是迎流条件较好的汊道更为发展。

研究 3：朱玲玲等（2018）通过分析三峡水库对水流和泥沙的重分配效应与上荆江分汊河段冲淤调整之间的关系得出，沙量减幅较大的洪水期主流偏向支汊是"短支汊发展"的主要原因，江心洲滩头部冲刷萎缩改善了支汊的入流条件，支汊较细的河床组成则进一步促进了支汊的冲刷发展（图 1.3.2）。

图 1.3.2 汊道冲淤调整示意图（朱玲玲 等，2018）

研究 4：韩剑桥等（2018）在分汊河段分类中引入动态分流比的概念，将分流比随流量的增加而减小的那一汊定义为枯水倾向汊河，将分流比随流量的增加而增大的那一汊定义为洪水倾向汊河（图 1.3.3），进一步将主汊与枯水倾向汊河一致的汊道归类为 I 类汊道，将主汊与洪水倾向汊河一致的汊道归类为 II 类汊道，通过分析城陵矶—九江河段 10 个典型汊道的冲淤调整规律，得出蓄水后中枯水流量持续时间的增加促进了枯水倾向汊河的发展，II 类汊道逐渐向 I 类汊道转化的结论。该研究中，对汊道进行洪、枯倾向的判定是分析汊道冲淤调整特点的第一步。对于大多数汊道而言，枯水主汊分流比大于支汊，随着流量的增加，支汊分流增多，因而枯水主汊为枯水倾向汊河，枯水支汊为洪水倾向汊河，这样的"大多数汊道"可按图 1.3.3 归类于 I 类汊道，当枯水支汊随着流量的增加分流比逐渐大于 50%（常伴随洪、枯水水流动力轴线在两汊间交替），即洪、枯主汊不一致时，这一类汊道仍归类于 I 类汊道；而少数汊道也存在枯水主汊随流量的增加分流比进一步增加的情形，如长江下游的东流汊道（张玮 等，2019），按图 1.3.3 的方法此类汊道可归类为 II 类汊道，II 类汊道内分流比随流量的变化规律和维持主、支汊均衡的水流动力条件需求相悖，即枯水主汊的维持需要洪水期更好的水流条件，而枯水支汊随着流量的增加，分流比会越来越小，当洪水持续时间增加时，支汊反而会越来越萎缩，这一类汊道只存在于特定的河床边界上，如主、支汊枯水分流比相差极大，主汊进口或汊内有浅滩发育的汊道，又或者是周期性演变过程中的还未实现主、支汊易位的鹅头型汊道。

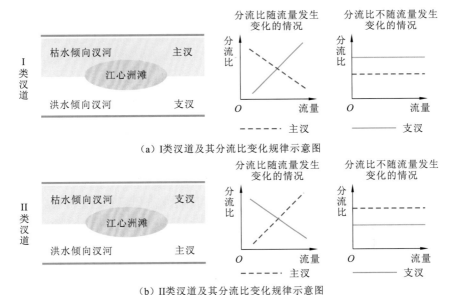

（a）I类汊道及其分流比变化规律示意图

（b）II类汊道及其分流比变化规律示意图

图 1.3.3　基于动态分流比的分汊河段类别划分方法（韩剑桥 等，2018）

比较来看，研究 1 和研究 3 均认为次饱和输沙条件下洪水水流动力轴线偏移造成的两汊输沙动力的调整是近坝砂卵石河段和上荆江分汊河段汊道冲淤调整的主要原因，区别在于砂卵石河段汊道的冲刷发展更依赖于洪水水流动力轴线强劲的冲刷动力，洪水水流动力轴线在哪，哪就有冲刷发展，而上荆江分汊河段汊道的发展则受洪水水流动力轴线偏移的影响，即便水流动力轴线未在两汊间发生交替，但洪水期主流偏向的那一汊输沙动力增幅更大，冲刷更为发展。由于上荆江分汊河段枯水主流一般位于主汊，多为微弯分汊河段的凹岸汊，随着流量的增加，主流逐渐向支汊偏移，由此产生了蓄水后"短支汊发展"的现象。

研究 2 认为，短汊所具有的比降优势才是蓄水后短汊输沙动力更强的主要原因，水流动力轴线的摆动及分流比的大小为次要因素或影响很小。对于枯水主汊在凹岸长汊的汊道，短汊与支汊为同一汊，因而短汊发展与汛期主流偏向的支汊发展的结论是一致的，如上荆江的金城洲汊道和南星洲汊道。对于枯水主汊在凸岸短汊的汊道，如监利河段的乌龟洲汊道和武汉河段的天兴洲汊道，枯水主流在短汊，随着流量的增加，凹岸侧的支汊埋应具备更显著的输沙动力增长，从而获得发展，但实际情况却相反（韩剑桥 等，2018；付中敏 等，2011）：蓄水后，乌龟洲汊道和天兴洲汊道右汊发展势头明显，主汊地位进一步加强。显然，洪水主流偏向所带来的输沙效益在"主汊即短汊"的汉道内并不明显,研究 3 的结论并不成立。

研究 4 中,对汊河的洪枯倾向进行判定时需要排除河床冲淤对汊道分流比的影响,尽可能收集较多的同一地形或地形冲淤变形很小时不同流量下的分流比资料,而原型河流观测中这一类资料较为匮乏,因此,相较于其他研究,研究 4 的成果在应用时存在一些困难。另外,上荆江的大多数微弯分汊河段内,属于洪水倾向汊河的支汊在蓄水后更为发展,这与研究 4 所得结论"枯水倾向汊河的发展速率大于洪水倾向汊河"相矛盾,说明研究 4 的成果无法解释上荆江分汊河段的调整规律。

1.4 本书主要内容

根据前述研究思路,将本书分为 9 章,各章的主要研究内容如下。

第 1 章:绪论。简要介绍本书的研究背景及意义,归纳总结弯曲、分汊河段水沙输移规律,以及水库下游弯曲、分汊河段调整方面的研究现状和存在的不足;进一步提出本书的研究思路及主要内容。

第 2 章:新水沙条件下弯曲河段冲淤调整特点。将三峡水库下游荆江河段的典型弯曲河段作为研究对象,分析三峡水库蓄水前后弯曲河段河床演变特性的变化,形成对弯曲河段演变规律及主要影响因素的初步认识。

第 3 章:不同因素对弯道水流结构的影响。通过开展不同流量、不同圆心角的弯道水槽水流试验,观测分析不同圆心角、不同流量下弯道的水流动力特性,从垂线平均流速、床面切应力、水流挟沙能力及近底环流强度等角度分析弯道水流动力条件随流量、圆心角的变化规律。

第 4 章:不同因素对弯道凸岸边滩冲淤的影响。通过开展不同圆心角、不同流量级、不同含沙饱和度的弯道水槽冲淤演变试验,探明不同含沙饱和度下凸岸边滩的冲淤转化规律,对比不同流量、不同圆心角下弯道水流动力强度与滩槽冲淤特性空间分布的变化,获得流量、圆心角大小影响弯道凸岸边滩冲刷差异的规律性认识。

第 5 章:水库下游弯曲河段"撇弯切滩"现象的驱动机制。基于对水库下游水流含沙饱和度、径流过程的调整、弯曲河段水流动力特性等因素的分析,探明弯曲河段凸岸边滩冲刷切割的主要驱动因子,并揭示其驱动机制。

第 6 章:新水沙条件下分汊河段冲淤调整特点。依据实测地形资料,从河床冲淤部位的调整、洲滩变形和断面形态的变化三个方面分析长江中游分汊河段河床调整的形态变化特征;依据实测断面地形资料和水文泥沙资料,探讨不同平面形态的分汊河段的主支汊冲淤调整规律,以及上下游不同分汊河段存在的主支汊冲淤调整分异性特点。

第 7 章:分汊河段演变数值模拟关键技术。首先利用三峡水库蓄水后(2003～2019年)分汊河段的实测断面资料对典型动床阻力计算公式的适应性进行评价;在此基础上,分析分汊河段阻力的影响因素,建立适用于长江中游分汊河段的阻力计算公式并利用实测资料对其进行验证;之后将建立的阻力计算公式应用于分汊河段数值模拟中曼宁粗糙系数的确定，并与传统的率定法进行比较。采用长江中游典型分汊河段的实测数据对现有的分流比计算公式的适应性进行评价；针对基于曼宁公式的分流比计算公式，分析曼宁粗糙系数、能坡的不同表达形式对分流比计算精度的影响，提出改进后的分流比计算公式，并利用原型观测与物理模型试验资料对其进行参数率定及验证；将改进后的分流比计算公式应用于典型分汊河段，分析汊道分流比随水位、地形和汊道冲淤的变化规律；最后，结合阻力计算公式与分流比计算公式，提出分汊河段数值模拟中汊道阻力分布的确定方法。

第 8 章：新水沙条件下分汊河段冲淤调整数值模拟。将长江中游典型的分汊河段——杨家脑—杨厂河段作为代表河段，根据三峡水库实际运用情况构建 9 组反映蓄水后水沙条件变化的水沙组合条件；利用改进阻力计算方法后的平面二维水沙数学模型模拟不同水沙条件下典型分汊河段发生的冲淤调整，分析径流过程、来沙饱和度变化对分汊河段总体冲淤、断面形态及主支汊冲淤调整的影响。

第 9 章：长江中游分汊河段冲淤调整与驱动因子。从造床作用集中度变化、特征流量造床机理的角度揭示造成分汊河段河床形态特征调整的原因；结合理论推导与实测资料分析，得出分汊河段主支消长变化的驱动因子，以及各驱动因子对分汊河段主支消长变化的影响规律，初步分析造成不同分汊河段主支汊冲淤调整分异性的原因。

上 篇

新水沙条件下弯曲河段冲淤调整特点与机理

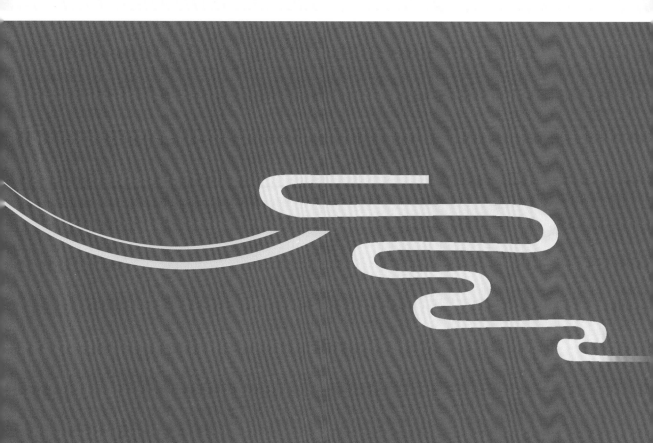

第 2 章

新水沙条件下弯曲河段
冲淤调整特点

2.1 三峡水库蓄水前后弯曲河段演变规律

三峡水库蓄水以来，年输沙量持续减少，使荆江河段平滩河槽、基本河槽、枯水河槽出现累积性冲刷的现象。但横向冲淤部位的变化是由多种因素决定的，尤其对于弯曲河段而言，本书重点研究了弯曲河段凹、凸岸的冲淤规律。

图 2.1.1 为下荆江河段各典型弯道所在位置示意图。图 2.1.2 绘制了各弯曲河段弯顶部分横断面的年际变化图，并给出了"凸淤凹冲"与"凸冲凹淤"模式的示意图[图 2.1.2(i)]。

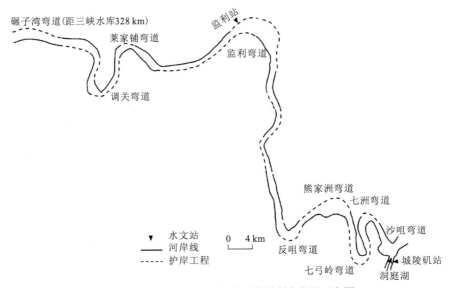

图 2.1.1 下荆江河段各典型弯道所在位置示意图

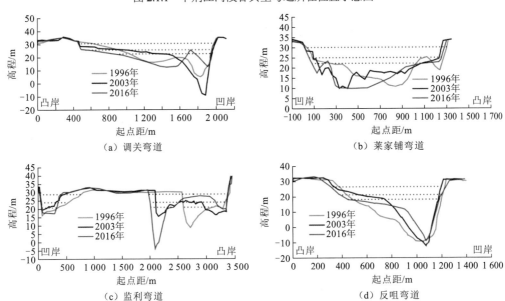

（a）调关弯道   （b）莱家铺弯道

（c）监利弯道   （d）反咀弯道

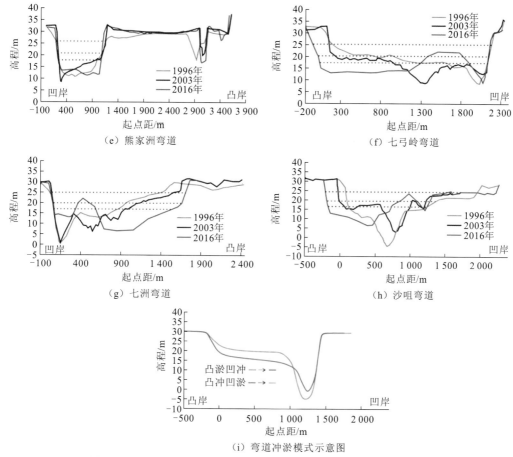

图 2.1.2　下荆江各弯道典型断面冲淤调整规律（樊咏阳 等，2017）

虚线自下而上对应枯水河槽、基本河槽和平滩河槽

根据三峡水库蓄水前弯曲河道的演变特点，下荆江弯道可分为两个不同类别：第 I 类弯曲河道表现为"凸淤凹冲"特点；第 II 类弯曲河道表现为"凸冲凹淤"特点。三峡水库蓄水后，两类弯曲河道则一致表现为"凸冲凹淤"。为便于对滩槽冲淤规律进行分析，依据滩体高程划分了枯水河槽、基本河槽及平滩河槽。其中，枯水河槽对应枯水位，此时，监利站流量为 5 500 m³/s；基本河槽对应与边滩平齐的水位，此时，监利站流量为 9 000 m³/s；平滩河槽对应与河漫滩平齐的水位，此时，监利站流量为 22 000 m³/s。枯水河槽与基本河槽之间的边滩称为低滩，基本河槽与平滩河槽之间的边滩称为高滩，平滩河槽以上称为河漫滩。

2.1.1　第 I 类弯曲河道演变规律调整

第 I 类弯曲河道以调关弯道、莱家铺弯道、反咀弯道、熊家洲弯道为代表（图 2.1.2）。调关弯道[图 2.1.2（a）]在三峡水库蓄水前（1996～2003 年）枯水位以下的滩体淤积明显，最大淤长幅度达 7 m。凹岸河槽冲刷发展，河槽最大冲深达 15 m，深槽向凹岸摆动。在三峡水库蓄水后（2003～2016 年），淤长的凸岸低滩大幅冲刷，冲刷幅度超过 10 m，高滩基本维持不变，凹岸河槽淤积，局部淤积幅度超过 20 m，原有河槽部位形成了与基本河槽平齐的心滩，河势格局存在双槽争流的发展趋势。

莱家铺弯道[图 2.1.2（b）]原有主槽偏向于凸岸侧（1996 年），三峡水库蓄水前（1996～2003 年），凸岸侧枯水河槽淤积较为明显，淤积幅度超过 6 m。而凹岸的低滩冲刷发展，冲刷幅度超过 12 m，形成新的河槽。三峡水库蓄水后（2003～2016 年），凸岸低矮边滩再度冲刷，平均冲刷幅度为 3 m，高滩基本维持稳定，凹岸河槽淤积，在凹岸形成新的低滩，将河槽分为左右双槽，且以凸岸槽为主槽。

反咀弯道[图 2.1.2（d）]的断面为典型的 V 形河槽断面，凸岸侧边滩较为平缓，凹岸侧较陡，三峡水库蓄水前（1996～2003 年），反咀弯道枯水河槽的凸岸侧淤积明显，最大淤长幅度超过 10 m，迅速形成枯水河槽以上的低滩，高滩基本维持稳定，河槽部位略有冲刷，幅度在 5 m 左右，但深泓位置变化不大，稳定在凹岸侧。三峡水库蓄水后（2003～2016 年），高滩冲刷明显，平均冲刷幅度为 5 m 左右。低滩发生小幅度冲刷，凹岸枯水河槽明显淤积，淤积幅度约为 5 m。

熊家洲弯道[图 2.1.2（e）]的主槽凸岸侧在三峡水库蓄水前（1996～2003 年）存在淤积现象，淤积集中于枯水河槽内，淤积幅度超过 5 m，凹岸侧河槽内冲刷幅度在 5 m 左右，由偏 U 形河槽发展为偏 V 形河槽。在三峡水库蓄水后（2003～2016 年），凹岸河槽的淤长幅度超过了 1996 年，凸岸冲刷恢复至 1996 年的水平，重新形成了 U 形河槽，枯水河槽以上的滩体基本维持不变。

从这四个弯道的变化规律来看，在三峡水库蓄水前它们均表现为凸岸侧淤长，凹岸侧河槽冲刷，而在三峡水库蓄水后逐渐调整为凸岸侧边滩、河槽均冲刷，凹岸侧河槽发展、河漫滩基本不变。简而言之，第 I 类弯曲河道从“凸淤凹冲”发展为“凸冲凹淤”。

2.1.2　第 II 类弯曲河道演变规律调整

第 II 类弯曲河道则以七弓岭弯道、七洲弯道及沙咀弯道为代表。七弓岭弯道[图 2.1.2（f）]在三峡水库蓄水前（1996～2003 年），凸岸边滩冲刷发展，冲刷幅度约为 2 m，由高滩冲刷形成低滩，接近河道中心部位冲刷幅度最大，达 8 m，2003 年形成了新的主河槽。原有凹岸河槽内，淤长幅度超过 5 m，萎缩成为副槽。三峡水库蓄水后（2003～2016 年），这一趋势进一步加剧，凸岸低滩进一步冲刷至枯水河槽以下，并逐步取代凹岸侧河槽的主槽地位，平滩河槽以上的河漫滩甚至也发生了较为明显的冲蚀崩退。凹岸侧淤积形成高滩，将原有的单一河槽分为左右两汊，凹岸副槽相对稳定，深泓自 1996 年至 2013 年逐渐由凹岸摆动至凸岸。

七洲弯道[图 2.1.2（g）]的原有河道断面为 V 形断面，三峡水库蓄水前（1996～2003 年），凸岸的河漫滩、高滩、低滩均发生明显冲刷，平均冲刷幅度为 2～5 m，凹岸河槽基本维持不变。三峡水库蓄水后（2003～2016 年），凸岸河漫滩与边滩的冲刷幅度进一步增大，凸岸冲刷最大幅度超过 15 m，凹岸原有河槽淤长，最大淤积厚度超过 10 m，形成基本河槽以上的高滩，将河道分为左右两汊，凸岸汊成为新的主槽。

沙咀弯道 [图 2.1.2（h）] 凸岸侧明显分为两层阶梯状的滩体（1996 年），河漫滩与高滩在三峡水库蓄水前（1996～2003 年）及三峡水库蓄水后（2003～2016 年）经历了不断崩塌后退的过程，崩退距离超过 200 m，而低滩则经历了三峡水库蓄水前淤长、三峡水库蓄水后冲刷的交替过程，凹岸侧河槽自三峡水库蓄水前至蓄水后一直维持了淤积的态势。

总地来说，第 II 类弯曲河道在三峡水库蓄水后基本维持了蓄水前凸岸冲刷崩退、凹岸河槽淤长的趋势，且河漫滩、高滩、低滩在三峡水库蓄水后均存在不断冲刷的现象，深泓线均经历了从凹岸到凸岸的摆动过程，简而言之，第 II 类弯曲河道在三峡水库蓄水前后均表现为"凸冲凹淤"特点。

三峡水库蓄水后弯曲河段呈现群发性"凸冲凹淤"演变特点，边滩冲刷下移，顶冲点下挫，主流随着边滩下移摆动空间增加，顶冲点的下挫则造成弯曲河段出口的崩岸展宽，使河道向宽浅趋势发展。这些弯曲河段的变化一方面对自身航道条件产生不利影响，如急弯段出现多槽争流态势；另一方面对上、下游航道条件产生不利影响，如莱家铺弯道凸岸的冲刷变化将加剧下游放宽段的淤积，碾子湾弯道凸岸的冲刷造成主流下挫，威胁已有整治建筑物的稳定，尺八口河段的变化在一定程度上加剧了上游河段过渡段浅区交错的态势。

2.2　典型弯曲河段河床演变特性

2.2.1　典型弯曲河段的选取

根据对荆江弯曲河段三峡水库蓄水前后演变规律的分析可以发现，三峡水库蓄水前荆江弯曲河段具有两种变化特性：第一种表现为凹岸冲刷、凸岸淤长的变化特性，这是荆江弯曲河段较为普遍的变化规律；第二种表现为凸岸边滩的冲刷，这一类情况相对特殊，主要出现在河道弯曲半径较小的急弯段，如七弓岭弯道。三峡水库蓄水前，七弓岭弯道的弯曲度发展到一定程度，形成畸弯（弯道圆心角大于 180°的弯道），1997～2002 年连续数年汛期流量较大，洪水持续时间长，凸岸边滩被冲刷，出现了串沟甚至"撤弯切滩"的现象。

三峡水库蓄水后，这两种类型出现了不同的变化特点。对于第一种类型，其冲淤性质发生了截然相反的变化，绝大部分河段都由原来的凸岸边滩淤积、凹岸冲刷转变为凸岸边滩冲刷、凹岸淤积，这类河段的典型代表有调关弯道、莱家铺弯道；而第二种类型在三峡水库蓄水后延续了蓄水前的变化特性，且其变化速率有所加快，如尺八口河段凸岸边滩串沟发展加剧，"凸冲凹淤"现象更为明显。

针对上述变化特点，选取较为典型的下荆江河段中的调关弯道、莱家铺弯道和尺八口河段作为这两种类型的代表，通过河段年内、年际变化，纵向、横向变化等特性的对比分析，形成对弯曲河段演变规律调整及其主要影响因素的初步认识。

2.2.2 三峡水库蓄水后调关弯道、莱家铺弯道河床演变规律

三峡水库蓄水以来，调关弯道、莱家铺弯道已从"凹冲凸淤"逐渐演变为"凸冲凹淤"，凸岸低滩冲刷明显。年内主要表现为汛期水流漫滩，对凸岸边滩的冲刷切割作用明显；退水期凸岸边滩淤积减缓，甚至转淤为冲。

1. 河床冲淤特性

三峡水库蓄水前，调关弯道、莱家铺弯道总体表现为凸岸边滩淤长，凹岸河槽冲刷，具有"凹冲凸淤"的特点。

三峡水库蓄水以来，整个河道总体上表现为冲刷，但年平均冲刷量不大，2002 年 10 月～2009 年 9 月，河道总冲刷量为 1 316.8 万 m³；从演变特征来看，两弯道均呈凸岸冲刷、凹岸淤积状态。调关弯道、莱家铺弯道进口段凸岸侧边滩持续冲刷后退，尾部倒套有发展迹象。从冲淤量统计来看，莱家铺弯道、莱家铺—塔市驿过渡段总体上均呈冲刷态势。

2002～2010 年调关弯道凸岸边滩明显冲刷后退，主要冲刷部位集中在低滩，河道宽浅化发展，过水面积呈增加趋势（表 2.2.1），弯道中上部断面由偏 V 形逐渐向双槽的 W 形转化，其中凹岸河槽最深点总体呈淤积抬高趋势、凸岸河槽最深点总体呈降低趋势，断面最深点向凸岸偏移。

表 2.2.1 调关弯道典型断面水力要素历年变化表（黄海高程 30 m 以下）

地形时间	过水面积/m²	水面宽/m	平均水深/m	宽深比	凸岸最深点/m	凹岸最深点/m
2002 年 10 月	13 085	1 502	8.71	4.45	15.0	11.1
2004 年 8 月	15 837	1 578	10.03	3.96	11.8	11.9
2006 年 6 月	14 749	1 615	9.13	4.40	16.2	10.7
2008 年 10 月	16 567	1 607	10.31	3.89	8.1	12.3
2009 年 9 月	19 086	1 628	11.72	3.44	9.4	17.5
2010 年 9 月	18 630	1 626	11.46	3.52	11.5	16.0

2010～2012 年，调关弯道凸岸边滩继续冲刷，平均冲刷幅度为 3 m，最大冲刷幅度达到 5 m，心滩淤积，淤高幅度为 3～4 m，最大淤积幅度约为 5 m。凹岸河槽淤积幅度约为 2 m，最大淤积幅度约为 3 m。莱家铺弯道凸岸边滩低滩冲刷明显，平均冲刷幅度超过 5 m，局部最大冲刷幅度超过 10 m。凹岸河槽淤积，平均淤积幅度在 3 m 左右，最大淤积幅度约为 4.5 m。由此可见，调关弯道、莱家铺弯道近年整体继续宽浅化发展。

2. 滩槽形态变化

1）洲滩变化

三峡水库蓄水后，调关弯道、莱家铺弯道凸岸边滩明显冲刷，低滩大面积冲刷后退。根据相关水利部门的观测，三峡水库蓄水以来，弯道顶冲部位莱家铺弯顶段已护岸线山现多处水毁现象，弯道凸岸侧上游有局部崩塌现象。

三峡水库蓄水后，调关弯道、莱家铺弯道主要冲刷部位集中于低滩，凸岸边滩冲刷后退幅度较大。2002~2005 年，莱家铺弯道凸岸边滩后退幅度达到 65 m，2010~2012 年，调关弯道凸岸边滩弯顶段冲刷后退明显，航基面以下 2 m 低滩后退 75 m；莱家铺弯道凸岸边滩进口段冲刷后退明显，航基面以下 2 m 低滩后退 50 m。

2）深槽变化

三峡水库蓄水后，调关弯道、莱家铺弯道凹岸深槽发生明显淤积，莱家铺弯道江心淤出心滩，2005 年心滩面积为 0.015 km^2，2008 年淤长至 0.045 km^2，2012 年淤长至 0.085 km^2，弯道进口段浅滩由之前的 U 形发展为不对称的 W 形。调关弯道凹岸江心也淤出心滩，心滩不断淤高展宽，至 2012 年沿程共出现 0 m 以上心滩 4 个，总面积达 0.344 km^2。

总之，三峡水库蓄水后，调关弯道、莱家铺弯道凸岸低滩冲刷现象明显，凹岸河槽有所淤积，其中调关弯道凹岸河槽已淤出心滩。

3. 深泓变化

三峡水库蓄水以来，调关弯道、莱家铺弯道存在明显变化，具体表现在：调关弯道、莱家铺弯道弯曲段深泓摆幅较大，总体上向凸岸侧摆动。调关弯道弯顶段深泓大幅度向凸岸侧摆动；莱家铺弯道弯顶上段深泓摆幅有所减小，弯顶中段南河口—方家夹河段摆动幅度加大，顶冲点呈下移态势，弯顶下段方家夹附近深泓往复摆动，且摆幅较大。总地来说，三峡水库蓄水以来，调关弯道、莱家铺弯道深泓向凸岸侧摆动，且摆动幅度较大。

2.2.3　三峡水库蓄水后尺八口河段河床演变规律

三峡水库蓄水以来，尺八口河段冲滩淤槽，主要冲刷部位集中于低滩，下段形成左右双槽，深泓不稳定，河床调整幅度较大。

1. 河床冲淤特点

历史上，尺八口河段七弓岭弯道"撇弯"或裁弯频繁，几经演变形成目前的河道。三峡水库蓄水前，七弓岭弯道已经出现了凸岸边滩冲刷，形成串沟的现象，究其原因，与七弓岭弯道弯曲半径的变化有一定关系。根据河流动力学的研究，在自然条件下，弯曲河段凹岸逐年崩退，凸岸不断淤长，弯曲系数发展到一定程度，成为畸弯（圆心角大于180°的弯道），当遇到水流动力轴线的半径大于弯道弯曲半径，主流摆动到凸岸边滩时，就会发生"切滩"。在蓄水前的 1998～2002 年，流量超过 25 000 m³/s 的天数平均超过 40 天，汛期平均流量为 27 320 m³/s。当流量超过 25 000 m³/s 时，凸岸边滩的流速超过 1.5 m/s。洪水上滩造成了凸岸边滩冲刷，形成串沟。

此外，在尺八口河段八姓洲边滩存在着高程约为 31 m 的河岸线，而八姓洲边滩的高程低于河岸，当水流漫滩时，八姓洲必然发生冲刷，根据统计，1998～2002 年，八姓洲漫滩的年均天数为 55 天，退水过程中，一旦水位低于 31 m，滩体由冲刷突变为无水，退水过程就无法实现回淤。

三峡水库蓄水以来，尺八口河段以冲刷为主，2002～2010 年熊家洲弯道、尺八口过渡段、七弓岭弯道的冲刷量分别为 567 万 m³、1 299 万 m³、422 万 m³。从冲淤分布来看，河床以冲滩淤槽为主，淤积主要发生在熊家洲弯道凹岸深槽、熊家洲弯道凸岸边滩尾部、过渡段下深槽及七弓岭弯道偏靠凹岸一侧河床，冲刷主要发生在熊家洲弯道凸岸河床的中上段、过渡段左侧河床及右侧近岸河床、七弓岭弯道凸岸河床的中上段及凹岸近岸河床。

2. 滩槽形态变化

三峡水库蓄水前，尺八口河段已经出现凸岸边滩冲刷切割，形成串沟的现象；三峡水库蓄水以来，尺八口河段凸岸边滩进一步冲刷，出现枯水双槽的局面。其滩槽形态变化的具体分析如下。

1）洲滩变化

尺八口河段上边滩淤积，滩体外缘向左延伸，但幅度较小，2004～2009 年滩宽最大增加 275 m。2007～2012 年上边滩基本维持不变。

如表 2.2.2 所示，尺八口河段下边滩遭切割，2004 年林角佬以上的弯顶区域存在心滩，面积为 0.11 km²，下边滩比较完整；至2007年，在下边滩大幅度冲刷后退的同时，心滩淤长，面积增加至1.79 km²；此后，下边滩进一步冲刷，至2009年，弯顶段仅存在小范围边滩，面积约为 0.28 km²，弯顶段边滩冲刷 100 m；至2012年，边滩范围进一步缩小，且冲刷幅度较大，下边滩冲刷后退达到 270 m。心滩则上冲下淤，下段淤高展宽，至2009年弯曲河段的心滩宽度达1 139 m，2009～2012年，心滩上半部分冲刷，下半部分宽度保持不变，见表2.2.3。

表 2.2.2　尺八口河段下边滩几何尺度统计表

测图时间	面积/km²	长/m	宽/m	高/m
2006 年 4 月 23 日	1.70	3 616	662	2.1
2007 年 4 月 24 日	0.75	2 333	394	3.8
2009 年 3 月 29 日	0.48	1 236	454	1.8
2009 年 9 月 6～7 日	0.43	1 181	385	3.1
2009 年 11 月 13～14 日	0.28	892	377	未测
2012 年 2 月	0.28	912	184	3.8

注：表中边滩下边缘自七弓岭下 1 500 m 量算，长、宽、高均为最大值。

表 2.2.3　尺八口河段心滩几何尺度统计表

测图时间	面积/km²	长/m	宽/m	高/m
2004 年 3 月	0.11	1 300	120	0.5
2006 年 4 月 23 日	1.19	5 858	354	3.7
2007 年 4 月 24 日	1.79	6 482	533	3.2
2009 年 3 月 29 日	2.31	3 481	866	4.5
2009 年 9 月 6～7 日	2.16	3 297	873	6.7
2009 年 11 月 13～14 日	1.69	2 355	1 139	—
2012 年 2 月	1.92	3 520	850	7.0

注：表中长、宽、高均为最大值。

从 2009 年滩形的年内变化来看，上边滩在汛期淤宽，退水冲窄的同时，尾部下延；心滩年内持续冲退，退水期，林角佬以上心滩冲刷散乱；凸岸边滩涨水时略有淤积，但退水时发生较明显的冲刷，且冲刷主要发生在弯顶上段。

总地来说，尺八口河段凸岸累计冲刷幅度较大，仅存在小范围边滩，形成枯水双槽（凸岸冲刷产生新生深槽）局面。

2）深槽变化

尺八口河段上深槽左摆，右槽上段淤窄，至 2010 年 4 月，二洲子附近 3 m 等深线的宽度仅 45 m 左右，但右槽下段的平面形态较稳定，至 2012 年 2 月，3 m 等深线仍能维持贯通。

弯曲河段凸岸侧河床冲深成槽，并进一步左摆、上延，有形成左槽之势，2010 年 4 月上深槽与凸岸深槽 3 m 等深线贯通，至 2012 年仍维持较好的航深条件。随着近左岸河床的刷深，二洲子一带过渡段的枯水河床变得宽浅、无明显主槽，断面形态由深槽贴右岸的偏 V 形向深槽不明显的 U 形发展。

从 3 m 深槽的年内变化来看，2009 年 3～9 月，上深槽冲刷左摆，沟边至二洲子一带的过渡段淤积明显，上深槽向右槽过渡的 3 m 等深线断开，同时，左槽淤积；2009 年 9～11 月，上深槽继续左摆，二洲子以下过渡段淤积，右槽上段淤窄，3 m 槽断开距离增大，左槽冲刷左摆，3 m 槽与上深槽断开 700 m 左右。

总而言之，尺八口河段蓄水后，河床宽浅化明显，凸岸河槽冲刷发展，凹岸河槽淤积萎缩，航槽出现断开现象。

3. 深泓变化

熊家洲—城陵矶河段，历史上深泓摆动较为剧烈。1980 年以后，熊家洲弯道深泓基本稳定，主流贴凹岸而行，出口段主流逐渐摆动至右岸，并贴右岸进入七弓岭弯道凹岸。三峡水库蓄水以来，深泓平面变化较明显，深泓在熊家洲弯道稳定贴凹岸，在熊家洲弯道出口至七弓岭弯道入口发生摆动，并逐年向凸岸侧摆动，至 2009 年，七弓岭弯道深泓摆动至凸岸深槽。七弓岭弯道凸岸深槽已冲深至航基面以下 10.9 m，致使过渡段以下水流向左、右两岸分散，成为尺八口双槽争流的诱因。右槽内深泓平面比较稳定，基本上贴右岸侧，而左岸侧倒套向上延伸、左摆。

从深泓纵剖面的年际变化来看，主深泓（由上深槽过渡至右深槽）平均淤高 2～3 m，且在过渡段存在很明显的浅埂；上深槽至左槽一带，二洲子附近也存在浅埂，但深泓冲刷明显。综上，尺八口河段深泓摆动明显，大幅度向凸岸侧摆动，深泓深度有所淤浅。

2.3　本　章　小　结

三峡水库蓄水前荆江弯曲河段具有两种演变特性：第一种表现为凹岸冲刷、凸岸淤长，这是荆江弯曲河段较为普遍的演变规律；第二种表现为凸岸边滩冲刷侵蚀、形成串沟，这一类情况主要出现在河道弯曲半径较小的急弯段，如七弓岭弯道。而三峡水库蓄水后，两类弯曲河段则一致表现为"凸冲凹淤"。

第 3 章

不同因素对弯道水流结构的影响

3.1 弯道水流动力特性试验设计

3.1.1 弯道水槽平面及横断面设计

为了研究不同圆心角弯道的水流动力特性，依托武汉大学水资源工程与调度全国重点实验室，改造、设计、制作了圆心角为 180°、90°、45° 的三个系列的弯道试验水槽。

三个系列的弯道试验水槽采用了相同的宽度、深度及弯曲半径。弯道试验水槽的横断面均为矩形断面，宽 1.2 m，深 0.5 m，弯道段外径为 3.0 m，内径为 1.8 m，弯道中心线的半径为 2.4 m。

水槽弯道段上、下游均与顺直段切向连接，180° 水槽上、下游顺直段长约 20 m，90°、45° 水槽上、下游顺直段的长度为 7 m。上游长顺直段使进口水流稳定进入试验段，下游长顺直段可以减少尾门对弯道水流结构的影响。

水槽进口流量均采用精度为 0.5% 的电磁流量计测量，通过控制调节阀门，使试验过程中的流量保持恒定；尾门为翻板式，通过调整尾门开度，控制水槽出口水位。弯道试验水槽的平面布置如图 3.1.1 所示。

自然条件下，一般认为，当弯道蜿蜒发展到急弯阶段时，会因为弯道形态与洪水期的水流结构不相适应而发生"撇弯切滩"现象。因此，在设计水槽横断面形态时，借鉴了典型的急弯河段发育较充分的边滩-深槽结构。

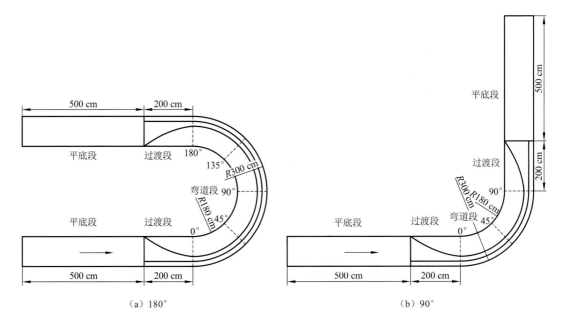

（a）180°   （b）90°

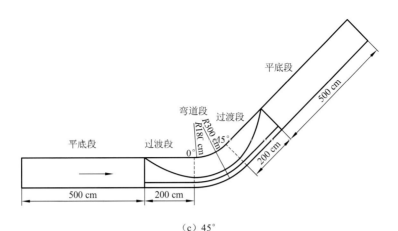

（c）45°

图 3.1.1　不同圆心角的弯道试验水槽的平面布置图

尺八口河段位于长江中游下荆江河段，长约 18 km。尺八口河段七号岭弯道的圆心角约为 180°，平滩河宽约为 1 200 m。三峡水库蓄水前，七号岭弯道呈现了凸岸冲刷、凹岸淤积的演变规律（樊咏阳 等，2017）。三峡水库蓄水后，凸岸边滩的冲刷进一步加剧，凸岸低滩刷深，形成新的主槽。

图 3.1.2 给出了七号岭弯道未受"切滩"影响的河道横断面。从图 3.1.2 中可见，该横断面河宽（平滩河宽）约为 1 200 m，从左岸河漫滩（高程约为 30 m）至凸岸边滩顶部（高程约为 25 m），坡降较大；凸岸边滩坡度很缓，至起点距 800 m 处，河床横比降又因为进入深槽而再次增大。起点距为 0～800 m 的凸岸边滩，高度差约为 10 m，凸岸边滩横比降为 1：80；起点距为 800～1 000 m 时，河床逐渐过渡至凹岸深槽，过渡段边坡横比降约为 1：20；凹岸深槽底宽约 100 m，最深处高程为 1 m，右岸为较陡的凹岸边坡。

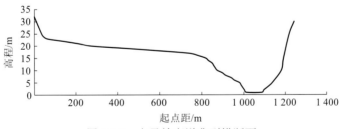

图 3.1.2　七号岭弯道典型横断面

参照七号岭弯道横断面概化设计弯道水槽的滩-槽断面形态，概化模型的平面比尺 $\lambda_l = 1\,000$，垂直比尺 $\lambda_h = 100$。如图 3.1.3 所示，凸岸边滩的宽度为 0.8 m，坡度为 1：8，边滩顶部高程为 0.25 m（以水槽底面为零点），低滩边缘高程为 0.15 m。边滩过渡至深槽的坡度为 1：2，宽度为 0.2 m；深槽宽度为 0.2 m，高程为 0.05 m。断面左、右岸边坡较陡，宽度较小，均概化为垂直的侧壁。由于在长江中游的凹岸大多实施了人工守护，本书忽略两岸岸坡的横向变形，主要研究凸岸边滩的冲淤变化。

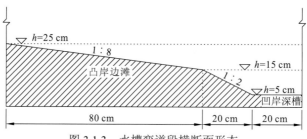

图 3.1.3　水槽弯道段横断面形态

水槽进、出口顺直段铺筑为平底，高程为 0.15 m，长度为 5 m；进、出口平底段与弯道段之间由 2 m 长的过渡段连接，过渡段断面形态由矩形向偏 V 形平顺衔接，保证水流平稳过渡。不同圆心角的弯道试验水槽除弯道段圆弧长度不同外，平底段、过渡段的平面尺寸及横断面布置均一致。

3.1.2　试验条件设计

为了研究不同漫滩水深下弯道水流动力特性的差异，设计了凸岸边滩从不完全淹没、完全淹没到最大淹没等五种水流条件。

试验的最小流量 Q1（6 L/s）对应河道最枯流量，对应的水位 0.200 m 为最枯水位，最枯水位以下的边滩一直处于淹没状态，将此部分边滩记为低滩（起点距为 0.4～0.8 m）；最枯水位以上部分记为高滩（起点距为 0～0.4 m）。

试验的最大流量 Q5（22 L/s）对应的是河道平滩流量，水位为 0.300 m。一般认为，平滩流量是造床作用最强的流量。三峡水库削峰补枯的调度方式使得平滩以上流量出现的频率大大降低（Li et al.，2018a），且随着流量的进一步增加，水流漫过广阔的河漫滩，过水面积陡增，水流冲刷动力反而急剧减小（韩剑桥 等，2014），因此本书将平滩流量定为最大流量。

定床水流运动试验中的水槽床面采用水泥抹面制作，抹面尽量均匀光滑以减小床面粗糙度不均匀变化对水流结构的影响。

定床水流试验组次如表 3.1.1 所示。试验组次编号包含弯道圆心角和流量级，如 180-Q3 表示圆心角为 180°、弯道流量为 Q3（12 L/s）的试验组次。

表 3.1.1　弯道定床水流试验组次

试验水槽	试验组次编号	床面	流量/（L/s）	水位/m	测量项目
	180-Q1	定床	6	0.200	瞬时流速
	180-Q2	定床	9	0.225	瞬时流速
180°弯道试验水槽	180-Q3	定床	12	0.250	瞬时流速
	180-Q4	定床	16	0.275	瞬时流速
	180-Q5	定床	22	0.300	瞬时流速

试验水槽	试验组次编号	床面	流量/（L/s）	水位/m	测量项目
	90-Q1	定床	6	0.200	瞬时流速
	90-Q2	定床	9	0.225	瞬时流速
90°弯道试验水槽	90-Q3	定床	12	0.250	瞬时流速
	90-Q4	定床	16	0.275	瞬时流速
	90-Q5	定床	22	0.300	瞬时流速
	45-Q1	定床	6	0.200	瞬时流速
	45-Q2	定床	9	0.225	瞬时流速
45°弯道试验水槽	45-Q3	定床	12	0.250	瞬时流速
	45-Q4	定床	16	0.275	瞬时流速
	45-Q5	定床	22	0.300	瞬时流速

3.1.3　流速测量及数据处理

1. 流速测量方法

流速测量采用挪威 Nortek 公司生产的三维声学多普勒流速仪（acoustic Doppler velocimeter，ADV），型号为小威龙（Vectrino），其采样频率为 200 Hz，测量精度可达 ±1 mm/s，试验中各测点的采样时间为 30 s。仪器探头向下，采集位于探头以下 5 cm 处的水体流速，ADV 的测量探头如图 3.1.4（a）所示。在测量水体流速时，探头必须全部淹没在水体中，故 ADV 无法测得水面以下 5 cm 内水体的流速，凸岸边滩部分测量垂线在中小水流量下水深不足 5 cm 时采用电磁旋桨流速仪测量其垂线平均流速，电磁旋桨流速仪如图 3.1.4（b）所示。

（a）ADV的测量探头　　　　　　（b）电磁旋桨流速仪

图 3.1.4　试验采用的流速测量仪器

ADV 的测速原理是先后发射两个脉冲信号，脉冲信号遇水中粒子发生反射，反射回来的两个脉冲信号之间存在相位差，由于此相位差与水中粒子的速度存在相关关系，可以通过相位差计算出粒子速度，测量时水体中的粒子数量会影响测量结果的稳定性。信噪比（signal-to-noise ratio，SNR）用来衡量 ADV 测量流速时信号的稳定性，在进行流速测量时，一般要求 SNR 大于 15。当上游来流为清水时，水中粒子较少，SNR 不高。为了保证水体中存在足够的细小颗粒，在回水系统中加入少量粒径小于 0.1 mm 的塑料沙，这些细颗粒塑料沙随水流运动难以沉降，既提高了水体的 SNR，又不会对水流结构产生影响。

三个弯道试验水槽从弯道进口断面至弯道出口断面平均布设五个流速测量横断面，下面用与每个横断面对应的圆心角命名横断面，如 135° 为圆心角为 135° 的横断面。每个测流横断面上横向间隔 10 cm 布设流速测量垂线，垂线上流速测点的分布遵循上疏下密的原则，从上至下分别记录 0.20H、0.30H、0.40H、0.50H、0.60H、0.70H、0.75H、0.80H、0.84H、0.87H、0.90H、0.93H、0.96H、0.98H、1H（H 为水深）处的瞬时流速。流速测量横断面与垂线的分布如图 3.1.5 所示。

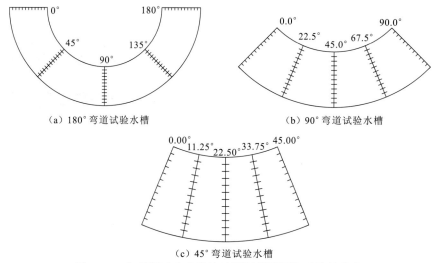

（a）180° 弯道试验水槽　　　　　　　（b）90° 弯道试验水槽

（c）45° 弯道试验水槽

图 3.1.5　各弯道试验水槽流速测量横断面与垂线的分布

2. 数据处理与计算

在 ADV 实测流速系列中会出现一些峰值噪声，这种峰值噪声一般是由真实流速超过设定流速范围，或是受之前发射的信号反射的影响，ADV 流速测量失真导致的（Goring and Nikora，2002；Nikora and Goring，1998；Voulgaris and Trowbridge，1998），在分析湍流紊动特性时需对流速时间序列进行降噪处理。应用数据变化的相空间阈值法识别 ADV 测得的流速序列（Wahl，2003；Goring and Nikora，2002）中的峰值噪声，并根据局部突变流速前后的相邻流速数据进行修正（Parsheh et al.，2010）。

利用修正后的流速序列计算与泥沙输移相关的动力参数：床面切应力、水流挟沙能力、近底环流强度。床面切应力反映了水流冲刷床面的动力；水流挟沙能力指水流在一定条件下能够挟带的悬移质泥沙的临界含沙量，反映了泥沙输运动力；近底环流强度关系到底沙输移方向及河床局部变形部位。

1）床面切应力计算

研究表明，近壁湍动能与床面切应力存在线性关系（Soulsby and Dyer，1981），大量学者采用近壁面总动能计算床面切应力（Thompson et al.，2003；Kim et al.，2000），计算公式如式（3.1.1）所示，适用于多种流动条件。

$$\tau_b = c\rho[0.5(\overline{u'^2} + \overline{v'^2} + \overline{w'^2})] \tag{3.1.1}$$

式中：τ_b 为床面切应力；ρ 为水的密度；u'、v'、w' 分别为纵向、横向、垂向三个方向上的脉动流速；c 为经验系数，在明渠流中，测点位于 $z=0.1h$ 处时，c 取 0.19（Stapleton and Huntley，1995）。

2）水流挟沙能力计算

水流挟沙能力采用 Rodi 公式（Celik and Rodi，1991）计算：

$$S_* = \beta \frac{\tau_b}{(\gamma_s - \gamma)h} \frac{U}{w_s} \tag{3.1.2}$$

式中：S_* 为水流挟沙能力；β 为系数；U 为平均流速；γ_s 为泥沙重度；γ 为水的重度；w_s 为泥沙沉降速度。

3）近底环流强度计算

水流近底处横向流速 v 与纵向流速 u 之比直接影响了底沙的输移方向，同时也影响了河床的局部变形（谢鉴衡，1997）。本书将近底 $0.1H$（H 为水深）处横向流速 v 与纵向流速 u 之比作为衡量近底环流强度的指标，计算公式如式（3.1.3）所示：

$$\Gamma = v_{0.1H}/u_{0.1H} \tag{3.1.3}$$

式中：Γ 为近底环流强度；$v_{0.1H}$ 为近底 $0.1H$ 处横向流速，以指向凸岸为正；$u_{0.1H}$ 为近底 $0.1H$ 处纵向流速。

3.2　不同流量下 180° 弯道水流动力特性

3.2.1　垂线平均流速的变化

图 3.2.1 为 180° 弯道不同流量下断面最大流速点所处位置的沿程变化，表 3.2.1 给出了不同流量下各断面最大流速 U_{max} 及其所处位置的起点距。

（1）随着流量的增加，弯道各断面的垂线平均流速总体呈增加趋势，在最大流量下均达到最大值，但不同断面、不同部位的流速随流量增加的幅度并不相同。①随着流量的增加，凹岸深槽除弯道出口断面外，垂线平均流速存在先增大后减小最后又增大的过程，但整体上变化幅度较小，各级流量下流速的变化范围为 0.1～0.15 m/s，从最小流量到最大流量，流速增加了 50%。②凸岸边滩流速的增加幅度较大，高滩流速从 0 增加至

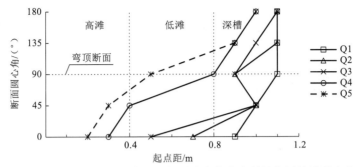

图 3.2.1　180°弯道不同流量下断面最大流速点所处位置的沿程变化

表 3.2.1　180°弯道不同流量下各断面最大流速及其所处位置的起点距

流量/（L/s）	0°		45°		90°		135°		180°	
	起点距/m	U_{max}/（m/s）	起点距/m	U_{max}/（m/s）	起点距/m	U_{max}/（m/s）	起点距/m	U_{max}/（m/s）	起点距/m	U_{max}/（m/s）
6（Q1）	0.9	0.102	1.0	0.110	1.1	0.109	1.1	0.114	1.1	0.120
9（Q2）	0.7	0.115	1.0	0.122	0.9	0.131	1.1	0.129	1.1	0.131
12（Q3）	0.5	0.120	1.0	0.116	0.9	0.124	1.0	0.129	1.1	0.132
16（Q4）	0.3	0.133	0.4	0.122	0.8	0.130	0.9	0.133	1.0	0.137
22（Q5）	0.2	0.154	0.3	0.148	0.5	0.141	0.9	0.145	1.0	0.151

0.155 m/s，低滩流速从 0.03 m/s 增加至 0.14 m/s，显然，从最小流量到最大流量，凸岸低滩流速增加了数倍之多。③随着流量的增加，在弯道弯顶以上断面，凸岸边滩的流速整体超过凹岸深槽的流速；在弯顶断面，凸岸边滩的流速与凹岸深槽的流速相近；在弯顶以下断面，凸岸边滩的流速要小于凹岸深槽处的流速。

（2）从流速的沿程变化看，凸岸高滩、低滩及凹岸深槽的变化规律不同，甚至相反。①凸岸高滩流速沿程减小，弯顶以下流速迅速减小，且高程越高的部位，流速减小的幅度越大，最大流量下进口断面高滩的最小流速约为 0.15 m/s，出口断面高滩的最小流速小于 0.08 m/s。②凸岸低滩在小流量下流速沿程总体减小，高程越高的部位，流速减小的幅度越大；大流量下低滩最大流速沿程变化不大。③相同流量下，凹岸深槽的流速沿程有所增大，在出口断面达到最大。各流量下进口断面凹岸深槽的流速范围为 0.1～0.12 m/s，出口断面为 0.12～0.15 m/s。

（3）随着流量的增加，在不同断面最大流速均呈增加趋势的同时，其所处位置的变化较为复杂。①在流量较小（Q1、Q2）时，进口断面最大流速点位于低滩与凹岸深槽交界附近，至 45°断面最大流速点摆至凹岸深槽内，之后都位于凹岸深槽。②随着流量的增加，弯顶以上断面最大流速点不断往边滩顶部摆动，在大流量（Q4、Q5）下弯顶以上断面最大流速点位于凸岸高滩，弯顶断面最大流速点位于凸岸低滩范围，而在弯顶以下断面，最大流速点位于凹岸深槽内。

不同断面垂线平均流速最大值点的纵向连线为水流动力轴线。因此，最大流速点位置随流量的变化实际上反映出了水流动力轴线的横向摆动。180°弯道弯顶以上水流动力轴线随流量的增加向凸岸边滩摆动，大流量下已经处于凸岸高滩处；而弯顶以下，随着流量的增加，水流动力轴线始终处于凹岸深槽内。

3.2.2　床面切应力的变化

图 3.2.2 为 180°弯道不同流量下断面最大床面切应力点所处位置的沿程变化，表 3.2.2 给出了不同流量下各断面最大床面切应力 τ_{max} 及其所处位置的起点距。

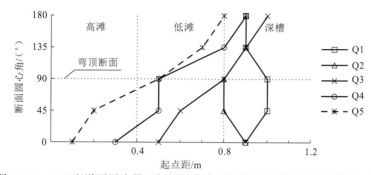

图 3.2.2　180°弯道不同流量下断面最大床面切应力点所处位置的沿程变化

表 3.2.2　180°弯道不同流量下各断面最大床面切应力及其所处位置的起点距

流量/（L/s）	0°		45°		90°		135°		180°	
	起点距/m	τ_{max}/Pa	起点距/m	τ_{max}/Pa	起点距/m	τ_{max}/Pa	起点距/m	τ_{max}/Pa	起点距/m	τ_{max}/Pa
6（Q1）	0.9	0.021 5	1.0	0.031 0	1.0	0.030 2	0.9	0.033 3	0.9	0.029 4
9（Q2）	0.9	0.022 4	0.8	0.031 9	0.8	0.033 0	0.9	0.034 8	0.9	0.030 8
12（Q3）	0.5	0.023 0	0.6	0.035 7	0.8	0.034 7	0.9	0.036 9	1.0	0.036 8
16（Q4）	0.3	0.026 8	0.5	0.043 9	0.5	0.038 3	0.8	0.040 6	0.9	0.041 8
22（Q5）	0.1	0.032 3	0.2	0.051 8	0.5	0.049 6	0.7	0.053 3	0.8	0.054 0

（1）随着流量的增加，弯道各处的床面切应力总体呈增加趋势，在最大流量下基本达到最大值，但不同断面、不同部位的床面切应力随流量增加的幅度并不相同。①随着流量的增加，凹岸深槽的床面切应力除出口断面呈不断增加之势外，其余断面的床面切应力存在着先减小后增大的现象。弯道凹岸深槽的床面切应力整体上变化幅度较小，从最小流量到最大流量，上段凹岸深槽的床面切应力的变化范围为 0.02~0.03 Pa，下段凹岸深槽的床面切应力的变化范围为 0.025~0.041 Pa，增加幅度约为 50%。②随着流量的增加，凸岸边滩的床面切应力大幅增加，高滩床面切应力从 0 增加至最大值约 0.051 8 Pa，低滩床面切应力从 0.023 Pa 增加至 0.538 Pa，从最小流量到最大流量，凸岸边滩床面切应力增加超过一倍。③在弯道上段，凸岸边滩的床面切应力整体超过凹岸深槽，其中凸岸高滩床面切应力最大；弯道下段凸岸低滩的床面切应力与凹岸深槽相当，高滩最小。

（2）从床面切应力的沿程变化看，凸岸高滩、低滩及凹岸深槽的变化规律不同，其至相反。①凸岸高滩床面切应力在最大流量（Q5）下于 45° 断面达到最大值，弯顶以下断面减小幅度较大，且高程越高，减小幅度越大。②凸岸低滩床面切应力在 Q3、Q4 流量下也是在 45° 断面达到最大值，之后沿程减小，高程越高的区域，减小幅度越大；在最大流量（Q5）下，除进口断面床面切应力偏小外，凸岸低滩床面切应力整体较大，基本保持在 0.04~0.05 Pa，在弯道下段于 135° 断面达到最大值。③凹岸深槽的床面切应力沿程有所增加，在出口断面达到最大值，各流量下进口断面凹岸深槽的床面切应力范围为 0.02~0.03 Pa，出口断面为 0.025~0.04 Pa。

（3）不同流量下各断面最大床面切应力 τ_{max} 及其所处位置的变化见表 3.2.2、图 3.2.2，随着流量的增加，不同断面最大床面切应力总体增加，其所处位置的变化较为复杂。①在小流量（Q1、Q2）下，最大床面切应力点基本位于低滩边缘或凹岸深槽内。②随着流量的增加，弯道上段最大床面切应力点所处位置不断往凸岸摆动。在大流量（Q4、Q5）下，弯道上段的最大床面切应力点位于凸岸高滩，随后不断往凹岸摆动，在弯道下段移至低滩边缘或凹岸深槽内。

3.2.3　水流挟沙能力的变化

图 3.2.3 为 180° 弯道不同流量下断面最大水流挟沙能力点所处位置的沿程变化，表 3.2.3 给出了不同流量下各断面最大水流挟沙能力 S_{*max} 及其所处位置的起点距。

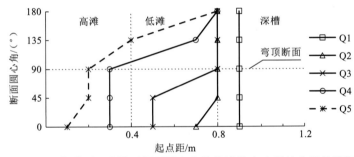

图 3.2.3　180° 弯道不同流量下断面最大水流挟沙能力点所处位置的沿程变化

表 3.2.3　180° 弯道不同流量下各断面最大水流挟沙能力及其所处位置的起点距

流量/（L/s）	0°		45°		90°		135°		180°	
	起点距/m	S_{*max}/（kg/m³）	起点距/m	S_{*max}/（kg/m³）	起点距/m	S_{*max}/（kg/m³）	起点距/m	S_{*max}/（kg/m³）	起点距/m	S_{*max}/（kg/m³）
6（Q1）	0.9	1.56	0.9	1.91	0.9	2.51	0.9	2.78	0.9	2.36
9（Q2）	0.7	2.96	0.8	3.38	0.8	4.20	0.8	4.45	0.8	3.07
12（Q3）	0.5	3.37	0.5	4.60	0.8	3.37	0.8	3.51	0.8	2.99
16（Q4）	0.3	4.29	0.3	5.79	0.3	4.18	0.7	3.73	0.8	3.35
22（Q5）	0.1	6.27	0.2	8.00	0.2	6.18	0.4	5.10	0.8	4.30

（1）随着流量的增加，弯道各处的水流挟沙能力总体呈增加趋势，在最大流量下基本达到最大值，但不同断面、不同部位的水流挟沙能力随流量增加的幅度并不相同。①凹岸深槽的水流挟沙能力先减小后增大，整体变化幅度较小。②凸岸高滩的水流挟沙能力随着流量的增大显著增加，在弯道上段超过了凸岸低滩和凹岸深槽，最大水流挟沙能力达 8.00 kg/m³。③凸岸低滩上段水流挟沙能力随流量的增加变化幅度较小，低滩下段增加幅度较大，且超过高滩和凹岸深槽。

（2）从水流挟沙能力的沿程变化看，凸岸高滩、低滩及凹岸深槽的变化规律不同，甚至相反。①凸岸高滩的水流挟沙能力在 45° 断面达到最大，最大值为 8.00 kg/m³，之后沿程减小，弯顶以下断面的减小幅度较大，出口断面凸岸高滩水流挟沙能力的最小值低于 2 kg/m³。②凸岸低滩的水流挟沙能力在 Q3 流量下沿程总体变化不大，在大流量（Q4、Q5）下，弯道下段整体大于弯道上段。③凹岸深槽的水流挟沙能力沿程变化幅度不大，弯道下段大于弯道上段。

（3）随着流量的增加，不同断面的最大水流挟沙能力总体增加，其所处位置均向凸岸摆动。①在小流量（Q1、Q2）下，水流挟沙能力最大值主要位于滩槽交界处。②随着流量的增加，弯道上段最大水流挟沙能力点向凸岸摆动的幅度较大，在大流量（Q4、Q5）下最大水流挟沙能力点位于凸岸高滩；弯道下段最大水流挟沙能力点向凸岸摆动的幅度小于弯道上段，出口断面最大水流挟沙能力点仍位于滩槽交界处。

3.2.4　近底环流强度的变化

图 3.2.4 为 180° 弯道不同流量下断面最大近底环流强度点所处位置的沿程变化，表 3.2.4 给出了不同流量下各断面最大近底环流强度 $\Gamma_{\max}$ 及其所处位置的起点距。

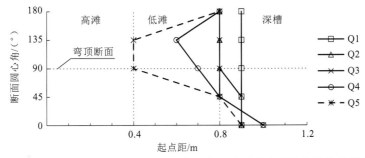

图 3.2.4　180° 弯道不同流量下断面最大近底环流强度点所处位置的沿程变化

表 3.2.4　180° 弯道不同流量下各断面最大近底环流强度及其所处位置的起点距

流量/（L/s）	0°		45°		90°		135°		180°	
	起点距/m	$\Gamma_{\max}$	起点距/m	$\Gamma_{\max}$	起点距/m	$\Gamma_{\max}$	起点距/m	$\Gamma_{\max}$	起点距/m	$\Gamma_{\max}$
6（Q1）	0.9	0.104	0.9	0.194	0.9	0.150	0.9	0.026	0.9	0.093
9（Q2）	0.9	0.105	0.9	0.272	0.8	0.197	0.8	0.133	0.8	0.159

流量/（L/s）	0°		45°		90°		135°		180°	
	起点距/m	Γ_{max}	起点距/m	Γ_{max}	起点距/m	Γ_{max}	起点距/m	Γ_{max}	起点距/m	Γ_{max}
12（Q3）	1.0	0.079	0.8	0.253	0.8	0.203	0.8	0.128	0.8	0.099
16（Q4）	1.0	0.087	0.8	0.245	0.7	0.250	0.6	0.131	0.8	0.074
22（Q5）	0.9	0.112	0.8	0.270	0.4	0.338	0.4	0.209	0.8	0.123

近底环流强度以指向凸岸为正。除弯道下段凹岸深槽内及出口断面凸岸高滩部分的近底环流强度为负外，总体而言，弯道近底环流强度为正。

（1）随着流量的增加，弯道近底环流强度整体有所增大，但不同断面、不同部位的近底环流强度随流量增加的幅度并不相同。①凹岸深槽近底环流强度整体上变化幅度较小，随流量的增加先增大后减小，45°断面和180°断面在Q2流量下近底环流强度最大。②凸岸高滩的近底环流强度随流量增加大幅增加，在最大流量下达到最大值。③随流量增加，凸岸低滩近底环流强度增长最快。大流量（Q4、Q5）下，进、出口断面外的其余断面低滩的近底环流强度超过高滩和凹岸深槽。

（2）从近底环流强度的沿程变化看，弯道近底环流强度最大值整体呈现先增大后减小的规律，进口断面环流发展还不充分，近底环流强度较小，随后近底环流强度沿程增加，在弯顶断面达到最大，随后近底环流强度沿程减小。凸岸高滩、低滩及凹岸深槽的沿程变化规律有所不同。①凸岸高滩近底环流强度在弯顶附近达到最大值，弯顶以下迅速减小，出口断面近底环流强度几乎为0。②凸岸低滩近底环流强度在中小流量（Q2、Q3）下于45°断面达到最大值，大流量（Q4、Q5）下在90°断面达到最大值，之后沿程减小。③凹岸深槽近底环流强度在不同流量下均于45°断面达到最大，之后沿程减小。

（3）随着流量的增加，各断面最大近底环流强度总体呈增加趋势，其所处位置也发生了变化。①中小流量下，近底环流强度最大值点位于滩槽交界附近。②随着流量的增加，弯顶附近断面的近底环流强度最大值点向凸岸边滩摆动，最大流量下，90°断面和135°断面近底环流强度最大值点位于高滩与低滩交界处；其他断面近底环流强度最大值点的位置变化不大。

3.3 不同流量下90°弯道水流动力特性

3.3.1 垂线平均流速的变化

图3.3.1为90°弯道不同流量下断面最大流速点所处位置的沿程变化，表3.3.1给出了不同流量下各断面最大流速及其所处位置的起点距。

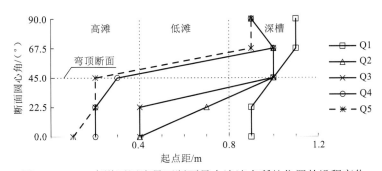

图 3.3.1　90°弯道不同流量下断面最大流速点所处位置的沿程变化

表 3.3.1　90°弯道不同流量下各断面最大流速及其所处位置的起点距

流量/（L/s）	0.0°		22.5°		45.0°		67.5°		90.0°	
	起点距 /m	U_{max} /（m/s）	起点距 /m	U_{max} /（m/s）	起点距 /m	U_{max} /（m/s）	起点距 /m	U_{max} /（m/s）	起点距 /m	U_{max} /（m/s）
6（Q1）	0.9	0.110	0.9	0.120	1.0	0.130	1.1	0.134	1.1	0.114
9（Q2）	0.4	0.123	0.7	0.122	1.0	0.127	1.0	0.129	0.9	0.130
12（Q3）	0.4	0.134	0.4	0.121	1.0	0.121	1.0	0.125	0.9	0.131
16（Q4）	0.2	0.149	0.2	0.131	0.3	0.118	1.0	0.125	0.9	0.133
22（Q5）	0.1	0.158	0.2	0.157	0.2	0.149	0.9	0.144	0.9	0.149

（1）随着流量的增加，90°弯道各断面的垂线平均流速总体呈增加趋势，在最大流量下均达到最大值，但不同断面、不同部位的流速随流量增加的幅度并不相同。①随着流量的增加，凹岸深槽除弯道出口断面外，垂线平均流速存在先增大后减小最后又增大的规律，但整体上变化幅度较小，流速范围为 0.1～0.14 m/s。②凸岸边滩流速的增加幅度很大，高滩流速从 0 增加至约 0.158 m/s，低滩流速从 0.03 m/s 增加至 0.14 m/s，显然，从最小流量到最大流量，凸岸低滩流速增加了数倍之多。③随着流量的增加，在弯道弯顶及以上断面，凸岸边滩的流速整体超过凹岸深槽的流速；在弯顶以下断面，凸岸高滩的流速要小于凸岸低滩和凹岸深槽。

（2）从垂线平均流速的沿程变化来看，凸岸高滩、低滩及凹岸深槽的变化规律有所不同。①凸岸高滩流速沿程减小，Q5 流量下弯道进口断面的最小流速约为 0.15 m/s，至弯顶断面最小流速降至 0.14 m/s，弯顶以下流速减小加快，高程越高的部分，流速减小的幅度越大，出口断面最小流速已减小至 0.09 m/s。在 Q4 流量下，凸岸高滩流速沿程减小的幅度更大。②凸岸低滩在小流量下流速沿程减小，高程越高的部分，流速减小的幅度越大；大流量下低滩最大流速沿程变化不大。③相同流量下凹岸深槽的最大流速沿程有所增加，在出口断面达到最大。各流量下进口断面凹岸深槽的流速范围为 0.1～0.13 m/s，出口断面为 0.11～0.15 m/s。

（3）随着流量的增加，在不同断面最大垂线平均流速均呈增加趋势的同时，其所处位置整体向凸岸摆动。①在最小流量（Q1）下，各断面最大流速点均位于凹岸深槽。②随着流量的增加，弯顶及以上断面最大流速点不断往凸岸摆动，在大流量（Q4、Q5）下弯顶以上断面最大流速点位于凸岸高滩，弯顶以下断面最大流速点仍位于凹岸深槽。

90°弯道最大流速点位置随流量的变化实际上也反映出了水流动力轴线的横向摆动特点。弯道弯顶及以上断面的水流动力轴线随流量的增加向凸岸边滩摆动，大流量下位于凸岸高滩处；而弯顶以下断面，随着流量的增加，水流动力轴线始终处于凹岸深槽内。

3.3.2 床面切应力的变化

图 3.3.2 为 90°弯道不同流量下断面最大床面切应力点所处位置的沿程变化，表 3.3.2 给出了不同流量下各断面最大床面切应力及其所处位置的起点距。

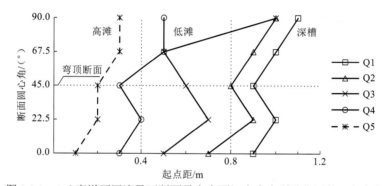

图 3.3.2　90°弯道不同流量下断面最大床面切应力点所处位置的沿程变化

表 3.3.2　90°弯道不同流量下各断面最大床面切应力及其所处位置的起点距

流量/（L/s）	0.0°		22.5°		45.0°		67.5°		90.0°	
	起点距/m	τ_{max}/Pa	起点距/m	τ_{max}/Pa	起点距/m	τ_{max}/Pa	起点距/m	τ_{max}/Pa	起点距/m	τ_{max}/Pa
6（Q1）	0.9	0.020 0	1.0	0.020 9	0.9	0.030 3	1.0	0.025 5	1.1	0.026 1
9（Q2）	0.7	0.024 4	0.9	0.024 4	0.8	0.032 7	0.9	0.028 5	1.0	0.041 7
12（Q3）	0.5	0.026 6	0.7	0.027 7	0.6	0.035 7	0.5	0.026 3	1.0	0.040 7
16（Q4）	0.3	0.023 7	0.4	0.032 3	0.3	0.045 4	0.5	0.030 8	0.5	0.037 7
22（Q5）	0.1	0.035 6	0.2	0.044 1	0.2	0.054 6	0.3	0.047 8	0.3	0.051 8

（1）随着流量的增加，弯道各处的床面切应力总体呈增加趋势，在最大流量下基本达到最大值。但不同断面、不同部位的床面切应力随流量增加的幅度并不相同。①随着流量的增加，凹岸深槽床面切应力存在着先减小后增大的现象。从最小流量到最大流量，弯顶以上凹岸深槽床面切应力的变化范围为 0.015～0.028 Pa，弯顶及以下断面床面切应力的变化范围为 0.018～0.041 Pa。②随着流量的增加，凸岸高滩床面切应力大幅增加，高滩床面切应力从 0 增加至最大床面切应力 0.054 6 Pa；凸岸低滩除出口断面最大床面切应力接近 0.05 Pa 之外，低滩床面切应力从 0.02 Pa 增加至 0.04 Pa。③随着流量的

增加，凸岸边滩的床面切应力整体超过凹岸深槽，在最大流量下，各断面凸岸高滩的床面切应力最大，凸岸低滩次之，凹岸深槽最小。

（2）从床面切应力的沿程变化看，凸岸高滩、低滩及凹岸深槽的变化规律不同，甚至相反。①凸岸高滩上段床面切应力沿程增大，在弯顶 45.0° 断面达到最大值，弯顶以下床面切应力沿程减小。②凸岸低滩床面切应力在大流量（Q4、Q5）下沿程增加，在出口断面达到最大值；在 Q3 流量下低滩床面切应力沿程增加，在弯顶断面达到最大值，弯顶以下床面切应力有所减小。③凹岸深槽床面切应力沿程增加，各流量下床面切应力基本在出口断面达到最大值，进口断面凹岸深槽的床面切应力范围为 0.015～0.025 Pa，出口断面为 0.02～0.04 Pa。

（3）随着流量的增加，不同断面最大床面切应力点不断向凸岸摆动。①在小流量（Q1、Q2）下，最大床面切应力点基本位于凹岸深槽内。②随着流量的增加，最大床面切应力点不断往凸岸摆动，在大流量下各断面最大床面切应力点均位于凸岸高滩。

3.3.3　水流挟沙能力的变化

图 3.3.3 为 90° 弯道不同流量下断面最大水流挟沙能力点所处位置的沿程变化，表 3.3.3 给出了不同流量下各断面最大水流挟沙能力及其所处位置的起点距。

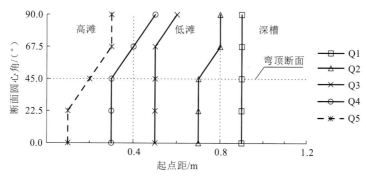

图 3.3.3　90° 弯道不同流量下断面最大水流挟沙能力点所处位置的沿程变化

表 3.3.3　90° 弯道不同流量下各断面最大水流挟沙能力及其所处位置的起点距

流量/（L/s）	0.0°		22.5°		45.0°		67.5°		90.0°	
	起点距/m	S_{*max}/（kg/m³）	起点距/m	S_{*max}/（kg/m³）	起点距/m	S_{*max}/（kg/m³）	起点距/m	S_{*max}/（kg/m³）	起点距/m	S_{*max}/（kg/m³）
6（Q1）	0.9	1.76	0.9	2.06	0.9	2.84	0.9	1.95	0.9	2.08
9（Q2）	0.7	3.66	0.7	3.49	0.7	3.77	0.8	2.93	0.8	3.06
12（Q3）	0.5	4.13	0.5	3.64	0.5	4.76	0.5	3.07	0.6	3.46
16（Q4）	0.3	4.32	0.3	4.65	0.3	6.32	0.4	2.88	0.5	3.89
22（Q5）	0.1	7.10	0.1	7.04	0.2	7.99	0.3	5.51	0.3	6.07

（1）不同断面、不同部位的水流挟沙能力随着流量增加其变化并不相同。①凹岸深槽的水流挟沙能力随着流量的增加先增大后减小，在 Q2 流量下水流挟沙能力达到最大值。②凸岸高滩的水流挟沙能力随着流量的增大显著增加，大幅度超过了低滩和凹岸深槽。③凸岸低滩上段的水流挟沙能力随流量的增加有所减小，下段水流挟沙能力随流量的增加而变大。

（2）从水流挟沙能力的沿程变化看，凸岸高滩、低滩及凹岸深槽的变化规律不同，甚至相反。①凸岸高滩在弯顶 45.0°断面达到最大，最大值为 7.99 kg/m³，弯顶以下有所减小，高程越高的部分，减小幅度越大，出口断面水流挟沙能力的最小值低于 4 kg/m³。②在相同流量下凸岸低滩的水流挟沙能力于弯顶断面达到最大值，弯顶以下沿程先减小后增大。③凹岸深槽的水流挟沙能力沿程略有增加，在出口断面达到最大值。

（3）随着流量的增加，不同断面的最大水流挟沙能力均总体增加，其所处位置均向凸岸摆动。①在小流量（Q1、Q2）下，水流挟沙能力最大值点主要位于滩槽交界处。②随着流量的增加，各断面水流挟沙能力的最大值点均大幅向凸岸摆动，弯道上段摆动的幅度大于弯道下段。最大流量（Q5）下弯道各断面水流挟沙能力的最大值点均位于凸岸高滩，沿程向凹岸有所横移。

3.3.4 近底环流强度的变化

图 3.3.4 为 90°弯道不同流量下断面最大近底环流强度点所处位置的沿程变化，表 3.3.4 给出了不同流量下各断面最大近底环流强度及其所处位置的起点距。

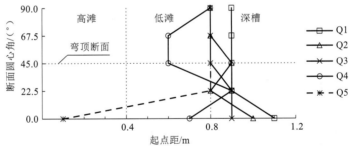

图 3.3.4 90°弯道不同流量下断面最大近底环流强度点所处位置的沿程变化

表 3.3.4 90°弯道不同流量下各断面最大近底环流强度及其所处位置的起点距

流量/（L/s）	0.0°		22.5°		45.0°		67.5°		90.0°	
	起点距/m	Γ_{max}	起点距/m	Γ_{max}	起点距/m	Γ_{max}	起点距/m	Γ_{max}	起点距/m	Γ_{max}
6（Q1）	1.1	0.083	0.9	0.227	0.9	0.259	0.9	0.212	0.9	0.229
9（Q2）	1.0	0.108	0.8	0.226	0.9	0.222	0.8	0.282	0.8	0.283
12（Q3）	0.9	0.029	0.9	0.143	0.8	0.240	0.8	0.231	0.8	0.280
16（Q4）	0.7	-0.106	0.9	0.144	0.6	0.354	0.6	0.244	0.8	0.248
22（Q5）	0.1	0.121	0.8	0.229	0.8	0.363	0.8	0.318	0.8	0.341

除了弯道进口断面和出口断面的凸岸边滩近底环流强度为负外，总体而言，弯道近底环流强度为正。

（1）随着流量的增加，各断面近底环流强度的最大值有所增大，但不同断面、不同部位的近底环流强度随流量增加的幅度并不相同。①凹岸深槽近底环流强度随流量的增加先减小后增大，近底环流强度在最大流量和最小流量下相差较小。②凸岸高滩近底环流强度随流量的增加大幅增加，在最大流量下达到最大值。③凸岸低滩近底环流强度随流量的增加增长最快，在最大流量下达到最大值。大流量（Q4、Q5）下，除进口断面外，其余断面凸岸低滩的近底环流强度超过高滩和凹岸深槽。

（2）从近底环流强度的沿程变化看，弯道近底环流强度整体呈现先增大后减小的规律，进口断面环流发展还不充分，近底环流强度整体较小，然后近底环流强度沿程增加，在弯顶断面达到最大，随后近底环流强度沿程减小。凸岸高滩、低滩及凹岸深槽的沿程变化规律有所不同。①凸岸高滩近底环流强度在弯顶 45.0° 断面达到最大值，弯顶以下沿程减小，出口断面近底环流强度大幅减小。②凸岸低滩在大流量（Q4、Q5）下近底环流强度于弯顶 45.0° 断面达到最大值，平均近底环流强度为 0.35，往下游沿程有所减小；67.5° 断面低滩范围平均近底环流强度为 0.3，出口断面高程越高的部分，减小幅度越大。Q3 流量下，低滩近底环流强度沿程不断增大，在出口断面达到最大值。③凹岸深槽近底环流强度沿程先增大后减小，最后再增大。在弯顶 45.0° 断面和出口 90.0° 断面近底环流强度较大，最大近底环流强度接近 0.3。

（3）不同流量下，除了进口断面以外，近底环流强度最大值点基本位于滩槽交界处。

3.4　不同流量下 45° 弯道水流动力特性

3.4.1　垂线平均流速的变化

图 3.4.1 为 45° 弯道不同流量下断面最大流速点所处位置的沿程变化，表 3.4.1 给出了不同流量下各断面最大流速及其所处位置的起点距。

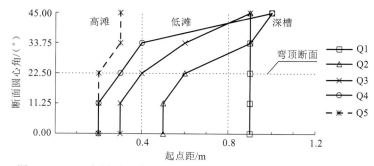

图 3.4.1　45° 弯道不同流量下断面最大流速点所处位置的沿程变化

表 3.4.1　45°弯道不同流量下各断面最大流速及其所处位置的起点距

流量/(L/s)	0.00°		11.25°		22.50°		33.75°		45.00°	
	起点距/m	U_{max}/(m/s)	起点距/m	U_{max}/(m/s)	起点距/m	U_{max}/(m/s)	起点距/m	U_{max}/(m/s)	起点距/m	U_{max}/(m/s)
6（Q1）	0.9	0.104	0.9	0.106	0.9	0.107	0.9	0.106	1.0	0.113
9（Q2）	0.5	0.116	0.5	0.114	0.6	0.111	0.9	0.112	0.9	0.118
12（Q3）	0.3	0.123	0.3	0.119	0.4	0.116	0.6	0.112	0.9	0.115
16（Q4）	0.2	0.127	0.2	0.130	0.3	0.127	0.4	0.120	1.0	0.121
22（Q5）	0.2	0.155	0.2	0.153	0.2	0.157	0.3	0.144	0.3	0.137

（1）随着流量的增加，各断面的垂线平均流速总体呈增加趋势，在最大流量下均达到最大值，但不同断面、不同部位的流速随流量增加的幅度并不相同。①随着流量的增加，凹岸深槽的垂线平均流速存在先增大后减小最后又增大的规律，但整体上变化幅度较小，流速范围为 0.1～0.13 m/s。②凸岸边滩流速的增加幅度很大，高滩流速从 0 增加至约 0.158 m/s，低滩流速从 0.04 m/s 增加至 0.14 m/s，显然，从最小流量到最大流量，凸岸低滩流速增加了数倍之多。③随着流量的增加，凸岸边滩流速整体超过凹岸深槽。

（2）从垂线平均流速的沿程变化来看，凸岸高滩、低滩及凹岸深槽的变化规律有所不同。①凸岸高滩上段流速的沿程变化幅度较小，弯道下段流速沿程减小的幅度有所增加，高程越高，流速减小的幅度越大。最大流量下，从进口断面到出口断面，高滩最小流速由 0.142 m/s 减小为 0.117 m/s。②凸岸低滩在小流量（Q1、Q2）下流速沿程有所减小，高程越高的部分，流速减小的幅度越大；大流量（Q4、Q5）下低滩流速沿程变化不大，流速范围为 0.12～0.14 m/s。③凹岸深槽流速沿程略有增大，在出口断面达到最大值。各流量下进口断面凹岸深槽的流速范围为 0.09～0.12 m/s，出口断面为 0.1～0.13 m/s。

（3）随着流量的增加，在不同断面最大垂线平均流速均呈增加趋势的同时，其所处位置整体向凸岸摆动，不同流量其摆动幅度有所不同。①在最小流量（Q1）下，断面最大流速点均位于凹岸深槽。②随着流量的增加，最大流速点不断往凸岸摆动。Q4 流量下弯顶以上断面最大流速点位于凸岸高滩，到出口断面则位于凹岸深槽；最大流量（Q5）下各断面最大流速点均位于凸岸高滩。

45°弯道最大流速点位置随流量的变化反映出了该弯道水流动力轴线的横向摆动特点。除了弯道出口断面以外的所有断面，水流动力轴线随流量的增加向凸岸边滩摆动，弯顶断面处，Q3 流量下水流动力轴线已经进入凸岸边滩高滩范围；而出口断面在最大流量下，水流动力轴线也摆动到了凸岸高滩上。

3.4.2　床面切应力的变化

图 3.4.2 为 45°弯道不同流量下断面最大床面切应力点所处位置的沿程变化，表 3.4.2 给出了不同流量下各断面最大床面切应力及其所处位置的起点距。

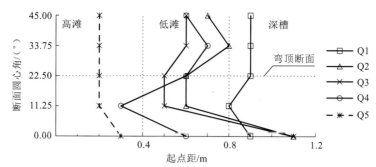

图 3.4.2　45°弯道不同流量下断面最大床面切应力点所处位置的沿程变化

表 3.4.2　45°弯道不同流量下各断面最大床面切应力及其所处位置的起点距

流量/（L/s）	0.00°		11.25°		22.50°		33.75°		45.00°	
	起点距/m	τ_{max}/Pa	起点距/m	τ_{max}/Pa	起点距/m	τ_{max}/Pa	起点距/m	τ_{max}/Pa	起点距/m	τ_{max}/Pa
6（Q1）	0.9	0.022 9	0.8	0.027 8	0.9	0.024 9	0.9	0.029 5	0.9	0.025 1
9（Q2）	1.1	0.023 7	0.6	0.041 8	0.6	0.041 2	0.6	0.042 3	0.7	0.039 7
12（Q3）	1.1	0.025 4	0.5	0.043 0	0.5	0.036 9	0.6	0.038 4	0.6	0.034 1
16（Q4）	0.6	0.028 0	0.3	0.048 0	0.6	0.042 1	0.7	0.044 1	0.6	0.043 5
22（Q5）	0.3	0.040 4	0.2	0.051 1	0.2	0.054 9	0.2	0.056 7	0.2	0.053 0

（1）随着流量的增加，弯道各处的床面切应力总体呈增加趋势，在最大流量下基本达到最大值。但不同断面、不同部位的床面切应力随流量增加的幅度并不相同。①凹岸深槽上段的床面切应力随着流量的增加而增大，在最大流量达到最大值，床面切应力的变化范围为 0.02～0.04 Pa；弯顶以下，随流量增加，床面切应力先增大后减小，最后又增大，在 Q2 和 Q5 流量下凹岸深槽的床面切应力相差不大。②凸岸边滩的床面切应力随流量的增加显著增大，高滩床面切应力从 0 增加至约 0.056 7 Pa；凸岸低滩床面切应力的增加幅度小于凸岸高滩，床面切应力从 0.02 Pa 增加至 0.048 Pa。③随着流量的增加，凸岸边滩的床面切应力整体超过凹岸深槽，其中凸岸高滩床面切应力最大，凸岸低滩次之，凹岸深槽最小。

（2）从床面切应力的沿程变化看，凸岸高滩、低滩及凹岸深槽的变化规律不同，甚至相反。①凸岸高滩的床面切应力在最大流量（Q5）下沿程增大，在弯顶以下 33.75°断面达到最大值，随后略有减小，其中弯顶 22.50°断面和 33.75°断面的平均床面切应力超过 0.05 Pa，出口 45.00°断面的床面切应力略有减小，平均为 0.045 Pa。②凸岸低滩的床面切应力在最大流量下沿程增加，在弯道出口断面平均床面切应力超过 0.045 Pa；在 Q2 流量下除进口断面床面切应力整体偏小外，凸岸低滩床面切应力沿程变化不大，各断面最大值均接近 0.04 Pa。③凹岸深槽的床面切应力在小流量下沿程增加，在弯顶以下断面达到最大值；大流量下凹岸深槽各断面床面切应力的最大值沿程先增大后减小，在弯顶断面达到最大值，随后有所减小。

（3）随着流量的增加，在不同断面最大床面切应力基本表现为增加的同时，其所处位置也不断往凸岸摆动。①在小流量（Q1、Q2）下，最大床面切应力点基本位于低滩或滩槽交界处。②随着流量的增加，各断面最大床面切应力点均往凸岸摆动，在最大流量下各断面最大床面切应力点均位于凸岸高滩。

3.4.3 水流挟沙能力的变化

图 3.4.3 为 45°弯道不同流量下断面最大水流挟沙能力点所处位置的沿程变化，表 3.4.3 给出了不同流量下各断面最大水流挟沙能力及其所处位置的起点距。

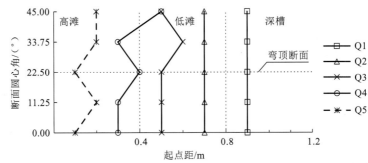

图 3.4.3 45°弯道不同流量下断面最大水流挟沙能力点所处位置的沿程变化

表 3.4.3 45°弯道不同流量下各断面最大水流挟沙能力及其所处位置的起点距

流量/（L/s）	0.00°		11.25°		22.50°		33.75°		45.00°	
	起点距/m	S_{*max}/（kg/m³）	起点距/m	S_{*max}/（kg/m³）	起点距/m	S_{*max}/（kg/m³）	起点距/m	S_{*max}/（kg/m³）	起点距/m	S_{*max}/（kg/m³）
6（Q1）	0.9	1.84	0.9	1.70	0.9	2.15	0.9	2.38	0.9	2.25
9（Q2）	0.7	2.72	0.7	4.41	0.7	4.95	0.7	4.73	0.7	4.75
12（Q3）	0.5	3.20	0.5	5.70	0.5	4.99	0.6	4.42	0.5	4.44
16（Q4）	0.3	3.92	0.3	7.07	0.4	5.52	0.3	5.60	0.5	4.38
22（Q5）	0.1	5.91	0.2	7.93	0.1	9.89	0.2	8.46	0.2	7.53

（1）不同断面、不同部位的水流挟沙能力随着流量增加其变化并不相同。①凹岸深槽的水流挟沙能力随着流量的增加有所减小，水流挟沙能力整体变化幅度较小，各断面均小于 2 kg/m³。②凸岸高滩的水流挟沙能力随着流量的增加显著增大，水流挟沙能力最大值接近 10 kg/m³；凸岸低滩随着流量的增加水流挟沙能力变化不大，低滩边缘水流挟沙能力有所减小。在大流量下，凸岸高滩的水流挟沙能力大幅超过了低滩和凹岸深槽。③随着流量的增加，凸岸边滩的水流挟沙能力整体超过凹岸深槽，其中凸岸高滩水流挟沙能力最大，低滩次之，凹岸深槽最小。

（2）从水流挟沙能力的沿程变化看，凸岸高滩、低滩及凹岸深槽的变化规律不同，甚至相反。①凸岸高滩的水流挟沙能力在弯顶 22.50°断面达到最大，最大值接近 10 kg/m³，弯顶以下沿程减小，高程越高的部分，减小的幅度越大，出口断面水流挟沙能力的最小值约为 6 kg/m³。②凸岸低滩 Q3 流量下水流挟沙能力在弯顶以上 11.25°断面达到最大，沿程有所减小；在大流量（Q4、Q5）下水流挟沙能力在弯顶 22.50°断面达到最大，沿程有所减小。③凹岸深槽水流挟沙能力的沿程变化幅度较小，弯道下段整体大于弯道上段。

（3）随着流量的增加，在不同断面最大水流挟沙能力均呈增加趋势的同时，其所处位置不断向凸岸摆动。①在小流量（Q1、Q2）下，最大水流挟沙能力点主要位于滩槽交界处。②随着流量的增加，各断面最大水流挟沙能力点所处位置不断向凸岸摆动，在大流量下弯道各断面最大水流挟沙能力点均位于凸岸高滩。

3.4.4　近底环流强度的变化

图 3.4.4 为 45°弯道不同流量下断面最大近底环流强度点所处位置的沿程变化，表 3.4.4 给出了不同流量下各断面最大近底环流强度及其所处位置的起点距。

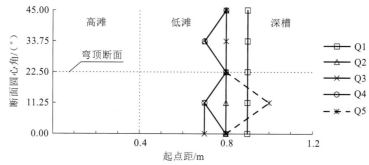

图 3.4.4　45°弯道不同流量下断面最大近底环流强度点所处位置的沿程变化

表 3.4.4　45°弯道不同流量下各断面最大近底环流强度及其所处位置的起点距

流量/（L/s）	0.00°		11.25°		22.50°		33.75°		45.00°	
	起点距/m	Γ_{max}	起点距/m	Γ_{max}	起点距/m	Γ_{max}	起点距/m	Γ_{max}	起点距/m	Γ_{max}
6（Q1）	0.9	−0.081	0.9	0.111	0.9	0.150	0.9	0.129	0.9	0.132
9（Q2）	0.8	−0.038	0.8	0.097	0.8	0.176	0.7	0.189	0.8	0.192
12（Q3）	0.7	0.061	0.7	0.109	0.8	0.148	0.8	0.110	0.8	0.141
16（Q4）	0.8	0.048	0.7	0.093	0.8	0.061	0.7	0.132	0.8	0.146
22（Q5）	0.8	0.073	1.0	0.132	0.8	0.157	0.8	0.192	0.8	0.164

近底环流强度以指向凸岸为正，总体而言，弯道近底环流强度为正。

（1）随着流量的增加，凸岸高滩近底环流强度有一定增加，凸岸低滩近底环流强度随着流量的增加总体有所增大，在滩槽交界处近底环流强度有所减小。凹岸深槽近底环流强度随流量增加变化幅度不大，最大流量和中小流量之间差距较小。随着流量的增加，凸岸低滩近底环流强度整体与凹岸深槽相当。

（2）从近底环流强度的沿程变化看，弯道进口断面环流发展还不充分，近底环流强度整体较小，往下游近底环流强度呈增加的趋势。凸岸高滩、低滩及凹岸深槽的沿程变化规律有所不同。①凸岸高滩近底环流强度在弯顶 22.50°断面达到最大，最大近底环流强度不超过 0.1，弯顶以下断面近底环流强度减小。②凸岸低滩上段近底环流强度沿程增加，弯顶及以下断面近底环流强度的最大值变化不大，最大近底环流强度约为 0.18，高程越高，近底环流强度越小。③凹岸深槽上段近底环流强度沿程不断增加，弯顶及以下断面近底环流强度的最大值变化不大，越靠近凹岸，近底环流强度的减小幅度越大。

（3）随着流量的增加，近底环流强度最大值点所处位置的变化较小，基本位于滩槽交界处。

3.5 流量对弯道水流动力特性的影响

3.5.1 流量对纵向水流动力特性的影响

"大水取直，小水坐弯"是弯道水流运动最基本的规律，随着流量的增加，弯道凸岸边滩的流速大幅增加，水流动力轴线由凹岸摆至凸岸（Lotsari et al.，2014；Kasvi et al.，2013a；Blanckaert，2010；Dietrich et al.，1979），凸岸边滩的床面切应力（Dietrich and Whiting，1989）、水流挟沙能力（樊咏阳 等，2017）也大幅增加。

图 3.5.1～图 3.5.3 为不同弯道不同流量下断面最大流速、最大床面切应力和最大水流挟沙能力点所处位置的沿程变化。从 3.2 节～3.4 节的分析和图 3.5.1～图 3.5.3 可以看出如下结论。

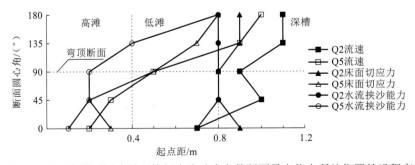

图 3.5.1　180°弯道不同流量下特征水流动力参数断面最大值点所处位置的沿程变化

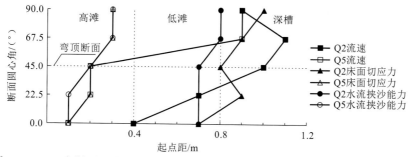

图 3.5.2　90° 弯道不同流量下特征水流动力参数断面最大值点所处位置的沿程变化

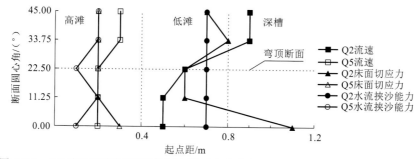

图 3.5.3　45° 弯道不同流量下特征水流动力参数断面最大值点所处位置的沿程变化

在最小流量下，水流归槽，凸岸边滩水流动力较弱，当流量增加至 Q2 时，凸岸边滩边缘的水流动力有所增强，水流动力轴线及床面切应力、水流挟沙能力最大值点位于凹岸深槽或低滩边缘。随着流量的进一步增大，凸岸边滩的水流动力整体增强，水流动力轴线及床面切应力、水流挟沙能力最大值点不断向凸岸摆动，最大流量（Q5）下在弯道上段已位于凸岸高滩上。上述凸岸边滩流速、床面切应力和水流挟沙能力随流量增加而变化的规律与前人的研究结论是一致的。

床面切应力和水流挟沙能力随流量的变化会影响凸岸边滩不同流量下的冲刷调整。小流量上滩水深较小，滩上床面切应力、水流挟沙能力均较小，冲刷动力和输沙动力相对不足，因此在枯水期凸岸边滩"切滩"的可能性较小。随着小流量的增加，低滩边缘床面切应力和水流挟沙能力增强，当枯水流量增加、持续时间延长时，低滩边缘存在冲刷后退的可能性，凸岸边滩可能出现"撇弯"现象。大流量下凸岸边滩床面切应力、水流挟沙能力均显著增加，冲刷动力和输沙动力增强，超过凹岸深槽，因此在大水期凸岸边滩有可能发生大面积冲刷，出现"切滩"现象。

3.5.2　流量对近底环流强度的影响

从 3.2.4 小节、3.3.4 小节、3.4.4 小节对近底环流强度横向分布的分析来看，除最大流量外，凸岸高滩水深较小，环流发展不充分，近底环流强度很小；凹岸深槽除滩槽交界处以外，近底环流强度也比较小；凸岸低滩近底环流强度最大。因此，本节主要分析流量对凸岸低滩近底环流强度的影响。

图 3.5.4 为 Q3、Q5 流量下不同弯道凸岸低滩范围内平均近底环流强度的沿程变化。由图 3.5.4 可以看出，随着流量的增加，凸岸低滩水深增加，近底环流强度大幅增加。各流量下近底环流强度最大值点基本位于凸岸低滩和凹岸深槽交界处。

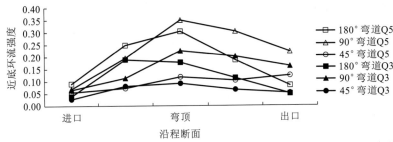

图 3.5.4　不同流量下不同弯道凸岸低滩范围内平均近底环流强度的沿程变化

底部横向环流的方向指向凸岸，即底沙从凹岸往凸岸输移。随着流量的增加，凸岸边滩近底环流强度增大，水流能挟带更多的底沙运动至凸岸边滩，这是自然条件下弯曲河段凹岸冲刷、凸岸淤积的主要原因。蓄水后，来沙减少，凸岸边滩将会发生冲刷，此时底部的横向环流将泥沙从凹岸向凸岸输移，能在一定程度上抑制冲刷的发展。

对于弯道上段而言，一方面凹岸深槽水流动力较弱，难以通过冲刷补给泥沙，另一方面蓄水后上游来沙量减少，水流挟带的泥沙也大大减少，因此这种横向环流结构对蓄水后弯曲河段凸岸边滩冲刷的抑制作用是有限的。

对于弯道下段而言，凹岸深槽水流动力有所增强，圆心角为 90° 和 180° 的弯道的水流动力轴线摆至凹岸深槽，凹岸深槽下段可能发生冲刷，前人对弯道演变分析的结果也表明弯道凹岸顶冲点一般位于弯顶以下。从凸岸低滩近底环流强度的沿程分布来看，弯道下段近底环流强度逐渐减弱，所以凹岸冲刷补给的泥沙难以输送至凸岸边滩，而只能沿凹岸向下游输移。

综上所述，环流结构对于抑制坝下游弯道凸岸边滩的冲刷切割作用是有限的。

3.6　圆心角对弯道水流动力特性的影响

3.6.1　圆心角对流速的影响

随着流量的增加，弯道水流动力轴线均有从凹岸向凸岸摆动的规律，圆心角不同，弯道不同部位向凸岸摆动的幅度不同。大流量下不同圆心角弯道的水流动力轴线分布如图 3.6.1 所示。由图 3.6.1 可以看出：大流量下，弯顶以上，各弯道水流动力轴线均位于凸岸边滩；弯顶以下，随着圆心角的减小，水流动力轴线从凹岸向凸岸摆动的幅度增大，180° 弯道的水流动力轴线位于凹岸深槽内，45° 弯道的水流动力轴线则位于凸岸高滩。

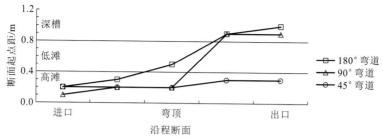

图 3.6.1　不同圆心角弯道 Q5 流量下水流动力轴线的沿程变化

图 3.6.2 为最大流量下凸岸高滩范围内平均流速的沿程变化。由图 3.6.2 可知，弯道凸岸高滩范围内的平均流速沿程减小，随着圆心角的增大，弯顶以下凸岸高滩范围内平均流速的减小幅度增大，从进口断面至出口断面，45°弯道凸岸高滩范围内的平均流速减小了约 13%，而 180°弯道减小了约 33%。

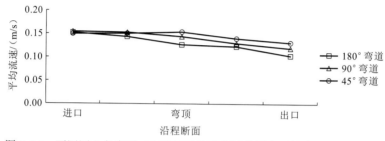

图 3.6.2　不同圆心角弯道 Q5 流量下凸岸高滩范围内平均流速的沿程变化

3.6.2　圆心角对床面切应力的影响

大流量下不同圆心角弯道断面最大床面切应力点所处位置的沿程变化如图 3.6.3 所示。由图 3.6.3 可知：最大流量下，随着圆心角的减小，断面最大床面切应力点不断向凸岸摆动。180°弯道断面最大床面切应力点在弯道上段位于凸岸高滩上，沿程不断向凹岸摆动，在弯顶断面位于凸岸低滩范围，至出口断面时已位于边滩与凹岸深槽交界处。随着圆心角的减小，弯道上段断面最大床面切应力点始终位于凸岸高滩上，弯道下段则向凸岸摆动，90°和 45°弯道断面最大床面切应力点位于凸岸高滩上。

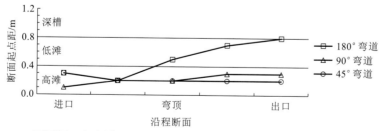

图 3.6.3　不同圆心角弯道 Q5 流量下断面最大床面切应力点所处位置的沿程变化

从图 3.6.4 凸岸高滩范围内平均床面切应力的沿程变化来看，凸岸高滩的床面切应力沿程先增大后减小，180°弯道在弯顶以上断面达到最大值，90°弯道则在弯顶断面达到最大值，而 45° 弯道在弯顶以下断面达到最大值。随着圆心角的增大，弯顶以下凸岸高滩范围内平均床面切应力的减小速度加快。

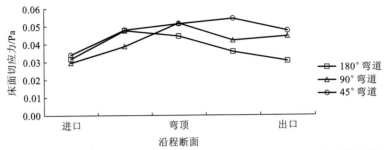

图 3.6.4　不同圆心角弯道 Q5 流量下凸岸高滩范围内平均床面切应力的沿程变化

3.6.3　圆心角对水流挟沙能力的影响

大流量下不同圆心角弯道断面最大水流挟沙能力点所处位置的沿程变化如图 3.6.5 所示。由图 3.6.5 可知：最大流量下，不同圆心角弯道上段断面最大水流挟沙能力点始终位于凸岸高滩上，弯道下段断面最大水流挟沙能力点的位置随着圆心角的减小不断向凸岸摆动。180° 弯道断面最大水流挟沙能力点在出口断面时位于凸岸边滩与凹岸深槽交界处，90° 和 45° 弯道断面最大水流挟沙能力点位于凸岸高滩上。

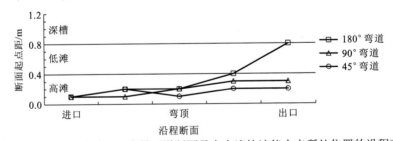

图 3.6.5　不同圆心角弯 Q5 流量下道断面最大水流挟沙能力点所处位置的沿程变化

图 3.6.6 为凸岸高滩范围内平均水流挟沙能力的沿程变化。由图 3.6.6 可知：凸岸高滩的水流挟沙能力沿程先增大后减小，180° 弯道在弯顶以上断面达到最大值，90° 和 45° 弯道则在弯顶断面达到最大值。随着圆心角的增大，弯顶以下凸岸高滩水流挟沙能力的减小速度加快。

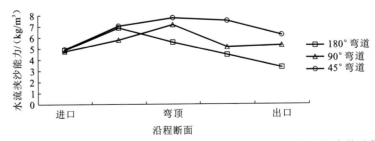

图 3.6.6　不同圆心角弯道 Q5 流量下凸岸高滩范围内平均水流挟沙能力的沿程变化

综合上述圆心角对纵向水流动力特性的影响规律可知：在弯曲河段，大流量条件下水流上滩，不同圆心角的弯道上段水流动力轴线、最大床面切应力点和最大水流挟沙能力点均位于凸岸边滩上，凸岸边滩的冲刷动力和输沙动力都显著增强，并超过凹岸深槽。

弯道下段水流动力轴线沿程向凹岸摆动，在圆心角较大的急弯河段，下段水流动力轴线已摆至凹岸深槽内，凸岸高滩范围内的平均床面切应力和水流挟沙能力沿程迅速减小，冲刷动力和输沙动力随之减弱；随着圆心角的减小，水流动力轴线从凸岸向凹岸横向摆动的幅度不断减小，在圆心角较小的微弯河段，水流动力轴线始终位于凸岸边滩，凸岸高滩范围内的平均床面切应力和水流挟沙能力沿程缓慢减小，冲刷动力和输沙动力也缓慢减小。

因此，当弯曲河段凸岸边滩发生冲刷切割时，急弯河段凸岸边滩上段最可能受到冲刷切割，而微弯河段凸岸边滩整体可能受到冲刷侵蚀，这是由不同圆心角弯道的水流动力特性决定的。

3.6.4　圆心角对近底环流强度的影响

不同圆心角弯道断面最大近底环流强度点所处位置的沿程变化如图 3.6.7 所示。由图 3.6.7 可知：不同圆心角弯道的断面最大近底环流强度点一般位于凸岸低滩与凹岸深槽交界处，仅 180°弯道的弯顶及附近断面最大近底环流强度点位于凸岸高滩和低滩交界处。

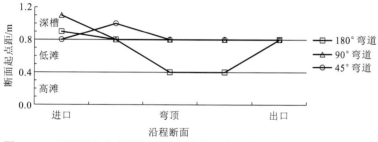

图 3.6.7　不同圆心角弯道断面最大近底环流强度点所处位置的沿程变化

图 3.6.8 为不同圆心角弯道凸岸低滩范围内平均近底环流强度的沿程变化。由图 3.6.8 可以看出：总体而言，凸岸低滩的近底环流强度沿程先增大后减小，进、出口断面近底环流强度最小，弯顶断面达到最大；随着圆心角的增加，凸岸低滩的近底环流强度存在最大值，圆心角从 45°增加至 90°时，近底环流强度大幅增加，当圆心角增加至 180°时，近底环流强度又有所减小。

圆心角改变了弯道水流的弯曲度，从环流线性模型的观点来看，水流走向越弯曲，环流强度越大（Engelund，1974），这种线性模型及建立在此基础之上的蜿蜒河道演变模型仅在一些微弯或中等弯曲且床面地形差异较小的河道中得到了验证（Camporeale et al.,

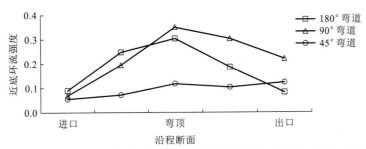

图 3.6.8　不同圆心角弯道凸岸低滩范围内平均近底环流强度的沿程变化

2007）。随着河道弯曲度的增加，纵向水流与横向环流的耦合作用会限制环流强度的增加（Yeh and Kennedy，1993；de Vriend，1981）。Blanckaert（2009）指出，在急弯河段中，环流强度没有随着弯曲度的增加进一步增大，弯道弯曲度达到某个极限值后环流强度趋于饱和。从图 3.6.8 也可以看出，凸岸低滩近底环流强度随着圆心角的增加也存在一个最大值。这与马淼等（2016）通过数值模拟计算得到的环流强度随圆心角的增大不断增加的规律有所不同。

大流量下，圆心角越小，从弯道进口至出口水流动力轴线向凹岸摆动的幅度越小。180°弯道水流动力轴线沿程向凹岸摆动的幅度分别为 10 cm、20 cm、40 cm、10 cm；90°弯道水流动力轴线沿程向凹岸摆动的幅度分别为 10 cm、0、70 cm、0；45°弯道水流动力轴线沿程向凹岸摆动的幅度分别为 0、0、10 cm、0。最大摆动幅度均出现在弯顶与弯顶以下断面之间，其中 90°弯道的最大摆动幅度超过 180°和 45°弯道。

水流动力轴线向凹岸摆动的幅度与凸岸低滩平均近底环流强度的关系如图 3.6.9 所示。由图 3.6.9 可以看出，水流动力轴线向凹岸摆动的幅度与凸岸低滩平均近底环流强度的大小存在一定的相关性：在进口断面附近，水流动力轴线向凹岸摆动的幅度较小，凸岸低滩平均近底环流强度也较小；在弯顶附近，水流动力轴线向凹岸摆动的幅度达到最大，该处凸岸低滩平均近底环流强度也达到最大；弯顶以下，水流动力轴线向凹岸摆动的幅度减小，环流也逐渐减弱。

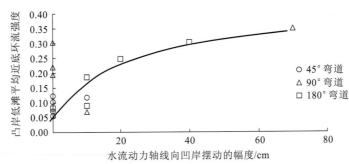

图 3.6.9　水流动力轴线向凹岸摆动的幅度与凸岸低滩平均近底环流强度的关系

3.7　本章小结

（1）流量不同，弯道水流动力轴线所处的位置发生变化。小流量下，水流归槽；当流量增加时，凸岸边滩边缘流速增大，水流动力轴线位于滩槽交界处；随着流量的进一步增大，凸岸边滩流速整体增加，水流动力轴线向凸岸摆动，大流量下水流动力轴线位于凸岸高滩。床面切应力、水流挟沙能力最大值点所处位置随流量的变化与此类似。

（2）圆心角的大小影响弯道不同部位水流动力轴线随流量增加向凸岸摆动的幅度。不同圆心角的弯道上段水流动力轴线随流量的增加均从凹岸深槽摆动至凸岸高滩，而下段水流动力轴线随流量增加向凸岸边滩摆动的幅度随着圆心角的增大而减小。圆心角为45°时，大流量的水流动力轴线始终位于凸岸高滩上，而圆心角为90°和180°时，大流量的水流动力轴线在弯顶以上位于凸岸高滩上，下段则位于滩槽交界处。床面切应力和水流挟沙能力最大值点所处位置的沿程变化与此类似。

（3）圆心角不同，弯道凸岸边滩上水流动力条件的沿程变化也不同。凸岸高滩范围内的平均流速沿程减小，平均床面切应力和水流挟沙能力沿程先增大后减小，在弯顶及附近断面达到最大值。随着圆心角的增加，弯顶以下凸岸高滩水流动力条件沿程减小的速度总体加快。

（4）不同圆心角弯道的凸岸低滩范围内的平均近底环流强度超过凸岸高滩和凹岸深槽。不同圆心角弯道断面近底环流强度最大值点所处的位置随流量的增加变化不大，一般位于凸岸低滩与凹岸深槽交界处，仅180°弯道弯顶及附近断面的最大近底环流强度点位于凸岸高滩和低滩交界处。

（5）凸岸低滩范围内的平均近底环流强度沿程先增大后减小，进、出口断面近底环流强度最小，弯顶断面达到最大；随着圆心角的增加，凸岸低滩近底环流强度存在最大值，圆心角从45°增加至90°时，近底环流强度大幅增加，当圆心角进一步增加至180°时，近底环流强度又有所减小。

第 4 章

不同因素对弯道凸岸边滩
冲淤的影响

4.1 弯道凸岸边滩冲淤演变试验设计

4.1.1 选沙设计

本书试验中的模型沙选择塑料沙，其容重$\gamma_s = 1.05\ \text{t/m}^3$，干容重$\gamma_s' = 0.65\ \text{t/m}^3$。不饱和条件下河道演变以冲刷为主，选沙时主要考虑满足泥沙起动条件。由泥沙起动相似可得

$$\lambda_{U_c} = \lambda_u = \lambda_h^{0.5} \tag{4.1.1}$$

式中：λ_{U_c}为起动流速比尺；λ_u为流速比尺；λ_h为垂直比尺。

泥沙起动公式采用沙莫夫公式：

$$U_c = k\sqrt{[(\gamma_s - \gamma)/\gamma]gd}\,(h/d)^{1/6} \tag{4.1.2}$$

式中：U_c为起动流速；k为经验系数，取 1.14；γ为水的容重；g为重力加速度；d为泥沙粒径；h为水深。

通过计算得到泥沙粒径比尺$\lambda_d = 0.528$。

原型沙级配使用尺八口河段 2010 年 2 月实测床沙、悬沙资料得到，结合床沙和悬沙的级配来看，小于 0.09 mm 的泥沙仅占床沙的 2.7%，因此将冲泻质、床沙质的分界粒径取为 0.09 mm。水槽试验中加入的悬沙只考虑参与河床交换的床沙质，去除原型悬沙中的冲泻质部分，得到床沙质级配，对原型河床质和床沙质级配进行平均，将得到的泥沙级配作为原型沙级配。原型沙的粒径范围为 0.09～0.5 mm，中值粒径$d_{50} = 0.22$ mm。通过粒径比尺换算，模型沙的中值粒径为 0.4 mm，模型沙级配曲线如图 4.1.1 所示。在水槽试验中，这种级配的模型沙同时作为悬沙和床沙使用，弯道水槽凸岸边滩和凹岸深槽的河床组成相同。

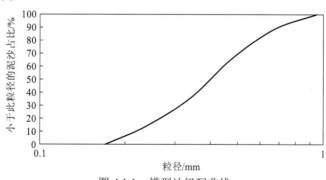

图 4.1.1　模型沙级配曲线

通过希尔兹曲线查表可得 0.4 mm 的模型沙的临界切应力$\tau_c = 0.015\ 3$ Pa，超过此值泥沙开始起动，但是泥沙起动量较少，床面地形变化不明显；当床面切应力超过$1.5\tau_c$时，床面泥沙大规模起动，因此下面在对比分析中将床面大规模起动的临界切应力定为$1.5\tau_c$。

模型含沙量比尺与水流挟沙能力比尺相等，即

$$\lambda_S = \lambda_{S*} \qquad\qquad (4.1.3)$$

式中：λ_S 为含沙量比尺；λ_{S*} 为水流挟沙能力比尺。

水流挟沙能力的表达式可采用：

$$S_* = C \frac{\gamma_s}{\frac{\gamma_s - \gamma}{\gamma}} (f - f_s) \frac{u^3}{gh\omega} \qquad\qquad (4.1.4)$$

由此得

$$\lambda_{S*} = \lambda_C \frac{\lambda_{\gamma_s}}{\lambda_{\frac{\gamma_s - \gamma}{\gamma}}} \lambda_f \frac{\lambda_u^3}{\lambda_h \lambda_\omega} \qquad\qquad (4.1.5)$$

式中：C 为悬移质挟沙能力系数；f、f_s 分别为清水、浑水水流的阻力系数；u 为流速；ω 为泥沙沉速；λ_{γ_s} 为泥沙容重比尺；λ_f 为阻力系数比尺；λ_ω 为泥沙沉速比尺；λ_C 为悬移质挟沙能力系数比尺，可通过验证试验确定，此处暂令 $\lambda_C = 1$。对于变态模型来说，$\lambda_f = \dfrac{\lambda_h}{\lambda_1}$ $\left(\text{因为沿程水头损失} h_f = f \dfrac{l}{4h} \dfrac{u^2}{2g}，l \text{ 为河道长度}\right)$，$\lambda_1$ 为平面比尺，此处取 $\lambda_\omega = \lambda_u \left(\dfrac{\lambda_h}{\lambda_1}\right)^{3/4}$。经计算，含沙量比尺 $\lambda_S = 0.043$。

监利站 20 世纪 50~80 年代年均输沙量为 3.7 亿 t，年均径流量为 3 452 亿 m^3，年均含沙量为 1.07 kg/m^3。本书将此含沙量视为饱和含沙量，去除冲泻质部分，模型饱和含沙量为 3.250 0 kg/m^3。

从 180° 弯道在最大流量（22 L/s）下从清水冲刷至含沙量最大（3.250 0 kg/m^3）河床整体冲淤的变化情况来看（图 4.1.2），弯道整体由冲刷转为微冲微淤，可以认为含沙量比尺选取得较为合理。图 4.1.2 中横坐标为相对于模型饱和含沙量 3.250 0 kg/m^3 的饱和度，如横坐标 70% 对应的含沙量为 3.250 0 $kg/m^3 \times 70\% = 2.275 0 kg/m^3$。

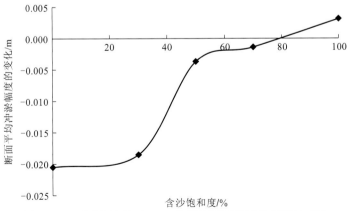

图 4.1.2　不同含沙量下 180° 弯道断面平均冲淤幅度的变化

4.1.2 试验条件设计

现有研究成果认为，自然状态下洪水和中、枯水的交替作用对凸岸边滩的发育有很大影响，当漫滩水流不大时，泥沙在滩面淤积，减轻了凸岸边滩的冲刷（洪笑天 等，1987）。三峡水库蓄水后，下游退水过程加快，凸岸边滩回淤时间缩短，加上来沙量较蓄水前大幅减少，汛后退水过程中的回淤幅度显著减小（Han et al., 2017）。因此，探明不同流量级和含沙量对凸岸边滩冲淤的影响就成为重点，特别是凸岸边滩冲刷发展的关键驱动流量级。

本书在设计不同试验组次时进、出口条件均为恒定条件，动床试验条件如表 4.1.1 所示。表 4.1.1 中试验组次编号包含弯道圆心角、流量级和含沙饱和度，如 180-Q3-S30 表示圆心角为 180° 的弯道中流量和含沙饱和度分别为 Q3（12 L/s）与 30%（对应的含沙量为 0.975 0 kg/m^3）的组次。

表 4.1.1 弯道动床试验条件

试验水槽	试验组次编号	流量/（L/s）	水位/m	含沙量/（kg/m^3）
180° 弯道试验水槽	180-Q1-S0	6	0.200	0.000 0
	180-Q2-S0	9	0.225	0.000 0
	180-Q3-S0	12	0.250	0.000 0
	180-Q4-S0	16	0.275	0.000 0
	180-Q5-S0	22	0.300	0.000 0
	180-Q3-S15	12	0.250	0.487 5
	180-Q3-S30	12	0.250	0.975 0
	180-Q4-S15	16	0.275	0.487 5
	180-Q4-S30	16	0.275	0.975 0
	180-Q4-S50	16	0.275	1.625 0
	180-Q4-S70	16	0.275	2.275 0
	180-Q5-S15	22	0.300	0.487 5
	180-Q5-S30	22	0.300	0.975 0
	180-Q5-S50	22	0.300	1.625 0
	180-Q5-S70	22	0.300	2.275 0
	180-Q5-S100	22	0.300	3.250 0
90° 弯道试验水槽	90-Q3-S0	12	0.250	0.000 0
	90-Q4-S0	16	0.275	0.000 0
	90-Q5-S0	22	0.300	0.000 0
	90-Q4-S30	16	0.275	0.975 0
	90-Q4-S50	16	0.275	1.625 0
	90-Q5-S30	22	0.300	0.975 0
	90-Q5-S50	22	0.300	1.625 0
	90-Q5-S70	22	0.300	2.275 0

试验水槽	试验组次编号	流量/（L/s）	水位/m	含沙量/（kg/m³）
45°弯道试验水槽	45-Q3-S0	12	0.250	0.000 0
	45-Q4-S0	16	0.275	0.000 0
	45-Q5-S0	22	0.300	0.000 0
	45-Q4-S30	16	0.275	0.975 0
	45-Q4-S50	16	0.275	1.625 0
	45-Q5-S30	22	0.300	0.975 0
	45-Q5-S50	22	0.300	1.625 0
	45-Q5-S70	22	0.300	2.275 0

　　每组试验初始地形相同，均为图 3.1.3 的横断面形态。加沙部位布置在弯道上游顺直段进口处，以保证水沙充分掺混；每组次试验结束后恢复至初始地形。

4.1.3　地形测量方法

　　地形采用水位测针进行测量，测针精度为 0.1 mm。每次试验开始前测量一次初始地形，得到每个测量垂线处的地形高程 h_1，试验开始后测量得到地形高程 h_2，测量时段始末河床地形变化 $\Delta h = h_1 - h_2$。

　　45°、90°弯道试验水槽地形测量断面与流速测量断面相同，均为 5 个地形测量断面（图 3.1.5），断面上横向每间隔 10 cm 设置一个测点；180°弯道试验水槽由于弯道段较长，从 0°至 180°每隔 22.5°布置一个测量断面，共 9 个，断面上测点的横向间隔为10 cm。试验开始后，每间隔 1 h 进行一次地形测量。

4.2　180°弯道凸岸边滩的冲淤变化特点

4.2.1　持续时间对凸岸边滩冲淤的影响

　　图 4.2.1 为 180°弯道不同流量清水冲刷下不同断面随时间的变化。由图 4.2.1 可以看出：对于冲刷动力较强的大流量（Q4、Q5），总体来说，试验初始阶段河床冲刷的发展速度较快，随着时间的增加，冲淤调整速度趋缓。凸岸边滩呈现从上至下沿程冲刷发展的现象。从图 4.2.1（c）、（d）可以看出，在 1 h 末 45°断面凸岸边滩已发生了较大幅度的冲刷下切，下游 90°断面的冲刷幅度较小；2 h 末 45°断面的冲刷幅度增加不多，而90°断面凸岸低滩和凹岸深槽发生了较大幅度的冲刷；冲刷进行到 3 h 末，河床地形与2 h 末地形相比变化较小，因此可以认为基本达到极限冲刷状态。

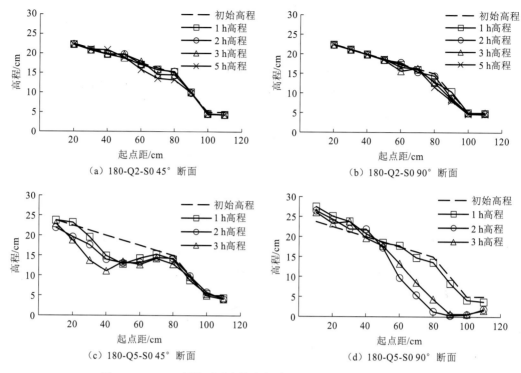

(a) 180-Q2-S0 45° 断面

(b) 180-Q2-S0 90° 断面

(c) 180-Q5-S0 45° 断面

(d) 180-Q5-S0 90° 断面

图 4.2.1　180° 弯道不同流量清水冲刷下不同断面随时间的变化

在小流量（Q1、Q2）下，随着冲刷时间的延长，冲刷幅度略有增加，但总体冲淤幅度较小。5 h 末，180° 弯道 45° 和 90° 断面地形的变化幅度不超过 1 cm，冲刷部位主要在低滩。小流量上滩动力不足，难以对凸岸边滩造成明显的冲刷。

图 4.2.2 为 180° 弯道不同流量、不同含沙饱和度条件下不同断面随时间的变化。由图 4.2.2（a）、（c）可见，随着试验的进行，弯道进口断面凹岸深槽不断淤积，断面形态逐渐由偏 V 形向 U 形转变。随着试验时间的增加，大流量下凸岸边滩淤积幅度的增加不明显，凸岸低滩、凹岸深槽冲刷量的变化也较小［图 4.2.2（c）、（d）］。因此，下面研究其他因素对河床冲淤的影响时统一对比 3 h 末的地形。

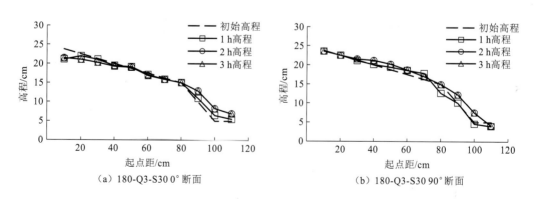

(a) 180-Q3-S30 0° 断面

(b) 180-Q3-S30 90° 断面

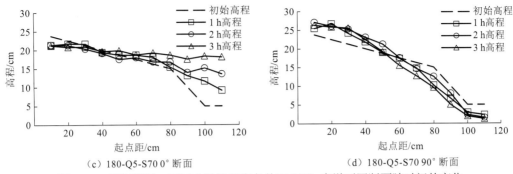

(c) 180-Q5-S70 0° 断面   (d) 180-Q5-S70 90° 断面

图 4.2.2 不同流量、不同含沙饱和度条件下 180° 弯道不同断面随时间的变化

4.2.2 流量对凸岸边滩冲淤的影响

不同流量清水冲刷条件下 180° 弯道的河床冲淤变化如图 4.2.3 所示,图 4.2.3 中只显示了被水流淹没的河床范围。

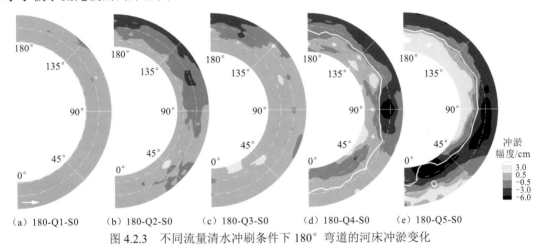

(a) 180-Q1-S0 (b) 180-Q2-S0 (c) 180-Q3-S0 (d) 180-Q4-S0 (e) 180-Q5-S0

图 4.2.3 不同流量清水冲刷条件下 180° 弯道的河床冲淤变化

白色点画线为凹岸深槽与凸岸低滩的分界,白色虚线为凸岸高滩与低滩的分界,白色实线为 15 cm 等高线

由图 4.2.3 可知:

在 Q1 流量下,弯道床面地形变化较小,边滩、深槽的冲刷深度基本为 0,表明此流量下冲刷动力较弱,不足以使床面泥沙大规模起动。

在 Q2 流量下,弯道 45° 断面附近的深槽略有冲刷,弯道上段整体冲刷深度小于 0.5 cm。弯道下段深槽和低滩发生大面积冲刷,平均冲刷深度达 1.6 cm,凸岸低滩冲刷后退。

当流量增加至 Q3 时,河床冲刷深度反而有所减小,仅在 135°~180° 断面低滩和深槽处有一定的冲刷,弯道下段凸岸低滩的平均冲刷深度约为 0.3 cm,凸岸边滩出现了一定的"撇弯"现象,凹岸深槽平均冲刷深度不足 1 cm。这与 3.2 节中凹岸深槽的水流动力随流量的增加先增大,在 Q3 流量时减小是一致的。

在中、小流量下，弯道河床冲刷主要发生在下段凹岸深槽和凸岸低滩，而弯道上段冲淤变化较小，且凸岸高滩冲淤变化很小，原因是中、小流量下高滩淹没水深较小。

在 Q4 流量下，上滩水深进一步增加，弯道上段开始发生冲刷，凸岸高滩冲刷降低，平均冲刷深度约为 0.5 cm，凸岸低滩平均冲刷深度达 1.7 cm，弯顶处低滩大幅冲刷后退，局部冲刷深度大于 6 cm。弯顶以下深槽冲刷加深，平均冲刷深度达 2.4 cm，凸岸低滩冲刷后退，平均冲刷深度为 2 cm，高滩冲淤变化不明显。此流量下虽然凸岸边滩发生了冲刷，但串沟发育程度较轻。

在 Q5 流量下，弯道上段凸岸高滩发生了强烈冲刷下切，局部冲刷深度大于 6 cm，平均冲刷深度达 2.6 cm，凸岸低滩平均冲刷深度达 4.2 cm。0°～45° 断面凹岸深槽有所淤积，45° 断面往下深槽仍以冲刷为主。弯道下段凹岸深槽发生显著冲刷，平均冲刷深度达 3 cm，凸岸边滩总体呈淤积抬高之势，其中凸岸高滩平均淤高 1.5 cm，低滩边缘虽有部分冲刷，但整体冲刷深度较 Q4 流量下大幅减小。从 15 cm 等高线来看，凸岸边滩上段已经冲刷形成具有一定水深和宽度的沟槽，沟槽向下游延伸，至弯顶处与凹岸深槽连通，沟槽右侧凸岸边滩的部分滩体与凸岸分离，成为心滩，弯道上段凸岸边滩出现了明显的"切滩"现象。

总体而言，随着流量的增加，弯道整体的冲刷深度呈增加态势，在 Q5 流量下冲刷深度达到最大，弯道凸岸边滩出现了明显的"切滩"现象。

4.2.3 含沙饱和度对凸岸边滩冲淤的影响

从清水冲刷试验的结果来看，即使经受足够长时间的中、小流量（Q1、Q2、Q3）的冲刷，弯道上段的整体冲刷深度仍很小，弯道下段仅凸岸低滩边缘和凹岸深槽发生了冲刷，因此凸岸边滩在中、小流量下的冲刷深度较小。本节主要分析水流完全淹没凸岸边滩的流量条件（Q3、Q4、Q5）下，不同含沙饱和度对凸岸边滩冲淤的影响。

1. Q3 流量下含沙饱和度对凸岸边滩冲淤的影响

Q3 流量条件下，不同含沙饱和度 180° 弯道的河床冲淤如图 4.2.4 所示。由图 4.2.4 可知：

相比于清水冲刷，加入泥沙后，凸岸高滩开始淤积，含沙饱和度进一步增加，高滩淤积厚度变化较小，整体而言，凸岸高滩淤积很少。

相比于清水冲刷，在 15% 含沙饱和度下，弯道上段凸岸低滩的冲刷明显增加，凸岸低滩平均冲刷深度达 0.9 cm；弯道下段凸岸低滩的冲刷深度变化不大，平均冲刷深度为 0.3 cm。当含沙饱和度增加至 30% 时，凸岸低滩上段的平均冲刷深度减小至 0.6 cm，而下段转冲为淤。

相比于清水冲刷，在 15% 含沙饱和度下，弯道上段凹岸深槽的冲刷有所增加，平均冲刷深度达 0.5 cm，弯道下段凹岸深槽的冲刷深度基本为 0。当含沙饱和度增加至 30% 时，凹岸深槽上段的平均冲刷深度减小 0.1 cm，下段则总体表现为淤积。

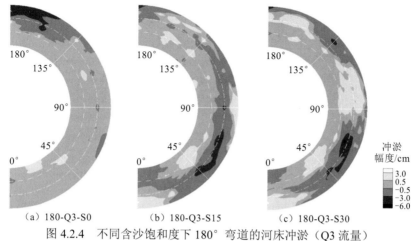

（a）180-Q3-S0　　　（b）180-Q3-S15　　　（c）180-Q3-S30

图 4.2.4　不同含沙饱和度下 180°弯道的河床冲淤（Q3 流量）

白色点画线为凹岸深槽与凸岸低滩的分界，白色虚线为凸岸高滩与低滩的分界

　　相比于清水冲刷，水流中加入了泥沙后，凸岸低滩和凹岸深槽的冲刷深度反而有所增大，一方面是由于凸岸高滩淤积抬高，束水作用增大，会导致低滩及凹岸深槽水流动力的增强（Dunne et al.，2010）；另一方面，相比于清水，近底含沙饱和度一定范围内的增加会导致床面切应力的增大（黄伟 等，2016）。这些因素可能导致含沙饱和度为15%时弯道上段凸岸低滩和凹岸深槽冲刷深度的增大。

2. Q4 流量下含沙饱和度对凸岸边滩冲淤的影响

　　Q4 流量条件下，不同含沙饱和度 180°弯道的河床冲淤如图 4.2.5 所示。

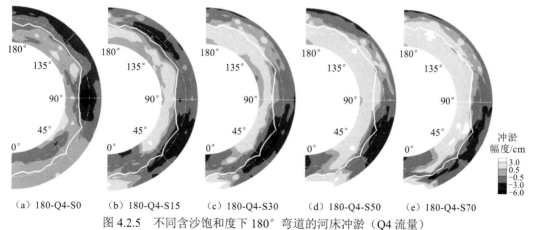

（a）180-Q4-S0　　（b）180-Q4-S15　　（c）180-Q4-S30　　（d）180-Q4-S50　　（e）180-Q4-S70

图 4.2.5　不同含沙饱和度下 180°弯道的河床冲淤（Q4 流量）

白色点画线为凹岸深槽与凸岸低滩的分界，白色虚线为凸岸高滩与低滩的分界，白色实线为 15 cm 等高线

　　由图 4.2.5 可知：

　　清水冲刷时，弯道上段高滩冲刷降低，平均冲刷深度约为 0.5 cm。

　　当含沙饱和度增加至 15%时，凸岸高滩的冲刷深度迅速减小，仅在进口 0°断面附近略有冲刷，其余部位凸岸高滩整体淤积抬高。弯道上段的冲刷带在 45°断面便已摆动至低滩和凹岸深槽内，45°断面低滩和凹岸深槽的冲刷显著增加，局部冲刷深度约为5 cm，而在清水条件下冲刷带从凸岸边滩一直延伸到弯顶 90°断面才过渡至凹岸深槽。

当含沙饱和度增加至 30%时，弯道上段凸岸高滩的淤积厚度变化较小，低滩部分的平均冲刷深度继续增加。弯道下段低滩部分的冲刷深度减小，甚至转冲为淤；高滩部分淤积抬高，淤高接近 1 cm。

当含沙饱和度增加至 50%时，弯道上段凸岸高滩的淤积厚度变化较小，低滩部分的平均冲刷深度显著减小，平均冲刷深度减小至 0.7 cm，深槽的冲刷深度有所减小。弯道下段凸岸边滩的整体淤积厚度进一步增加，平均淤积厚度为 1.3 cm，凹岸深槽仍表现为冲刷，但冲刷深度有所减小。

当含沙饱和度增加至 70%时，弯道凸岸边滩淤长，但淤积厚度增长趋缓，凹岸深槽的冲刷深度有所减小。

3. Q5 流量下含沙饱和度对凸岸边滩冲淤的影响

Q5 流量条件下，不同含沙饱和度 180°弯道的河床冲淤如图 4.2.6 所示。

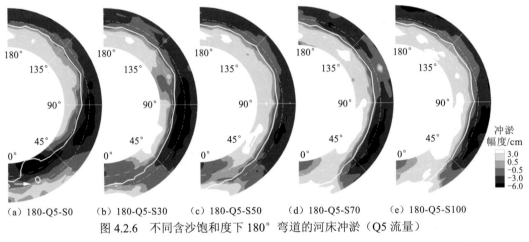

| (a) 180-Q5-S0 | (b) 180-Q5-S30 | (c) 180-Q5-S50 | (d) 180-Q5-S70 | (e) 180-Q5-S100 |

图 4.2.6 不同含沙饱和度下 180°弯道的河床冲淤（Q5 流量）

白色点画线为凹岸深槽与凸岸低滩的分界，白色虚线为凸岸高滩与低滩的分界，白色实线为 15 cm 等高线

由图 4.2.6 可知：

清水冲刷时，弯道上段凸岸高滩发生了强烈的冲刷下切，凸岸边滩出现了明显的"切滩"现象。

当含沙饱和度增加至 30%时，凸岸高滩的冲刷深度明显减小，仅在进口 0°～45°断面略有冲刷，45°断面以下高滩呈淤积抬高之势，平均淤积厚度约为 1 cm。弯道上段冲刷带在 45°断面已偏转至凹岸深槽，这与 Q3、Q4 流量下的河床冲淤结果类似。低滩部分还是以冲刷为主，弯道上段平均冲刷深度约为 4 cm，与清水条件相比变化较小；弯道下段低滩部分的冲刷深度较清水条件有所增加。弯道进口处凹岸深槽淤积，往下游表现为冲刷，冲刷深度较清水条件下变化较小。

当含沙饱和度增加至 50%时，除了进口处高滩有所冲刷外，其他断面的高滩均淤积抬高，凸岸高滩的淤积厚度总体显著增加。凸岸低滩的冲刷深度显著减小，弯道上段的平均冲刷深度减小至 1.3 cm，下段平均冲刷深度仅为 0.3 cm。凹岸深槽仍表现为冲刷，但冲刷深度有所减小。

随着含沙饱和度的进一步增加，弯道凸岸边滩淤长，高滩淤积增长趋缓，整体淤积厚度约为 2 cm，凸岸低滩整体由微冲变为微淤。凹岸深槽的冲刷深度整体变化较小。

综上所述，在中水流量（Q3）下，弯道主要表现为冲槽淤滩，随着含沙饱和度的减小，淤滩效果减小。流量增加时，凸岸边滩的冲刷深度也随之增加，且冲刷的范围也扩大至高程较高的部分。含沙饱和度减小时，凸岸边滩的冲刷深度随之增加。清水冲刷、Q5 流量条件下，弯道上段凸岸边滩出现了"切滩"现象。

4.3 90°弯道凸岸边滩的冲淤变化特点

4.3.1 流量对凸岸边滩冲淤的影响

不同流量清水冲刷条件下 90°弯道的河床冲淤变化如图 4.3.1 所示。

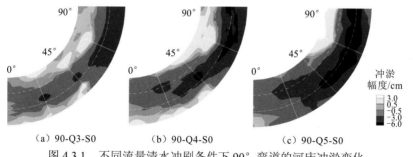

(a) 90-Q3-S0   (b) 90-Q4-S0   (c) 90-Q5-S0

图 4.3.1 不同流量清水冲刷条件下 90°弯道的河床冲淤变化

白色点画线为凹岸深槽与凸岸低滩的分界，白色虚线为凸岸高滩与低滩的分界

由图 4.3.1 可知：

在 Q3 流量下，90°弯道凸岸高滩的冲刷较小，高滩下段略有淤积。凸岸低滩整体为冲刷，上段平均冲刷深度为 1.8 cm，下段平均冲刷深度为 1.6 cm，凸岸边滩出现了一定程度的"撇弯"现象。凹岸深槽上段冲淤幅度较小，下段发生了显著冲刷，平均冲刷深度为 2.5 cm。

在 Q4 流量下，弯道上段凸岸高滩的冲刷深度增大，平均冲刷深度达 0.9 cm，下段高滩略有淤积，淤积厚度变化不大。凸岸低滩的冲刷深度进一步增加，低滩上段的冲刷深度小于下段，上段平均冲刷深度为 2.8 cm，下段平均冲刷深度为 3.6 cm。凹岸深槽上段冲刷深度有所增加，平均冲刷深度约为 0.5 cm，下段凹岸深槽的冲刷深度增加，平均冲刷深度为 3 cm。

当流量达到 Q5 时，凸岸边滩的冲刷深度总体进一步增加。凸岸高滩上段平均冲深度增加至 2.3 cm，下段整体还是表现为微淤，淤积厚度变化不大。凸岸低滩下段的冲刷深度要大于上段，上段平均冲刷深度为 3.3 cm，下段平均冲刷深度为 5.5 cm。凹岸深槽的冲刷深度也明显增加，其中深槽上段的平均冲刷深度为 2 cm，下段的平均冲刷深度为 4.6 cm。

总体而言，在 90° 弯道清水冲刷试验中，除弯道下段凸岸高滩以淤积为主外，其他部分主要表现为冲刷。随着流量的增大，弯道凸岸边滩冲刷下切的幅度增加，而且冲刷范围也扩大到了边滩较高的部分。

4.3.2　含沙饱和度对凸岸边滩冲淤的影响

1. Q4 流量下含沙饱和度对凸岸边滩冲淤的影响

Q4 流量条件下，不同含沙饱和度 90° 弯道的河床冲淤如图 4.3.2 所示。

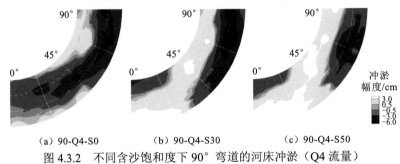

(a) 90-Q4-S0　　(b) 90-Q4-S30　　(c) 90-Q4-S50

图 4.3.2　不同含沙饱和度下 90° 弯道的河床冲淤（Q4 流量）

白色点画线为凹岸深槽与凸岸低滩的分界，白色虚线为凸岸高滩与低滩的分界

由图 4.3.2 可知：

清水冲刷时，弯道上段凸岸高滩平均冲刷深度为 0.9 cm，下段凸岸高滩略有淤积。低滩上段的平均冲刷深度为 2.8 cm，低滩下段的平均冲刷深度为 3.6 cm。凹岸深槽上段平均冲刷深度为 0.5 cm，下段的平均冲刷深度为 3 cm。

当含沙饱和度增加至 30% 时，凸岸边滩的冲刷减弱。高滩部分仅在 0.0°～22.5° 断面有所冲刷，其余断面为淤积抬高，弯道下段高滩的平均淤积厚度达 1.8 cm。凸岸低滩的冲刷深度明显减小，弯道上段低滩由清水时的冲刷转为淤积，平均淤积厚度为 1.1 cm，下段低滩的平均冲刷深度减小至 1.6 cm。凹岸深槽上段由微冲转为淤积，下段主要表现为冲刷，且冲刷深度略有增加，平均冲刷深度增加至 3.5 cm。

当含沙饱和度增加至 50% 时，在 0.0°～22.5° 断面高滩仍有所冲刷，其余断面高滩为淤积抬高，下段高滩平均淤积厚度增加至 2.4 cm。凸岸低滩上段的淤积厚度增加，平均淤高 1.8 cm，下段低滩基本达到冲淤平衡。凹岸深槽上段的淤积厚度继续增加，下段仍表现为冲刷，但冲刷深度有所减小，平均冲刷深度为 1.6 cm。

2. Q5 流量下含沙饱和度对凸岸边滩冲淤的影响

Q5 流量条件下，不同含沙饱和度 90° 弯道的河床冲淤如图 4.3.3 所示。

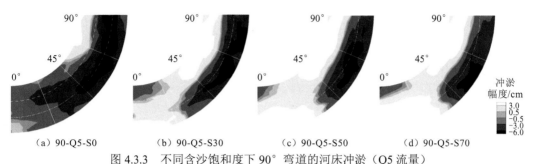

(a) 90-Q5-S0　　　(b) 90-Q5-S30　　　(c) 90-Q5-S50　　　(d) 90-Q5-S70

图 4.3.3　不同含沙饱和度下 90° 弯道的河床冲淤（Q5 流量）

白色点画线为凹岸深槽与凸岸低滩的分界，白色虚线为凸岸高滩与低滩的分界

由图 4.3.3 可知：

清水冲刷时，凸岸高滩上段的平均冲刷深度为 2.3 cm，下段略有淤积。凸岸低滩上段的平均冲刷深度为 3.3 cm，下段的平均冲刷深度为 5.5 cm。凹岸深槽上段的平均冲刷深度为 2 cm，下段的平均冲刷深度为 4.6 cm。

当含沙饱和度增加至 30% 时，凸岸高滩上段的冲刷深度明显减小，仅在 0.0°～22.5° 断面有所冲刷，高滩上段整体由冲刷转为淤积，平均淤高 0.8 cm；高滩下段的淤积厚度增加，平均淤积厚度为 3.3 cm。凸岸低滩的冲刷深度也大幅减小，弯顶以上低滩略有淤积，弯顶以下低滩的平均冲刷深度减小至 1.5 cm。凹岸深槽上段转为淤积；下段仍为冲刷，冲刷深度略有减小，平均冲刷深度为 4 cm。

当含沙饱和度增加至 50% 时，凸岸高滩仅进口断面附近略有冲刷，整体淤积厚度增加至 1.1 cm；高滩下段淤积厚度变化较小。凸岸低滩上段淤积厚度进一步增加，平均淤积厚度增加至 1.1 cm，低滩下段冲刷深度变化较小，平均冲刷深度为 1.5 cm。凹岸深槽上段仍为淤积，下段仍为冲刷，冲刷深度略有减小，平均冲刷深度为 3.7 cm。

当含沙饱和度进一步增加至 70% 时，凸岸高滩整体的淤积厚度变化较小。凸岸低滩上段的淤积厚度进一步增加，平均淤高 2.3 cm，低滩下段的冲刷深度有所减小，平均冲刷深度减小为 0.5 cm。凹岸深槽上段仍为淤积，下段仍有显著冲刷，冲刷深度略有减小，平均冲刷深度为 3.1 cm。

在 Q5 流量清水冲刷作用下，90° 弯道除弯道下段凸岸高滩有所淤积外，边滩其余部位均受到冲刷。随着来沙量的增加，凸岸边滩的冲刷深度大幅减小，甚至转为淤积。

4.4　45° 弯道凸岸边滩的冲淤变化特点

4.4.1　流量对凸岸边滩冲淤的影响

不同流量清水冲刷条件下 45° 弯道的河床冲淤变化如图 4.4.1 所示。

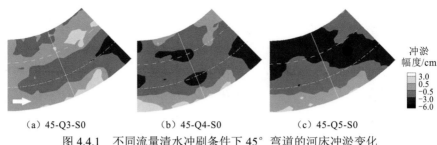

(a) 45-Q3-S0 (b) 45-Q4-S0 (c) 45-Q5-S0

图 4.4.1 不同流量清水冲刷条件下 45° 弯道的河床冲淤变化

白色点画线为凹岸深槽与凸岸低滩的分界，白色虚线为凸岸高滩与低滩的分界

由图 4.4.1 可知：

在 Q3 流量下，凸岸高滩整体的冲淤幅度较小，高滩上段略有冲刷，下段略有淤积。凸岸低滩整体受到冲刷，其中低滩上段的平均冲刷深度为 0.7 cm，下段的平均冲刷深度为 1.6 cm，凸岸边滩出现了一定程度的"撇弯"现象。凹岸深槽也主要表现为冲刷，上段冲刷深度较小，平均冲刷深度为 0.3 cm；下段冲刷深度增大，平均冲刷深度为 1.3 cm。

在 Q4 流量下，弯道凸岸高滩的冲刷深度增大，上段高滩的冲刷深度较大，平均冲刷深度达 1.8 cm，下段平均冲刷深度为 1 cm。凸岸低滩的冲刷深度也进一步增加，低滩上段的平均冲刷深度增加为 1.8 cm，下段的平均冲刷深度增加为 2.4 cm。凹岸深槽上段的冲刷深度略有增加，平均冲刷深度为 0.7 cm，下段的平均冲刷深度增加为 2 cm。

当流量达到 Q5 时，凸岸边滩的冲刷深度进一步增加。凸岸高滩上段的平均冲刷深度增加至 3.2 cm，下段的平均冲刷深度增加至 2.3 cm。凸岸低滩下段的冲刷深度要大于上段，上段的平均冲刷深度为 2.9 cm，下段的平均冲刷深度为 3.7 cm。相较于 Q4 流量，凹岸深槽的冲刷深度变化较小，甚至略有减小。

随着流量的增大，弯道凸岸边滩的冲刷深度增加，而且冲刷扩大至边滩较高的部分。在大流量（Q4、Q5）下，凸岸边滩从上至下、从高到低均受到冲刷。

4.4.2 含沙饱和度对凸岸边滩冲淤的影响

1. Q4 流量下含沙饱和度对凸岸边滩冲淤的影响

Q4 流量条件下，不同含沙饱和度 45° 弯道的河床冲淤如图 4.4.2 所示。由图 4.4.2 可知：

清水冲刷时，凸岸高滩上段的平均冲刷深度达 1.8 cm，下段的平均冲刷深度约为 1 cm。凸岸低滩上段的平均冲刷深度为 1.8 cm，下段的平均冲刷深度为 2.4 cm。凹岸深槽上段的平均冲刷深度约为 0.7 cm，下段的平均冲刷深度为 2 cm。

当含沙饱和度增加至 30%时，凸岸边滩的冲刷深度大幅减小。凸岸高滩上段的平均冲刷深度减小为 0.8 cm，下段的平均冲刷深度基本为 0，弯道出口处高滩略有淤积。凸岸低滩上段的平均冲刷深度减小为 0.8 cm，下段的平均冲刷深度减小为 0.7 cm。凹岸深槽上段由微冲变为淤积，下段还是表现为冲刷，但相比于清水条件冲刷深度有所减小，平均冲刷深度减小至 0.7 cm。

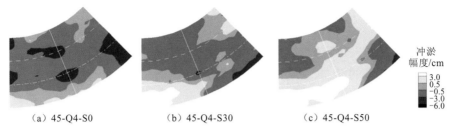

(a) 45-Q4-S0　　　　　(b) 45-Q4-S30　　　　　(c) 45-Q4-S50

图 4.4.2　不同含沙饱和度下 45°弯道的河床冲淤（Q4 流量）

白色点画线为凹岸深槽与凸岸低滩的分界，白色虚线为凸岸高滩与低滩的分界

当含沙饱和度增加至 50%时，凸岸高滩的冲刷深度进一步减小，仅在进口断面略有冲刷，高滩上段的平均冲刷深度基本为 0，弯道下段高滩淤积有所增加，平均淤积厚度约为 0.5 cm。凸岸低滩上段的平均冲刷深度基本为 0，下段由冲转淤，平均淤积厚度为 0.7 cm。凹岸深槽上段仍为淤积，深槽下段仅在出口处有所冲刷，平均淤积厚度为 0.5 cm。

随着含沙饱和度的增加，在 Q4 流量下，凸岸边滩的冲刷深度减小，甚至由冲刷转为微淤。

2. Q5 流量下含沙饱和度对凸岸边滩冲淤的影响

Q5 流量条件下，不同含沙饱和度 45°弯道的河床冲淤如图 4.4.3 所示。

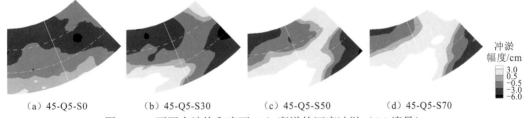

(a) 45-Q5-S0　　　(b) 45-Q5-S30　　　(c) 45-Q5-S50　　　(d) 45-Q5-S70

图 4.4.3　不同含沙饱和度下 45°弯道的河床冲淤（Q5 流量）

白色点画线为凹岸深槽与凸岸低滩的分界，白色虚线为凸岸高滩与低滩的分界

由图 4.4.3 可知：

清水冲刷时，凸岸高滩上段的平均冲刷深度为 3.2 cm，下段的平均冲刷深度为 2.3。凸岸低滩上段的平均冲刷深度为 2.9 cm，下段的平均冲刷深度为 3.7 cm。

当含沙饱和度增加至 30%时，凸岸高滩上段的冲刷深度略有增加，平均冲刷深度为 3.4 cm；高滩下段的平均冲刷深度减小为 1.3 cm。凸岸低滩的冲刷深度减小，上段平均冲刷深度减小为 1.6 cm，下段平均冲刷深度减小为 2.7 cm。凹岸深槽上段有所淤积，下段冲刷深度变化较小，平均冲刷深度为 1.8 cm。

当含沙饱和度增加至 50%时，凸岸高滩上段仍为冲刷，但冲刷深度有所减小，平均冲刷深度减至 2.2 cm；高滩下段冲刷深度减小，平均冲刷深度基本为 0。凸岸低滩整体由冲转淤，平均淤积厚度为 0.5 cm。凹岸深槽上段仍为淤积，深槽仅在出口断面附近有所冲刷，深槽下段的平均冲刷深度基本为 0。

当含沙饱和度进一步增加至70%时，弯道凸岸边滩的冲刷范围进一步减小，整体淤积厚度增加。凸岸高滩上段仍表现为冲刷，但冲刷深度有所减小，平均冲刷深度为1 cm，凸岸低滩平均淤高2 cm。凹岸深槽仅在出口断面附近有所冲刷，整体表现为淤积。

随着含沙饱和度的增加，凸岸边滩的冲刷深度减小，至50%含沙饱和度时，仅凸岸高滩有所冲刷，凸岸边滩整体上达到冲淤平衡。

4.5 弯道凸岸边滩冲淤影响因素分析

4.5.1 流量对弯道凸岸边滩冲淤的影响

图4.5.1为不同圆心角弯道在不同流量清水冲刷条件下凸岸边滩的平均冲淤幅度。

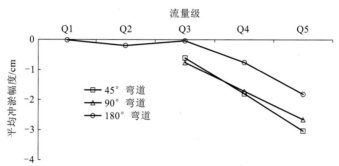

图4.5.1 不同圆心角弯道在不同流量清水冲刷条件下凸岸边滩的平均冲淤幅度
平均冲淤幅度正值代表淤积，负值代表冲刷

从图4.5.1可以看出：

在最小流量（Q1）下，凸岸边滩基本没有发生冲刷。随着小流量的增加（Q2、Q3），凸岸边滩边缘有所冲刷后退，凸岸边滩出现了一定程度的"撤弯"现象。中小流量下冲刷主要集中在凹岸深槽，没有足够的动力切割凸岸边滩。

随着流量的增加，三个不同圆心角弯道的凸岸边滩的水流动力均增强，水流动力轴线不断向凸岸摆动，凸岸边滩冲刷动力和输沙动力也不断增强。在大流量（Q4、Q5）清水冲刷条件下，凸岸边滩滩面泥沙大量起动，边滩受到强烈的冲刷切割作用。

总体而言，随着流量的增加，凸岸边滩的整体冲刷深度在不断增大，冲刷范围也扩大到凸岸边滩高程更高的部位。

4.5.2 含沙饱和度对弯道凸岸边滩冲淤的影响

图4.5.2为不同流量下180°弯道凸岸边滩平均冲淤幅度随含沙饱和度的变化，图4.5.3为最大流量（Q5）条件下不同弯道凸岸边滩平均冲淤幅度随含沙饱和度的变化。

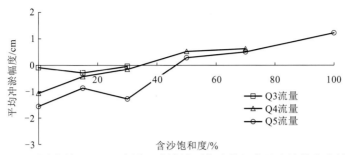

图 4.5.2　不同流量下 180°弯道凸岸边滩平均冲淤幅度随含沙饱和度的变化

平均冲淤幅度正值代表淤积，负值代表冲刷

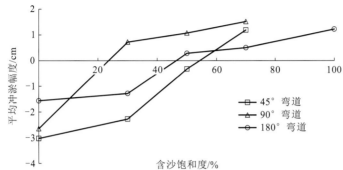

图 4.5.3　最大流量条件下不同弯道凸岸边滩平均冲淤幅度随含沙饱和度的变化

平均冲淤幅度正值代表淤积，负值代表冲刷

从图 4.5.2、图 4.5.3 可以看出：

随着含沙饱和度的增加，凸岸边滩的平均冲刷深度不断减小，当含沙饱和度增加到一定程度时，凸岸边滩由冲刷转为淤积，这说明存在一个凸岸边滩由冲刷转为淤积的临界含沙饱和度。

对于同一弯道，不同流量凸岸边滩由冲转淤的临界含沙饱和度不同。对于 180°弯道，Q3 流量下凸岸边滩的整体冲刷深度较小，当含沙饱和度为 30%时，凸岸边滩平均冲刷深度接近 0，基本达到冲淤平衡；Q4 流量下，当含沙饱和度为 30%时，凸岸边滩的平均冲刷深度约为 0.2 cm，其临界含沙饱和度在 30%和 50%之间；Q5 流量下，当含沙饱和度为 30%时，凸岸边滩有明显冲刷，平均冲刷深度约为 1.3 cm，当含沙饱和度增加至 50%时，凸岸边滩基本达到冲淤平衡，其临界含沙饱和度约为 50%。显然，流量越大，凸岸边滩由冲转淤的临界含沙饱和度越大。

同一流量下，弯道凸岸边滩由冲转淤的临界含沙饱和度随圆心角不同也有所不同，最大流量下，90°弯道凸岸边滩在 30%含沙饱和度时处于淤积，其临界含沙饱和度小于 30%；180°弯道凸岸边滩在含沙饱和度为 50%时基本达到冲淤平衡，其临界含沙饱和度约为 50%；45°弯道凸岸边滩的临界含沙饱和度则要大于 50%。

试验结果反映出，当含沙饱和度增加至一定程度时，弯道凸岸边滩淤积抬高，凹岸深槽则冲刷下切，虽然试验水槽两侧的固定边壁限制了弯道的横向发展，但仍然表现出典型的"凸淤凹冲"演变特点,这与天然河道自由蜿蜒发展时凹岸冲刷后退、凸岸淤积展宽的规律是一致的。当含沙饱和度减小到一定程度时,凸岸边滩由淤转冲,这与蓄水后坝下游弯曲河段出现的"撇弯切滩"现象是一致的。

4.5.3 圆心角对弯道凸岸边滩冲淤的影响

前人关于弯道凸岸边滩冲淤分布的研究有着不同的结论,有学者指出边滩头部以冲刷下切为主(Gautier et al.,2010;Hooke,1975),也有学者认为边滩头部以淤积为主(Kasvi et al.,2013b;Pyrce and Ashmore,2005),还有学者发现边滩冲刷表现为倒套上溯发展(Gay et al.,1998),上述不同也使得弯道凸岸边滩的冲刷呈现出整体"切滩"和局部"切滩"等不同形式(Micheli and Larsen,2011)。

本章河床冲淤的试验结果也反映出不同圆心角弯道凸岸边滩的冲刷分布有着显著差异。图4.5.4为不同圆心角弯道Q5流量清水冲刷条件下凸岸边滩冲淤幅度的变化。由图4.5.4可知:随着圆心角的增加,弯道上段凸岸边滩的冲刷深度总体增加;下段凸岸边滩的冲刷深度总体减小,其中高滩部分随圆心角的增加变为淤积,低滩部分在圆心角为90°时冲刷深度有所增加,当圆心角进一步增加至180°时,低滩冲刷深度迅速减小。

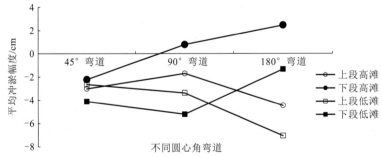

图4.5.4 不同圆心角弯道Q5流量清水冲刷条件下凸岸边滩冲淤幅度的变化

平均冲淤幅度正值代表淤积,负值代表冲刷

这种冲刷分布的显著差异主要是由于弯道圆心角的变化改变了水流动力的沿程变化。

从第3章水流动力特性的分析结果来看,最大床面切应力点和水流挟沙能力点所处位置的沿程变化规律与水流动力轴线类似,即水流动力轴线的沿程变化基本反映了水流冲刷动力和输沙动力最强位置的沿程变化,下面主要用水流动力轴线代表冲刷动力和输沙动力来进行分析。

由图3.6.1可以看出:在大流量下,随着圆心角的增加,弯道水流动力轴线沿程从凸岸向凹岸横向摆动的幅度增大。圆心角为45°时,弯道各断面的水流动力轴线均位于凸岸高滩,横向摆动幅度较小。圆心角为180°时,弯道进口断面的水流动力轴线位于凸岸边滩,随后沿程向凹岸摆动,至出口断面时已位于凹岸深槽。

显然,在大流量下,对于圆心角较大的急弯河段,弯道上段凸岸边滩的冲刷动力和输沙动力远大于凹岸深槽，弯道下段凸岸边滩的冲刷动力和输沙动力显著减弱；而对于圆心角较小的微弯河段，弯道凸岸边滩的冲刷动力和输沙动力无论是上段还是下段均大于凹岸深槽。因此，在不饱和挟沙大流量水流作用下，对于圆心角较大的急弯河段，弯道上段凸岸边滩会发生冲刷切割，而下段凸岸高滩则主要表现为淤积抬高；对于圆心角较小的微弯河段，凸岸边滩整体会受到冲刷切割作用。

4.6　本 章 小 结

（1）不饱和挟沙水流作用下，流量的大小决定了弯道凸岸边滩的冲刷动力。最小流量下，滩上冲刷动力不足，凸岸边滩难以冲刷，随着流量的增加，凸岸边滩边缘有所冲刷后退，出现了一定程度的"撇弯"现象；大流量滩上冲刷动力增强，凸岸边滩更容易受到冲刷，流量越大，凸岸边滩的冲刷深度越大，且受冲刷的范围扩大到高程较高的滩体，出现"切滩"现象。不饱和挟沙水流的作用时间越长，凸岸边滩的冲刷深度越大。

（2）含沙饱和度的大小决定了弯道凸岸边滩冲淤状态的转化，并存在一个凸岸边滩由冲刷转为淤积的临界含沙饱和度。当水流含沙显著不饱和时，凸岸边滩会发生冲刷；随着含沙饱和度的增加，凸岸边滩的冲刷深度减小，当水流含沙饱和度超过临界含沙饱和度时，凸岸边滩由冲刷转为淤积。

（3）圆心角、流量不同，凸岸边滩由冲转淤的临界含沙饱和度不同。流量越大，凸岸边滩由冲转淤的临界含沙饱和度越大；圆心角为 90° 的弯道凸岸边滩由冲转淤的临界含沙饱和度小于 30%，180° 弯道凸岸边滩由冲转淤的临界含沙饱和度约为 50%。

（4）相同大流量下，随着圆心角的增加，弯道上段凸岸边滩的冲刷深度总体增加；下段凸岸边滩的冲刷深度总体减小，其中高滩部分随圆心角的增加变为淤积，低滩部分在圆心角为 90° 时冲刷深度有所增加，当圆心角进一步增加至 180° 时，低滩的冲刷深度迅速减小。

（5）在不饱和挟沙大流量水流作用下，对于圆心角较大的急弯河段，弯道上段凸岸边滩会出现"切滩"现象，而下段凸岸高滩则主要表现为淤积抬高；对于圆心角较小的微弯河段，凸岸边滩整体会受到冲刷切割作用。

第 5 章

水库下游弯曲河段"撇弯切滩"现象的驱动机制

5.1 "撇弯切滩"的内因

弯曲河段"大水取直，小水坐弯"的水流动力特点使得大流量下凸岸边滩上的冲刷动力和输沙动力显著增加，并超过凹岸深槽。

小流量下，凸岸边滩的床面切应力整体较小，随着流量的增加，凸岸边滩边缘的床面切应力增大，随着流量的进一步增加，凸岸边滩的床面切应力整体显著增加，并超过凹岸深槽。这说明枯水流量的增加会导致凸岸边滩边缘冲刷动力的增强，大流量下凸岸边滩的冲刷动力整体显著增强。

小流量下，凸岸边滩的水流挟沙能力整体较小，随着流量的增加，凸岸边滩边缘的水流挟沙能力增大，随着流量的进一步增加，凸岸边滩的水流挟沙能力整体显著增大，并超过凹岸深槽。这说明枯水流量的增加会导致凸岸边滩边缘输沙动力的增强，大流量下凸岸边滩的输沙动力整体显著增强。

研究发现，凸岸边滩的河床组成比凹岸深槽的河床组成较细（Dietrich and Smith，1984）。从长江中游沙洲水道的河床组成来看，凸岸边滩的床沙中值粒径为 0.142～0.195 mm，而凹岸深槽的床沙中值粒径为 0.199～0.205 mm，凸岸边滩床沙较细，这说明凸岸边滩的床面抗冲性弱于凹岸深槽。

"大水取直，小水坐弯"、凸岸边滩河床组成较细是蓄水前后弯曲河段固有的特点，是大流量持续时间长、来流含沙饱和度低驱动弯曲河段凸岸边滩发生"切滩"的前提，也是枯水流量增加、中枯水流量持续时间长、来流含沙饱和度低驱动弯曲河段发生"撇弯"的前提。

5.2 "撇弯切滩"的驱动因子

在 5.1 节提到的弯曲河段"大水取直，小水坐弯"、凸岸边滩河床组成较细等特性的前提下，流量大小与持续时间、来流含沙饱和度等决定了凸岸边滩冲刷发展的结果。

5.2.1 来流含沙饱和度对弯道凸岸边滩冲刷的驱动

本书的试验结果已经表明，在相同的流量条件下，随着水流含沙饱和度的增加，凸岸边滩的冲刷深度减小，存在一个凸岸边滩由冲转淤的临界含沙饱和度，当含沙饱和度超过临界含沙饱和度以后，凸岸边滩淤积。

这实际上说明，在相同流量下，含沙饱和度越低，凸岸边滩越容易冲刷，越容易出现"撇弯切滩"现象。

蓄水前，当弯道弯曲度较高，且遇大水少沙年时，洪水流量持续时间较长，且来沙偏少，有可能出现"切滩"现象，甚至出现极端的裁弯取直现象。然而，一方面，大水少沙年的出现概率不高；另一方面，虽然蓄水前大水少沙年水流含沙饱和度较低，但是仍高于蓄水后，蓄水前"撇弯切滩"现象的出现概率较低。

而蓄水后，虽然大流量的持续时间并未显著增加，但是由于含沙饱和度相对于蓄水前显著降低，所以在相同流量和持续时间下，弯道凸岸边滩的冲刷强度显著增加，更容易出现"撇弯切滩"现象。

因此，含沙饱和度较低对弯道凸岸边滩冲刷的驱动作用很强。

5.2.2　大流量大小及其持续时间对凸岸边滩"切滩"的驱动

第 3 章和第 4 章的试验结果表明，随着流量的增加，水流动力轴线向凸岸边滩摆动，凸岸边滩的输沙动力和冲刷动力增强，大流量下，弯曲河段凸岸边滩的输沙动力超过凹岸深槽，且流量越大，弯曲河段凸岸边滩的输沙动力超过凹岸深槽越多，凸岸边滩的冲刷深度也越大。

本书试验结果还表明：随着大流量作用时间的延长，凸岸边滩上的串沟不断冲刷展宽、延长，最终切开边滩，形成凸岸侧沟槽，并向下与凹岸深槽连通，凸岸边滩出现了"切滩"现象。

显然，流量越大，持续时间越长，越容易出现凸岸边滩的"切滩"现象。

5.2.3　中枯水流量大小及其持续时间对凸岸边滩"撇弯"的驱动

枯水流量的增加会增强凸岸边滩边缘的冲刷动力、输沙动力。由图 4.2.3 不同流量清水冲刷条件下 180° 弯道的河床冲淤变化可知：在含沙显著不饱和的清水水流作用下，最枯流量下的凸岸边滩基本没有发生冲刷，随着枯水流量的增加，凸岸低滩冲刷后退，呈现出一定程度的"撇弯"现象。

由图 4.2.1 180° 弯道不同流量清水冲刷下不同断面随时间的变化可知：随着枯水流量作用时间的延长，凸岸低滩的冲刷深度有所增加，即"撇弯"程度加剧。

上述分析表明，来沙偏少时，如果枯水流量较大，或者中枯水流量持续时间很长，会出现凸岸边滩冲刷后退的"撇弯"现象。三峡水库等大型水库的蓄水运用，除了引起来沙量的显著降低外，通常会增大枯水流量，延长中枯水流量持续时间，这将引发凸岸低滩冲刷后退的"撇弯"现象，因此枯水流量增加、中枯水流量持续时间增长是三峡水库下游弯曲河段出现"撇弯"现象的主要驱动因子。

5.2.4　进口河势变化对弯道凸岸边滩冲刷的驱动

此外，弯曲河段进口河势的调整等可在一定程度上促进凸岸边滩"撇弯切滩"现象的发展。当上游河势发生调整，使弯道进口段深泓摆至凸岸，主流顶冲弯道凸岸边滩时，会加剧凸岸边滩的冲刷切割。

综上所述：流量大且持续时间长、来流含沙饱和度低是弯曲河段凸岸边滩发生"切滩"的主要驱动因子；枯水流量增加、中枯水流量持续时间长、来流含沙饱和度低是弯曲河段凸岸边滩发生"撤弯"的主要驱动因子；进口河势的变化有可能促进凸岸边滩冲刷的发展。

5.3 决定"切滩"部位的影响因子

弯道圆心角的变化改变了凸岸边滩水流动力的沿程变化，从而决定了"切滩"部位是位于上段，还是整体"切滩"。

由图 5.3.1 不同圆心角弯道大流量下凸岸高滩、低滩及凹岸深槽平均水流挟沙能力的分布可知：凸岸高滩的水流挟沙能力沿程先增大后减小，180°弯道在弯顶以上断面达到最大值，90°和 45°弯道则在弯顶断面达到最大值。随着圆心角的增大，弯顶以下

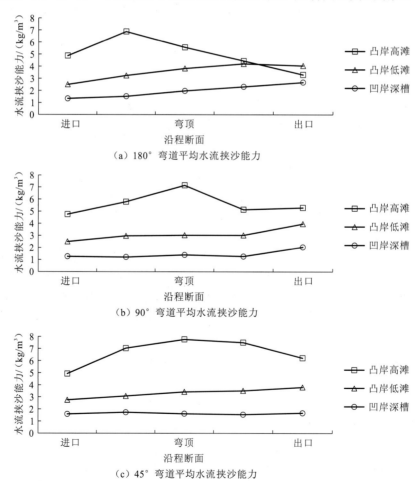

（a）180°弯道平均水流挟沙能力

（b）90°弯道平均水流挟沙能力

（c）45°弯道平均水流挟沙能力

图 5.3.1 不同圆心角弯道 Q5 流量下凸岸高滩、低滩及凹岸深槽平均水流挟沙能力的分布

凸岸高滩水流挟沙能力的减小速度也加快。床面切应力的沿程变化也遵循相似的规律。由图 4.5.4 凸岸边滩冲淤幅度随圆心角的变化可以看出：随着圆心角的增加，弯道下段凸岸边滩的冲刷深度总体减小。

因此，对于圆心角较大的急弯河段，凸岸边滩的冲刷动力和输沙动力在弯道下段迅速减小，在不饱和挟沙大流量水流作用下，弯道上段凸岸边滩会出现"切滩"现象，而下段凸岸高滩则主要表现为淤积抬高。对于圆心角较小的微弯河段，凸岸边滩的冲刷动力和输沙动力沿程变化较小，凸岸边滩整体会受到冲刷切割作用。

5.4 水库下游弯曲河段凸岸边滩冲刷切割实例

三峡水库蓄水后，长江中游的大量弯曲河段出现了"撇弯切滩"的演变现象，不同弯曲度的弯道，其凸岸边滩冲刷切割的部位也存在差异。本书选取了长江中游尺八口河段和沙洲水道微弯河段，对不同弯道凸岸边滩冲刷切割的特点及其机理进行分析研究。

5.4.1 尺八口河段凸岸边滩"切滩"的驱动机制

尺八口河段位于长江中游下荆江熊家洲—城陵矶连续急弯段，弯道圆心角约为 180°，是典型的急弯河段。在三峡水库蓄水以前，尺八口河段就呈现出了凸岸冲刷、凹岸淤积的演变规律（樊咏阳 等，2017）。三峡水库蓄水以来，尺八口河段冲滩淤槽，在弯道上段出现了凸岸边滩的"切滩"现象，弯道上段形成两槽争流的局面。

1. 尺八口河段凸岸边滩的冲刷切割特点

1）尺八口河段凸岸边滩的"切滩"变化

图 5.4.1（a）为近期尺八口河段 0 m 等深线（85 高程约 17m）的平面变化情况。由图 5.4.1（a）可知：

在 2005 年枯水期，弯道上段还存在着宽大的凸岸边滩，边滩上段的平均宽度约为 600 m，滩头至弯顶边滩长度约为 4 500 m，此时上边滩已受冲刷，贴左岸形成了串沟，串沟从边滩头部向下游延伸，贯通了上段边滩，长度约为 3 800 m，平均宽度为 260 m。

至 2009 年枯水期，凸岸边滩冲刷加剧，头部下移约 3 700 m，凸岸边滩上段基本消失，滩体仅存在于弯顶附近，边滩右缘大幅展宽，淤积宽度约为 600 m。此时，边滩冲刷切割，已与凸岸分离，形成了心滩。

至 2013 年，弯道上段右岸大幅淤积，江心滩头部大幅淤积上延，左缘大幅冲刷后退，平均冲刷宽度约为 580 m，右缘有所淤积展宽，淤积宽度约为 100 m，凹岸深槽淤积萎缩。2013～2015 年，尺八口河段的心滩变化较小。

显然，尺八口河段的凸岸边滩在 2005～2013 年出现了典型的"切滩"现象，"切滩"发生在弯道凸岸边滩的上段，被切割的滩体成为心滩，弯顶以下的滩体相对稳定。

凸岸边滩发生"切滩"后，该河段的深泓线、深槽等也发生了相应变化。

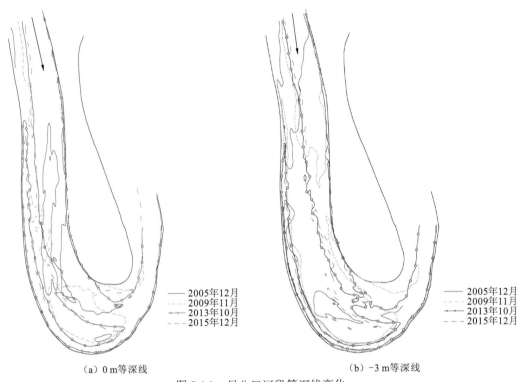

（a）0 m等深线　　　　　（b）-3 m等深线

图 5.4.1　尺八口河段等深线变化

2）凸岸槽发展为主槽

航基面以下 3 m（85 高程约 14 m）深槽的平面变化如图 5.4.1（b）所示。由图 5.4.1（b）可知：

2005 年枯水期，上深槽在弯道上段从左岸向右岸的下深槽过渡，3 m 深槽未完全贯通，断开距离约为 740 m。在弯顶附近，凸岸边滩受到冲刷形成了一个冲刷坑，还未形成明显的沟槽。随着蓄水后凸岸边滩的冲刷切割，上深槽下段不断左摆并向下游延伸，下深槽上段淤积。

2009 年上深槽大幅左偏、下延，与下深槽交错，形成了交错浅滩，弯道凸岸边滩冲刷成槽，此时与上深槽尚未连通，断开距离约为 680 m。

至 2013 年，凸岸槽冲刷发展，与上深槽贯通，此后左槽进一步冲深发展，成为主槽，在弯顶处与凹岸深槽连通。

显然，深槽的变化与深泓的变化是一致的，在凸岸边滩上段发生"切滩"后，心滩左侧的凸岸槽冲刷发展成为主槽，在弯顶处与凹岸深槽连通。

3）横断面变化

横断面布置如图 5.4.2 所示，图 5.4.3 为典型断面冲淤变化图，图中断面地形采用 85 高程。

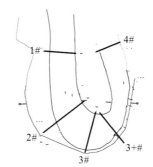

图 5.4.2　尺八口河段横断面示意图

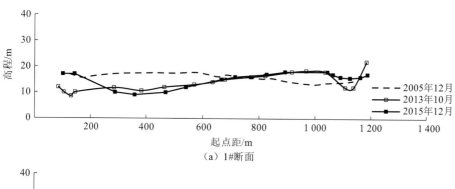

（a）1#断面

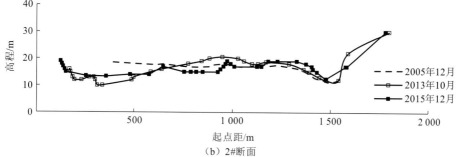

（b）2#断面

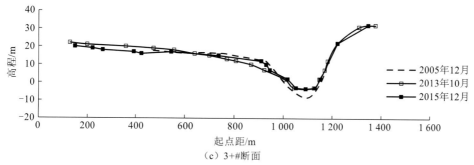

（c）3+#断面

图 5.4.3　尺八口河段典型断面冲淤变化图

由图 5.4.2、图 5.4.3 可知:

1#断面位于尺八口河段进口处,左岸边滩大幅冲刷下切,从 2005 年至 2015 年最大冲刷深度达 8.4 m,右岸淤积抬升,最大淤积厚度达 6 m。凸岸侧冲刷成槽,凹岸深槽不断淤积萎缩,凸岸槽成为主槽。

2#断面位于弯顶上游,左侧近岸边滩冲刷下切明显,形成了最低点高程与凹岸深槽相当的深槽,河道中间的心滩有所淤积抬升,凹岸深槽有一定的淤积萎缩。

3+#断面位于弯顶下游,此断面主泓已过渡至右岸,凸岸边滩的低滩部分有所冲刷后退,但整体冲淤调整幅度远小于弯道上段,凹岸深槽底部有所淤积。

从横断面的冲淤变化来看,弯道上段凸岸边滩受到了剧烈的冲刷下切作用,发展成主槽,凹岸深槽则淤积萎缩;弯道下段凸岸边滩的变化幅度较小。

综上所述,从凸岸边滩滩体的变化来看,其上段已经被"切滩",被切割掉的部分成为心滩,而其下段则较为稳定,未发生显著的冲刷变化,这一点从典型断面的冲淤变化也可以看出。从深泓的摆动及深槽的变化来看,尺八口河段上段凸岸边滩被切割后,形成凸岸槽,随后凸岸槽冲刷发展,已经成为主槽,而原有的凹岸深槽则发生淤积,已成为支槽,弯道上段的深泓线也从凹岸侧摆动至凸岸侧。弯道下段凹岸深槽较为稳定,上段"切滩"形成的凸岸主槽在弯顶处又与凹岸深槽汇合,沿凹岸流出尺八口河段。

尺八口河段凸岸边滩的"切滩"特点与本书 180° 弯道大流量清水冲刷条件下凸岸边滩的"切滩"现象如出一辙:"切滩"均发生在凸岸边滩上段,凸岸侧形成了沟槽,该沟槽在弯顶处与凹岸深槽连通。

2. 尺八口河段凸岸边滩的冲刷机制分析

尺八口河段凸岸边滩"切滩"的特点当然与该河段的水流动力特性、来流含沙不饱和度较高及圆心角较大有直接的关系。

1)尺八口河段弯顶上下流速横向分布的变化

选取 2014 年 2 月(来流量为 6 393 m³/s)和 8 月(来流量为 19 374 m³/s)尺八口河段实测流速资料对尺八口河段汛、枯期弯顶上下流速的横向分布规律进行分析,流速测量断面如图 5.4.2 所示,图 5.4.4 为尺八口河段典型断面枯水流量下流速的横向分布,图 5.4.5 为洪水流量下流速横向分布的沿程变化。

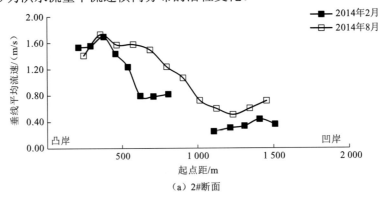

(a)2#断面

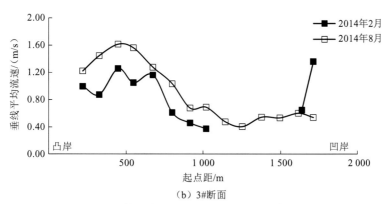

（b）3#断面

图 5.4.4　枯水流量下尺八口河段流速的横向分布

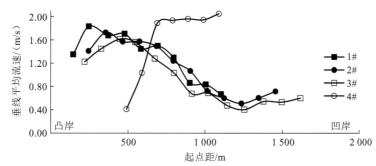

图 5.4.5　洪水流量下尺八口河段流速横向分布的沿程变化

需要说明的是，尺八口河段 2014 年已出现"撇弯切滩"现象，且形成了凸岸主槽，因此弯道上段枯水期的流速分布无法代表凸岸边滩尚未发生"切滩"时弯道水流的运动特点，但是其洪水流量下流速横向分布的沿程变化与急弯段流速分布的沿程变化规律一致。

从图 5.4.4 可以看出，2#断面凸岸侧流速整体增加，但流速最大值增加不多，这是由于凸岸槽已经成为主槽，在枯水流量下，凸岸侧的流速也较大，凸岸侧的平均流速达到 1.5 m/s，凹岸深槽流速有所增加，最大流速由 0.44 m/s 增加至 0.72 m/s；整体显著小于凸岸侧。3#断面凸岸槽流速大幅增加，最大流速由 1.23 m/s 增加至 1.62 m/s，凹岸深槽最大流速则大幅减小，最大流速由 1.36 m/s 减小至 0.6 m/s。显然，流量从枯水流量到大流量，弯道上段凸岸侧流速整体增加，凹岸侧流速增加不明显，3#断面凹岸侧甚至有所减小，这与本书的试验结果是一致的。

从图 5.4.5 可以看出，弯道上段，大流量下凸岸侧流速较大，远超凹岸侧，而在弯道下段，凸岸侧的流速小于凹岸侧，即凸岸侧流速存在沿程减小的规律，从弯道进口（1#断面）至弯顶处（3#断面），凸岸侧流速沿程减小的幅度较小，最大值保持在 1.6 m/s 以上，水流动力轴线右摆约 200 m；而到了弯顶断面以下，凸岸侧流速大幅减小，水流动力轴线右偏至右岸（4#断面）。这与本书急弯水槽的流速分布规律是一致的。

2）尺八口河段水流含沙不饱和度与输沙动力的变化

张瑞瑾水流挟沙能力公式（张瑞瑾，1998）为

$$S_* = k\left(\frac{u^3}{\omega g h}\right)^m \tag{5.4.1}$$

式中：k、m 分别为经验系数；ω 为泥沙沉降速度；u 为垂线平均流速；g 为重力加速度；h 为水深。对于固定断面，水流挟沙能力更受 u^3/h 的影响，下面主要用 u^3/h 来衡量水流挟沙能力的大小。

图 5.4.6 为洪水流量下尺八口河段不同断面 u^3/h 的横向分布，由图 5.4.6 可以看出：在洪水流量下，弯道上段凸岸侧的水流挟沙能力远大于凹岸侧，凸岸侧水流挟沙能力沿程减小，在弯道下段凹岸侧的水流挟沙能力超过了凸岸侧，这与本书试验结果是一致的。

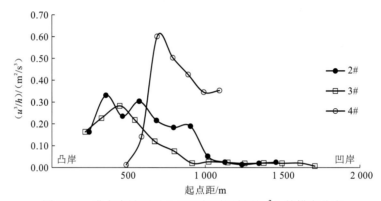

图 5.4.6　洪水流量下尺八口河段不同断面 u^3/h 的横向分布

三峡水库蓄水后，下游河道泥沙来量大幅减少，对实测资料的分析表明，三峡水库蓄水后，下游沿程各水文站的输沙量显著减少：2017 年，宜昌站、汉口站、大通站的输沙量分别为 0.033 1 亿 t、0.698 亿 t、1.04 亿 t，分别较蓄水前减小 99%、82%、76%。蓄水后，长江中游城陵矶河段的水流含沙饱和度低于 10%，不饱和度很高，根据本书的试验结果，水流含沙不饱和度越高，凸岸边滩的冲刷越剧烈。

3）急弯河段凸岸边滩的"切滩"部位

尺八口河段的圆心角为 180°，是典型的急弯河段。根据本书的研究结果，急弯河段在含沙不饱和的大流量水流的作用下，凸岸边滩将会出现"切滩"现象，且"切滩"只会发生在凸岸边滩的上段，这也是尺八口河段凸岸边滩的上段发生"切滩"，形成凸岸槽的主要原因。

综上所述，对于急弯河段，随着流量的增加，弯道上段凸岸侧流速整体增加，凹岸侧流速的增加幅度较小，甚至有所减小，在洪水流量下，凸岸侧流速及水流挟沙能力整体超过凹岸侧，弯顶以下凸岸侧的水流动力则是小于凹岸侧。

蓄水后，来沙大幅减少，水流处于含沙显著不饱和状态，这就使汛期大流量时，弯道上段凸岸侧水流挟沙能力与含沙量的差值显著超过凹岸深槽，凸岸边滩发生冲刷，

形成串沟,这是尺八口河段上段发生"切滩"的内在动力学机制。

此外,三峡水库汛后蓄水使得下游退水过程加快,凸岸边滩在退水过程中的回淤时间缩短,加上退水期来沙量较蓄水前大幅减少,汛后退水过程中的回淤幅度减小,这也使得凸岸边滩的冲刷难以恢复。

5.4.2　沙洲水道微弯河段凸岸边滩冲刷切割的驱动机制

沙洲水道位于长江中游湖北境内,为微弯分汊河段,弯道圆心角较小,约为 60°。沙洲水道左岸的黄州边滩倒套发展,形成左汊,为支汊,右汊为主汊。三峡水库蓄水后,黄州边滩头部冲刷后退,左汊有所冲刷发展,尤其是中下段冲刷幅度较大,左汊分流比有一定增加(李彪 等,2018)。

1. 沙洲水道凸岸边滩的冲刷切割特点

1)沙洲水道凸岸边滩的"切滩"变化

图 5.4.7(a)为沙洲水道 0 m 等深线(85 高程为 8.2 m)的变化情况。

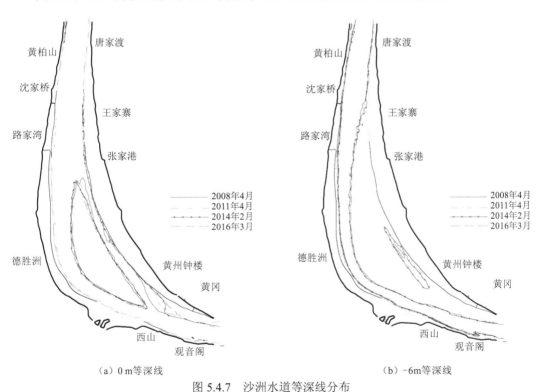

（a）0 m等深线　　　　　　　　　　（b）−6m等深线

图 5.4.7　沙洲水道等深线分布

由图 5.4.7(a)可知:

从 2008 年到 2011 年,黄州边滩头部左缘冲刷后退,最大后退约 160 m,左汊上段冲刷发展,左岸 0 m 等深线冲刷后退,最大后退约 158 m。左汊出口处发生了显著冲刷,左岸 0 m 等深线大幅冲刷后退，最大冲刷宽度约为 400 m。黄州边滩下段右缘有所展宽。

从 2011 年到 2014 年，0 m 等深线总体变化幅度较小，黄州边滩头部左缘及左汊出口处略有冲刷后退。

从 2014 年到 2016 年，沙洲水道左汊再次进入快速冲刷发展期，黄州边滩上段左缘整体冲刷后退，平均冲退约 80 m。左汊出口处左岸 0 m 等深线大幅冲刷后退，最大后退约 300 m。黄州边滩下段右缘进一步淤积。

显然，沙洲水道左汊（凸岸汊道）从进口到出口，整体发生了明显的冲刷发展，处于整体"切滩"的过程中，尤其是 2014～2016 年，左汊冲刷发展加快，右汊下段也呈现淤积缩窄的态势。

在凸岸侧整体"切滩"的过程中，该河段的深泓线、深槽等也发生了变化。

2）左汊深槽从无到有

沙洲水道航基面以下 6 m（85 高程为 2.2 m）深槽的平面变化如图 5.4.7（b）所示。由图 5.4.7（b）可知：

黄州边滩下段右缘淤积，不断压缩右汊主航道，右汊 6 m 深槽的宽度也随之减小。2008～2016 年，右汊 6 m 深槽的宽度最大减小了约 90 m。尤其是 2014～2016 年，右汊深槽宽度减小的速率有所加快，最大减小幅度达 41 m，至 2016 年初，右汊 6 m 深槽最窄处仅为 350 m。

在右汊深槽淤积萎缩的同时，左汊冲刷发展，从图 5.4.7（b）中可以看到，左汊 6 m 深槽从无到有，横向上逐渐冲刷展宽，纵向上向上、下游不断延伸。2014～2016 年，左汊深槽头部向上游延伸了约 1 360 m，尾部几乎与右汊深槽连通。

可以看出，在凸岸侧整体冲刷"切滩"的进程中，凸岸汊道深槽出现了向上、向下不断延伸发展的现象，汊道尾部深槽几乎与凹岸深槽连通。

3）断面变化

横断面布置如图 5.4.8 所示，图 5.4.9 为沙洲水道典型断面冲淤变化图，图中断面地形采用 85 高程，由图 5.4.8、图 5.4.9 可知：

CS1 断面位于沙洲水道上段，断面为偏 V 形，2011 年以后凸岸边滩头部有所冲刷降低，冲刷带宽度约为 200 m，最大冲刷深度约为 2.5 m，凹岸深槽的变化幅度较小。

CS2 断面位于汊道中段，断面呈 W 形，2011 年以后滩顶部分最大降低了约 2 m；左汊呈下切、展宽之势，且在 2014～2016 年冲刷发展速度加快，最大下切深度约为 4 m；右汊深槽底部虽有一定的冲刷展宽，但是航基面以下 6 m（85 高程为 2.2 m）深槽宽度是有所减小的。

CS3 断面位于两汊出口，左汊河床整体大幅冲刷下切，最深处下切了约 2 m，右汊也表现为冲刷下切、展宽，滩尾左缘有一定的冲刷后退。

横断面的冲淤变化也反映出，沙洲水道左汊冲刷发展速度较快，过水面积大幅增加，且增加的幅度超过右汊。虽然右汊仍为主汊，但随着"切滩"的不断发展，滩槽格局可能会发生不利变化。

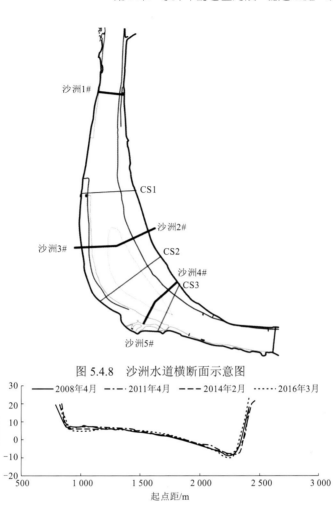

图 5.4.8　沙洲水道横断面示意图

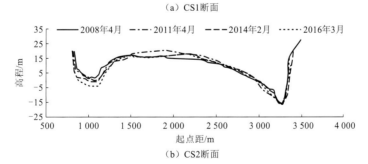

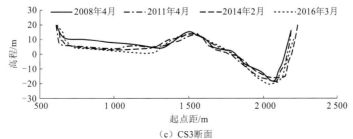

图 5.4.9　沙洲水道典型断面冲淤变化图

综上所述，从凸岸边滩滩体的变化来看，切开黄州边滩形成的凸岸汊整体表现为冲刷发展，这一点从典型断面的冲淤变化也可以看出。从深槽的变化来看，沙洲水道左汊深槽从无到有，向上、下游不断冲刷延伸，汊道出口处深槽几乎与凹岸深槽连通。从深泓线的变化来看，目前凹岸汊仍为主槽，但是凸岸汊的冲刷发展速度超过凹岸汊。

沙洲水道凸岸边滩的切割特点与本书 45° 弯道大流量清水冲刷条件下凸岸边滩的"切滩"现象相近：凸岸边滩整体受到冲刷切割作用。不同之处在于，45° 弯道凸岸边滩为沿程冲刷切割，而沙洲水道凸岸边滩则以倒套形式上溯。

2. 沙洲水道凸岸边滩的冲刷机制分析

沙洲水道凸岸边滩"切滩"的特点与该弯道的水流动力特性、来流含沙不饱和度较高、河床组成的沿程变化及圆心角较小有直接的关系，进口深泓左偏也有一定的促进作用。

1）沙洲水道弯顶上下流速横向分布的变化

选取 2014 年 2 月（来流量为 9 991 m^3/s）和 8 月（来流量为 30 094 m^3/s）沙洲水道实测流速资料对沙洲水道洪、枯流量的流速分布规律进行分析，流速测量断面如图 5.4.8 所示，图 5.4.10 为典型断面的流速分布图，由图 5.4.10 可知：

沙洲 1#断面位于弯道进口，随着流量的增加，断面流速整体增大，最大流速由 0.92 m/s 增加至 1.85 m/s，最大流速位置左偏，更有利于左汊的进流。

沙洲 2#、沙洲 3#断面位于汊道中上段，随着流量的增加，左、右两汊流速均有所增大，断面流速整体呈双峰分布，左汊最大流速由 0.91 m/s 增加至 1.12 m/s，右汊最大流速由 1.2 m/s 增加至 1.33 m/s。

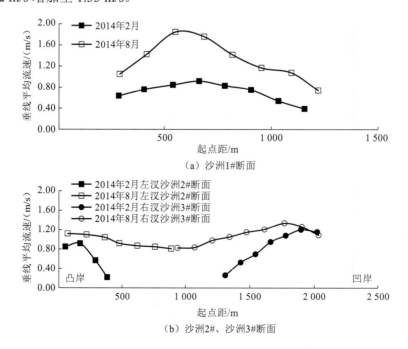

（a）沙洲1#断面

（b）沙洲2#、沙洲3#断面

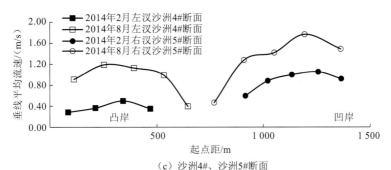

（c）沙洲4#、沙洲5#断面

图 5.4.10   沙洲水道典型断面的流速分布图

沙洲 4#、沙洲 5#断面靠近汊道出口段，随着流量的增加，左、右两汊流速均有所增大，断面流速整体呈双峰分布。左汊流速大幅增加，最大流速由 0.5 m/s 增加至 1.19 m/s，右汊最大流速由 1.05 m/s 增加至 1.76 m/s。

总体而言，随着流量的增加，凸岸汊道（左汊）流速增加，且汊道下段的增加幅度较大。从沿程变化来看，在洪水流量下左、右汊流速沿程有所增加，但右汊流速始终大于左汊。虽然这与 45°弯道水槽试验中水流动力轴线始终位于凸岸边滩不同，但是与凸岸侧沿程流速较大的规律是一致的。

2）沙洲水道水流含沙不饱和度与输沙动力的变化

图 5.4.11 为洪、枯流量下沙洲水道不同断面水流挟沙能力参数 u^3/h 的横向分布。由图 5.4.11 可以看出：随着流量的增加，左汊水流挟沙能力整体大幅增加，左汊下段水流挟沙能力增加了数倍之多。左汊沿程输沙动力均较强，这与本书微弯水槽凸岸侧输沙动力的沿程变化特点是一致的。

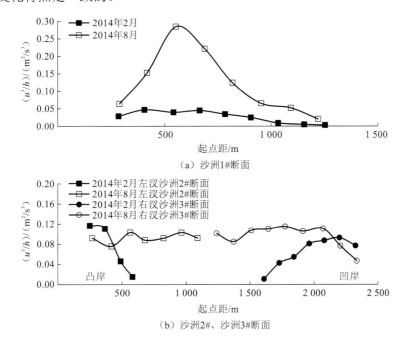

（a）沙洲1#断面

（b）沙洲2#、沙洲3#断面

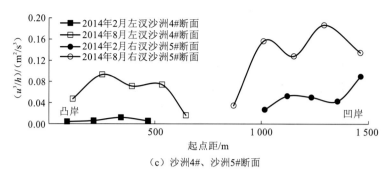

（c）沙洲4#、沙洲5#断面

图 5.4.11 洪、枯流量下沙洲水道不同断面水流挟沙能力参数的横向分布

三峡水库蓄水后，下游河道泥沙来量大幅减少，实测资料显示，2017 年汉口站输沙量较蓄水前减少82%，沙洲水道水流含沙饱和度低于20%，不饱和度很高。根据本书的试验结果，水流含沙不饱和度越高，凸岸边滩的冲刷越剧烈。

3）河床组成的影响

表 5.4.1 为 2014 年 2 月沙洲水道床沙中值粒径的统计资料，表中断面所在位置如图 5.4.8 所示。由表 5.4.1 可以看出：右汊（凹岸汊）断面平均床沙中值粒径大于左汊（凸岸汊），右汊河床抗冲性大于左汊。从左汊床沙粒径的沿程变化来看，左汊下段断面平均床沙中值粒径大于上段，这说明左汊下段冲刷发展更强烈，床沙粗化程度更高；左汊下段断面最小床沙中值粒径小于左汊上段。

表 5.4.1 沙洲水道床沙中值粒径统计表

断面号	断面平均床沙中值粒径/mm	断面最小床沙中值粒径/mm	断面最大床沙中值粒径/mm
沙洲 2#（左汊上段）	0.141 6	0.111 9	0.215 7
沙洲 3#（右汊上段）	0.205 1	0.180 9	0.255 6
沙洲 4#（左汊下段）	0.194 9	0.090 0	0.261 3
沙洲 5#（右汊下段）	0.199 3	0.164 1	0.212 6

左汊河床组成细于主汊，且左汊下段断面最小床沙中值粒径小于左汊上段，左汊尤其是下段河床抗冲性较弱，更容易受到冲刷。

4）微弯河段凸岸边滩的整体"切滩"

沙洲水道的圆心角约为 60°，是典型的微弯分汊河段。根据 5.3 节研究结果，微弯河段在含沙不饱和的大流量水流的作用下，凸岸边滩会出现整体"切滩"现象。加上沙洲水道凸岸汊道床沙粒径较小，河床组成沿程变细，因此沙洲水道凸岸边滩发生整体"切滩"，且"切滩"以倒套形式上溯。

综上所述，对于微弯河段，随着流量的增加，凸岸侧流速及水流挟沙能力整体增加，凸岸侧沿程依然维持了较大的冲刷动力和输沙动力。凸岸侧河床组成较凹岸侧更细，河床抗冲性更弱。

　　蓄水后，来沙大幅减少，水流处于含沙显著不饱和状态，这就使汛期大流量时，弯道凸岸侧水流挟沙能力与含沙量的差值整体显著增大，凸岸边滩整体受到冲刷切割作用，这是沙洲水道发生整体"切滩"的内在动力学机制。

　　此外，当上游河势调整使得弯道进口段深泓线向凸岸摆动时，有利于凸岸汊道的进流，也会在一定程度上促进"切滩"的发展。

5.5　本 章 小 结

　　（1）"大水取直，小水坐弯"、凸岸边滩河床组成较细是蓄水前后弯曲河段发生"撇弯切滩"的内在原因，特征流量的大小及持续时间、来流含沙不饱和度是弯曲河段发生"撇弯切滩"的主要驱动因子，河段进口河势的调整等可以在一定程度上促进凸岸边滩"撇弯切滩"现象的发展。弯道圆心角的大小是决定"切滩"发生于凸岸边滩上段或是整体"切滩"的主要因素。

　　（2）三峡水库的蓄水运用虽然并未显著增加大流量的持续时间，但是却增大了下游河道的枯水流量，延长了中枯水流量的持续时间，同时水流含沙不饱和度显著增加，这是三峡水库蓄水后包括尺八口河段和沙洲水道在内的长江中游弯曲河段群发性"撇弯切滩"的主要原因。

　　（3）尺八口河段的圆心角较大，河段上段遵循"大水取直，小水坐弯"的规律，而河段下段在大流量时，水流动力轴线位于凹岸深槽内，因此尺八口河段"切滩"仅发生在凸岸边滩上段；沙洲水道的圆心角较小，弯道整体遵循"大水取直，小水坐弯"的规律，因此凸岸边滩正处在整体切割的过程中。

下　篇

新水沙条件下分汊河段冲淤调整特点与机理

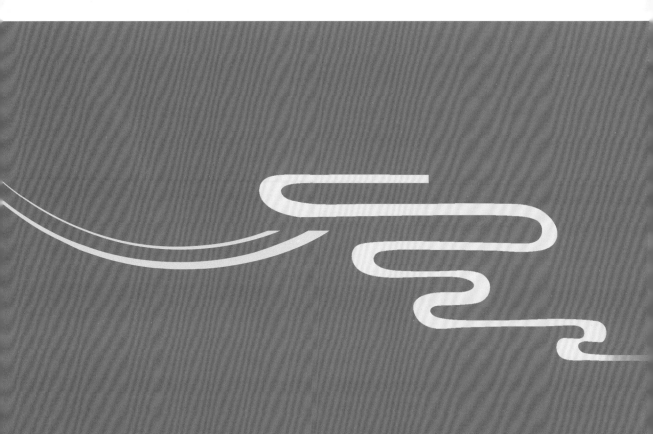

第 6 章

新水沙条件下分汊河段冲淤调整特点

6.1 新水沙条件下分汊河段河床调整的形态特征

6.1.1 河床冲淤部位的调整特征

三峡水库蓄水拦沙显著改变了下游河道的来水来沙条件，河床冲淤部位的调整体现了河床冲淤分布对新水沙条件的响应，也与河段洲滩变形和断面形态变化相联系。

水利部长江水利委员会水文局将宜昌站出库流量为 5 000 m³/s、10 000 m³/s 和 30 000 m³/s 时所对应的河槽划分为枯水河槽、基本河槽（即中水河槽）和平滩河槽以区分河床冲淤调整所发生的部位。研究表明（李思璇，2019），在三峡水库蓄水前的 1975～2002 年，荆江河段枯水河槽的冲刷量约占平滩河槽冲刷量的 75%，而在 1996～1998 年大洪水期间，基本河槽与平滩河槽之间也发生了明显的淤积，即三峡水库蓄水前，河道主要冲淤调整部位在平滩河槽以下，尽管枯水河槽的冲淤量占比较大，但高程较高的洲滩及岸坡区域也会发生一定幅度的冲淤调整。

根据三峡水库蓄水后不同河槽内的累计冲淤量及枯水河槽、基本河槽累计冲淤量占平滩河槽累计冲淤量百分比的变化情况（图 6.1.1）可以判断，三峡水库蓄水后，分汊河段的枯水河槽、基本河槽累计冲淤量占平滩河槽累计冲淤量的百分比逐渐增加，冲刷主要发生在枯水河槽、基本河槽；枯水河槽、基本河槽、平滩河槽累计冲刷量变化曲线或始终靠得很近，或逐渐靠近，冲刷有进一步向枯水河槽集中的趋势；由于距坝远近不同，不同分汊河段的冲刷发展进程并不相同，如宜昌—枝城河段与荆江河段在蓄水后，累计冲刷量迅速增加，而城陵矶—武汉河段累计冲刷量 2013 年以后才迅速增加。但截止到 2017 年，图 6.1.1 中各分汊河段枯水河槽、基本河槽累计冲刷量占平滩河槽累计冲刷量的百分比均超过 90%。

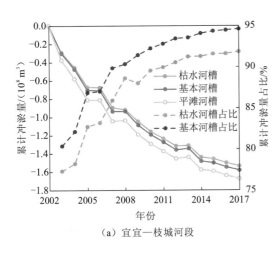

（a）宜宜—枝城河段

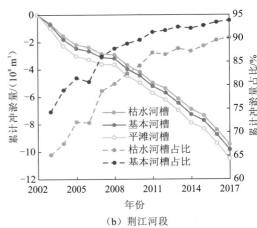

（b）荆江河段

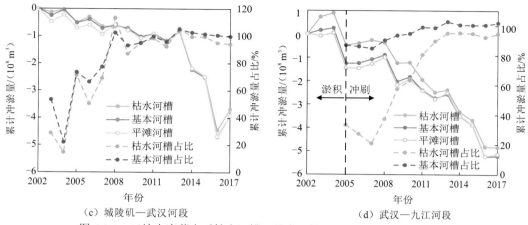

（c）城陵矶—武汉河段　　　　　　　（d）武汉—九江河段

图 6.1.1　三峡水库蓄水后枯水河槽、基本河槽、平滩河槽累计冲淤量及
枯水河槽、基本河槽累计冲淤量占平滩河槽累计冲淤量百分比的变化

6.1.2　洲滩变形特征

三峡水库蓄水后，上游来沙大幅减少，河床表面冲刷补给能力有限，需通过河岸和滩体侵蚀来得到补给；另外，水库蓄水运用缩短了年流量过程的退水历时，致使滩体在汛后更难淤还。本书以上荆江典型分汊河段为例说明蓄水后洲滩形态的变化特征。

1. 边滩形态变化

以三峡水库蓄水后太平口分汊河段腊林洲边滩的冲刷变化为例分析边滩形态的变化（图 6.1.2）。可以看出，三峡水库蓄水后腊林洲边滩中上段持续冲退，滩体宽度缩窄，至2006 年，腊林洲中部低滩切割至高滩边缘。为防止腊林洲边滩的进一步崩退，2010 年后实施了多项守护工程，守护后的腊林洲高滩边缘趋于稳定。

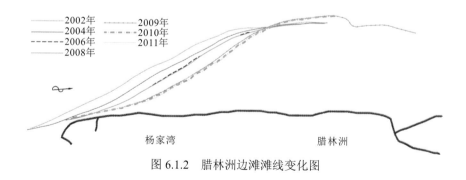

图 6.1.2　腊林洲边滩滩线变化图

2. 心滩形态变化

太平口心滩、三八滩、金城洲均属于相对低矮的江心滩。三峡水库蓄水后，腊林洲

边滩中上段的冲刷后退给太平口心滩的淤积下延创造了条件，太平口心滩头部冲退，中部串沟发展；三八滩滩顶高程在蓄水后不断刷低，由蓄水前的 36.75 m 降至 33.65 m（图 6.1.3）。

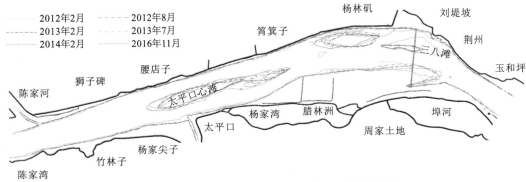

图 6.1.3 护滩工程实施后太平口水道 0 m 等深线变化

三峡水库蓄水初期，金城洲洲头大幅冲刷后退，金城洲汊道右槽冲深展宽，尾部串沟不断向上发展，分流比增加明显。控制工程实施后，限制了右槽进口的冲刷，抑制了金城洲洲头的大幅冲退，但金城洲滩体左缘崩退明显，且随着中部串沟的发展，滩体尾部逐渐冲散，面积大幅减小（图 6.1.4）。

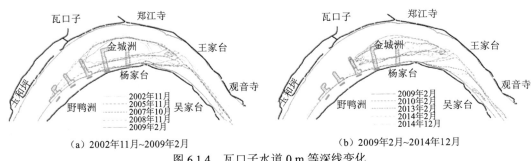

（a）2002年11月~2009年2月　　　　　（b）2009年2月~2014年12月

图 6.1.4 瓦口子水道 0 m 等深线变化

3. 江心洲形态变化

公安河段的南星洲为中洪水仍能出露的高大洲滩，洲头有低矮心滩发育。三峡水库蓄水后，高滩部分冲淤变化较小，南星洲洲顶高程变化不大；洲头低滩左缘大幅冲退，滩体面积减小，左汊入流条件改善；2005 年后左汊陆续实施了多道护底带工程以限制左汊的冲刷发展，由此南星洲洲头冲刷减缓并有少量回淤，0 m 等深线向上游略有延伸（图 6.1.5）。

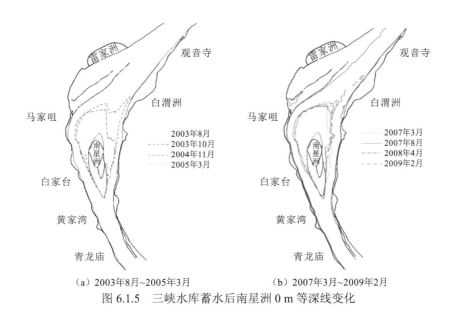

（a）2003年8月~2005年3月　　　　　（b）2007年3月~2009年2月

图 6.1.5　三峡水库蓄水后南星洲 0 m 等深线变化

6.1.3　断面形态特征

断面尺度的河道形态指标波动较大，本节采用 Xia 等（2016）改进的河段平均方法计算河段平均形态参数，并分析其蓄水后的变化。

选取上荆江河段 105 个断面，其中单一河段断面 57 个，分汊河段断面 48 个，断面位置见图 6.1.6，则单一河段断面与分汊河段断面的河段平均形态参数按式（6.1.1）求解：

$$\bar{G}_j = \exp\left[\frac{1}{2L}\sum_{i=1}^{N-1}(\ln G_j^{i+1} + \ln G_j^i) \times (x_{i+1} - x_i)\right] \tag{6.1.1}$$

式中：L 为终止断面与起始断面间距；N 为断面个数；x 为断面纵向起点距；i 为断面序号；$j=1$，2，3 分别表示枯水河槽、基本河槽与平滩河槽；$\bar{G}$ 为求解的河段平均形态参数，可为分汊河段与单一河段的过水面积、河宽、平均水深和河相系数，分别用 A_b、B_b、H_b、ε_b 和 A_s、B_s、H_s、ε_s 表示。

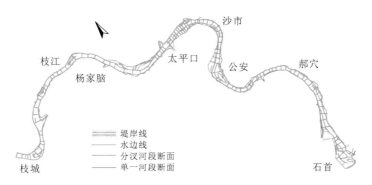

图 6.1.6　上荆江河段测量断面示意图

1）过水面积变化

单一河段与分汊河段枯水河槽、基本河槽和平滩河槽过水面积与其累计变化率随时间的变化（图 6.1.7）表明：三峡水库蓄水后单一河段与分汊河段的过水面积均呈增加趋势。从 2003 年至 2018 年，分汊河段枯水河槽、基本河槽与平滩河槽的过水面积累计变化率分别为 42.6%、35.9% 和 21.6%；单一河段枯水河槽、基本河槽和平滩河槽的过水面积累计变化率分别为 39.9%、32.5% 和 21.9%。三峡水库蓄水后单一河段与分汊河段过水面积同步增加，平滩河槽内增速相当；枯水河槽与基本河槽内，分汊河段过水面积的增长速度逐渐大于单一河段，至 2018 年，分汊河段基本河槽、枯水河槽的过水面积已与单一河段十分接近。

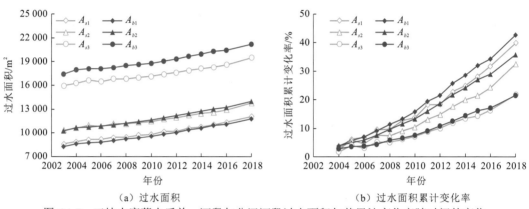

（a）过水面积 （b）过水面积累计变化率

图 6.1.7 三峡水库蓄水后单一河段与分汊河段过水面积与其累计变化率随时间的变化

2）河宽变化

单一河段与分汊河段在不同河槽内河宽与其累计变化率的年际变化（图 6.1.8）表明：三峡水库蓄水后分汊河段枯水河槽、基本河槽的河宽略有增加，且主要发生于 2012 年。2003～2018 年，分汊河段枯水河槽、基本河槽河宽的累计变化率分别为 8.4% 和 6.3%；分汊河段平滩河槽河宽与单一河段河宽的变化均较小，累计变化率不超过 3%。

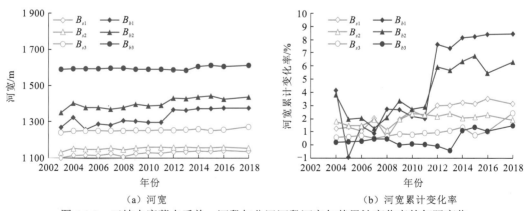

（a）河宽 （b）河宽累计变化率

图 6.1.8 三峡水库蓄水后单一河段与分汊河段河宽与其累计变化率的年际变化

3）平均水深变化

单一河段与分汊河段在不同河槽内平均水深与其累计变化率的年际变化（图 6.1.9）表明：随着河道的冲刷发展，河宽的变化较小，过水面积则为单向增长，因此平均水深在三峡水库蓄水后总体呈增加的趋势。单一河段枯水河槽、基本河槽、平滩河槽平均水深 2003～2018 年的累计变化率分别为 33.8%、30.1% 和 18.9%；分汊河段枯水河槽、基本河槽、平滩河槽平均水深的累计变化率分别为 31.5%、27.8% 和 19.8%，与单一河段相当。

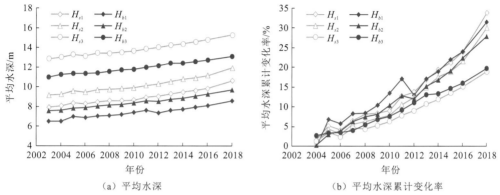

（a）平均水深 　　　　　　　　　（b）平均水深累计变化率

图 6.1.9　三峡水库蓄水后单一河段与分汊河段平均水深与其累计变化率的年际变化

4）河相系数变化

三峡水库蓄水后单一河段与分汊河段在不同河槽内河相系数与其累计变化率的年际变化（图 6.1.10）表明：三峡水库蓄水后，分汊河段枯水河槽、基本河槽与平滩河槽的河相系数分别由 5.5、4.8 和 3.6 降至 2018 年的 4.3、3.9 和 3.1，累计变化率分别为 -20.8%、-19.3% 和 -16.0%，河道断面窄深化趋势明显；单一河段的河相系数较分汊河段小，枯水河槽、基本河槽与平滩河槽的河相系数分别由 4.2、3.7 和 2.7 降至 2018 年的 3.2、2.8 和 2.3，累计变化率分别为 -24.1%、-22.4% 和 -14.8%，与分汊河段累计变化率相当。

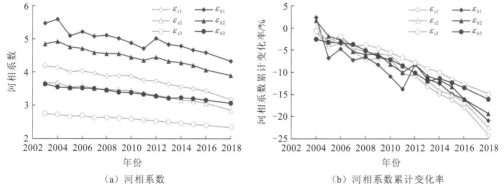

（a）河相系数 　　　　　　　　　（b）河相系数累计变化率

图 6.1.10　三峡水库蓄水后单一河段与分汊河段河相系数与其累计变化率的年际变化

综上所述，河段过水面积、河宽、平均水深与河相系数所反映的变化规律与之前典型断面形态参数所反映的规律是一致的：三峡水库蓄水后，各河槽过水面积与平均水深一致增加，河宽变化不大，河相系数一致减小，河道断面窄深化趋势明显。

6.2 新水沙条件下分汊河段主支汊冲淤调整特点

6.2.1 分汊河段汊道分流比变化

分汊河段汊道分流比是划分主支汊的依据，一般将枯水分流比大于 50% 的汊道称作主汊。枯水分流比的变化可以反映主支汊地位的维持与交替状况，是分析分汊河段主支汊冲淤调整特点的重要指标。三峡水库蓄水后，分汊河段冲淤调整，使得同流量下的汊道分流比发生变化。依据三峡水库蓄水后典型汊道的实测分流比资料，分析蓄水前处于支汊地位的汊道在蓄水后分流比发生的变化，可以得出以下规律。

（1）蓄水后各典型分汊河段的汊道分流比均发生了较明显的变化，最大变化幅度超过 30%。

（2）不同分汊河段，蓄水前处于支汊地位的汊道在蓄水后分流比的变化规律不同，出现了支汊分流比增加、减小、先增后减和先减后增等多种变化趋势，说明蓄水后分汊河段主支汊冲淤调整情况较为复杂，"主消支长""主长支消"的现象均有发生，甚至出现了主支汊交替的现象。

（3）以藕池口为界，其上下游支汊分流比的变化特点有一定的差异。宜昌—枝城河段与上荆江内，支汊分流比在蓄水后增加的趋势较为明显，表明支汊在蓄水后的冲刷发展普遍占优。其中，支汊分流比增幅较大的太平口汊道甚至发生了主、支汊的易位。部分汊道如三八滩汊道、金城洲汊道和南星洲汊道的支汊在蓄水后经历了分流比先增后减的往复性变化，这主要是由于距坝较近的沙质河床分汊段的支汊的分流比在蓄水初期冲刷调整幅度较大，支汊发展过快，引发了不利的航道条件变化。在航道部门相继实施了一系列洲滩守护和支汊限制工程后，支汊发展的势头逐渐被遏制，分流比减小。下荆江与城陵矶—九江河段内，支汊分流比在蓄水后减小的趋势颇为明显，除发生主、支汊易位的南门洲汊道、陆溪口汊道和戴家洲汊道的支汊有所发展外，其余汊道普遍表现为支汊分流比的减小，即主汊发展占优，且并未出现与上荆江类似的分流比先增后减或先减后增的往复性调整过程。

（4）不同流量下汊道分流比的变化程度不同。由不同流量下分汊河段汊道分流比的变化差异（图 6.2.1）可以看出：三峡水库蓄水后顺直分汊河段与微弯分汊河段内，汊道枯水分流比的变幅大于洪水分流比；而鹅头分汊河段内，汊道洪水分流比的变幅要大于枯水分流比。

6.2.2 不同平面形态的分汊河段主支汊冲淤调整特点

6.2.1 小节支汊分流比的变化反映出，不同分汊河段对新水沙条件做出的响应性冲淤调整不尽相同，未出现一致的"主长支消"或"主消支长"变化。

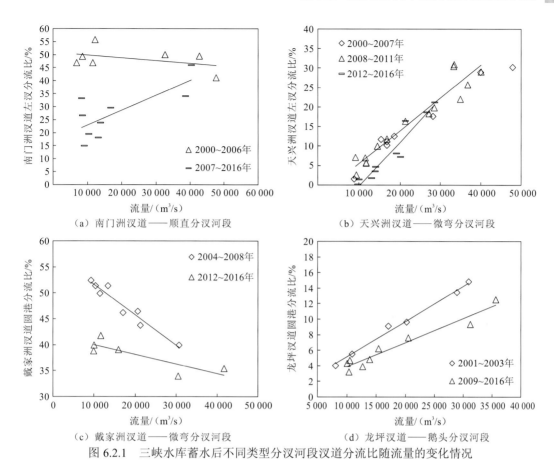

（a）南门洲汊道——顺直分汊河段　　　（b）天兴洲汊道——微弯分汊河段

（c）戴家洲汊道——微弯分汊河段　　　（d）龙坪汊道——鹅头分汊河段

图 6.2.1　三峡水库蓄水后不同类型分汊河段汊道分流比随流量的变化情况

依据蓄水开始时刻（2003 年）至整治工程实施前的汊道变化，将长江中游 25 个分汊河段的主支汊冲淤调整情况归纳于表 6.2.1。进一步统计各分汊河段发展汊汊长与萎缩汊汊长之比，结果见图 6.2.2。分别统计蓄水后不同平面形态的分汊河段中发生主汊发展和支汊发展及长汊发展和短汊发展的汊道数量与占比情况，结果如图 6.2.3 和表 6.2.2 所示。

表 6.2.1　三峡水库蓄水后长江中游分汊河段汊道调整情况

汊道类型	江心洲滩	蓄水前主汊	发展汊	汊道类型	江心洲滩	蓄水前主汊	发展汊
顺直分汊	胭脂坝	左汊	左汊	微弯分汊	柳条洲	右汊	左汊
顺直分汊	水陆洲	右汊	右汊	微弯分汊	三八滩	右汊	右汊
顺直分汊	太平口心滩	左汊	右汊	微弯分汊	金城洲	左汊	右汊
顺直分汊	南阳洲	右汊	右汊	微弯分汊	南星洲	左汊	左汊
顺直分汊	南门洲	左汊	右汊	弯曲分汊	乌龟洲	右汊	右汊
顺直分汊	复兴洲	左汊	左汊	弯曲分汊	团洲	右汊	左汊
顺直分汊	燕子窝心滩	左汊	左汊	微弯分汊	天兴洲	右汊	右汊
顺直分汊	铁板洲	左汊	右汊	微弯分汊	德胜洲	左汊	左汊
顺直分汊	白沙洲	左汊	左汊	微弯分汊	戴家洲	左汊	右汊

续表

汊道类型	江心洲滩	蓄水前主汊	发展汊	汊道类型	江心洲滩	蓄水前主汊	发展汊
顺直分汊	牯牛沙	左汊	左汊	鹅头分汊	新洲/中洲	左汊	右汊
弯曲分汊	南阳碛	左汊	右汊	鹅头分汊	东槽洲/罗湖洲	右汊	右汊
微弯分汊	关洲	右汊	左汊	鹅头分汊	新洲	右汊	右汊
微弯分汊	芦家河心滩	左汊	右汊				

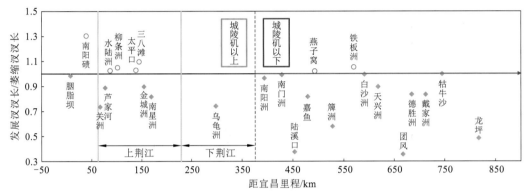

图 6.2.2 三峡水库下游分汊河段发展汊汊长与萎缩汊汊长之比

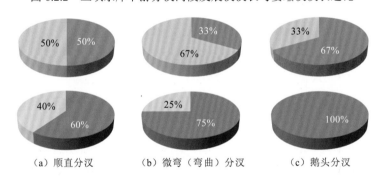

（a）顺直分汊　　　　（b）微弯（弯曲）分汊　　　　（c）鹅头分汊

■ 主汊发展　　■ 支汊发展　　■ 短汊发展　　■ 长汊发展

图 6.2.3 三峡水库蓄水后不同类型汊道主、支汊发展与长、短汊发展数量占比

表 6.2.2 不同统计方式得到的汊道冲淤调整数量

不同统计方式		按汊道分流比统计		按汊长统计	
		主汊发展	支汊发展	短汊发展	长汊发展
不同平面形态	顺直分汊	5	5	6	4
	微弯（弯曲）分汊	4	8	9	3
	鹅头分汊	2	1	3	0
不同河段	城陵矶以上河段	2	9	6	5
	城陵矶以下河段	9	5	12	2
	全部河段	11	14	18	7

（1）不同平面形态的分汊河段，蓄水后主汊成为发展汊道的占比不同。

顺直分汊河段中，主汊发展与支汊发展的汊道各占 50%，说明顺直分汊河段的汊道冲淤调整无明显的主、支倾向；蓄水后微弯（弯曲）分汊河段中，支汊发展的汊道占大多数，约为 67%，说明总体表现为支汊发展占优；鹅头分汊河段中，除在蓄水初期尚未完成主、支汊易位的陆溪口汊道外，其余两个汊道在蓄水后均为主汊发展占优。

（2）从汊长与主支汊冲刷发展的关系来看，短汊发展在不同平面形态的分汊河段中占优，但也存在长汊发展的情形。顺直分汊河段、微弯（弯曲）分汊河段和鹅头分汊河段中，蓄水后短汊发展的汊道数量占比分别为 60%、75% 和 100%（图 6.2.3），即各类分汊河段在蓄水后均以短汊发展为主。随着分汊河段弯曲度的增大，短汊发展的概率变大，说明在两汊汊长差异较明显的汊道，短汊所具有的比降优势会使其在蓄水后具有更强的冲刷动力。

6.2.3　上下游分汊河段主支汊冲淤调整分异性特点

以城陵矶为界，分别统计三峡水库蓄水后城陵矶上、下游河段内主汊发展和支汊发展及长汊发展和短汊发展的汊道个数与占比情况（图 6.2.4 和表 6.2.2）。

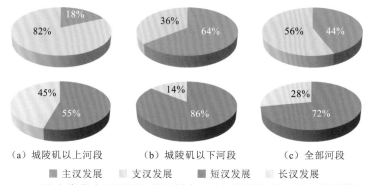

（a）城陵矶以上河段　　　（b）城陵矶以下河段　　　（c）全部河段

■ 主汊发展　▨ 支汊发展　■ 短汊发展　▨ 长汊发展

图 6.2.4　三峡水库蓄水后不同河段汊道主、支汊发展与长、短汊发展数量占比

（1）坝下游分汊河段短汊发展的调整特征在城陵矶以下河段表现得更为明显（数量占比为 86%），部分原因可能是在城陵矶以下河段分布有更多弯曲度更大的微弯（弯曲）分汊河段和鹅头分汊河段，两汊汊长的差异较大，比降和阻力的差异也更大，短汊所具有的比降优势也更为明显。

（2）三峡水库蓄水后城陵矶上游绝大多数的分汊河段（约占 82%）发生了支汊发展的变化；而下游分汊河段的冲淤调整则更多地表现为主汊发展（约占 64%），即在现阶段，三峡水库下游分汊河段主支汊冲淤调整表现出纵向分异性特点：在宜昌—枝城河段和荆江河段等距坝较近、冲刷调整快且剧烈的河段，支汊发展是分汊河段主支汊冲淤调整的主要特征；而在距坝较远的城陵矶以下河段，主汊发展的现象更为普遍。

6.3 本 章 小 结

（1）三峡水库蓄水后，长江中游分汊河段的河床冲刷调整主要位于基本河槽、枯水河槽内；河道内中低滩冲刷变形显著，高滩变化较小；过水面积增大、平均水深增加、断面河相系数减小、滩槽高差增大是分汊河段断面形态调整的主要特点。河宽受人为因素的影响较大，无明显趋势性变化。

（2）三峡水库蓄水后，不同平面形态的分汊河段未发生一致的主汊发展或支汊发展的冲淤调整，"主消支长"和"主长支消"的现象均有发生，但总体具有短汊发展的共性特征，且汊道的弯曲度越大，短汊发展的调整特点越明显。

（3）三峡水库蓄水后，以城陵矶为界，长江中游分汊河段主支汊冲淤调整表现出一定的分异性特点：城陵矶以上河段，发生"主消支长"的分汊河段占大多数；城陵矶以下河段，更多的分汊河段表现为"主长支消"。

第 7 章

分汊河段演变数值模拟关键技术

7.1 分汊河段阻力计算公式

7.1.1 动床阻力计算研究进展

1. 河道阻力的构成

根据摩阻作用产生来源的不同，冲积河流的阻力可以分为河床阻力、河岸及滩面阻力、河槽形态阻力（又称河势阻力）与人工建筑物阻力等（钱宁和万兆惠，1991）。

河床阻力是动床阻力的重要组成部分，按照阻力产生方式的差异，可进一步划分为沙粒阻力（又称肤面阻力）与沙波阻力（又称形态阻力）（张瑞瑾，1998）。沙粒阻力主要产生于泥沙颗粒表面的摩擦，与泥沙粒径有关，可视为明渠水流中沿程阻力的一种；沙波阻力则源于不同水流条件下床面沙波的消长，随床面形态的变化而改变，与局部阻力类似。尽管沙波的发展消亡是不同水流条件下河床阻力变化的主要原因，但对泥沙运动起作用的主要为沙粒阻力（Leopold et al.，1960），在利用水流条件推求泥沙运动情况时需剔除沙波阻力的影响。

河岸及滩面阻力与河床阻力的差异主要源于其物质组成的不同。在有植被生长的滩体表面，流速分布与泥沙运动均发生了较大的改变，此时植被种类、植被密度、水深是影响滩面阻力的主要因素，随着水深的增加，滩面阻力显著增加，并与植被密度呈线性关系（房春艳和罗宪，2013）。河岸阻力的影响与滩面阻力类似，有护岸工程守护时，河岸粗糙系数的取值与河床相差更大；在宽深比较大的冲积河流，河岸阻力的影响可以忽略不计。

河槽形态的规整性对河道阻力有一定的影响。河道断面沿程的不均性和河槽的曲折蜿蜒、分汊与汇合会引起流路较大的调整，流路的不平顺增加了水流行进过程中的局部阻力，天然河流中水流所具有的"大水取直，小水坐弯"特性便在一定程度上反映了河槽形态阻力的影响。显然，枯水期的河槽形态阻力一般要大于洪水期（钱宁和万兆惠，1991）；河段内修建人工建筑物会增加河道的局部阻力，如黄河下游险工在靠流吃紧的窄深段会产生大尺度的漩涡翻腾，引起紊动能耗的增加（秦荣昱 等，1995）；对洲滩岸线进行守护后会显著增加其附加阻力以减轻水流淘刷。

除上述较为常见的河道阻力构成因素外，冲积河流中水流挟带泥沙后阻力产生的来源更加复杂多变，当床面处于泥沙运动状态时，泥沙的起动、跳跃、悬浮与沉降均会对能耗产生影响，并构成河道阻力的一部分（王明甫，1995）。

2. 动床阻力计算方法

河道阻力的大小可用达西-魏斯巴赫系数 λ、曼宁粗糙系数 n 和谢才系数 C 等阻力系数来表征。λ 由理论推求恒定均匀流的沿程水头损失得到：

$$\lambda = \frac{8gRJ}{U^2} \tag{7.1.1}$$

式中：U 为平均流速；J 为能坡；R 为水力半径；g 为重力加速度。在其问世前，工程水力计算中应用较多的为谢才公式和曼宁公式：

$$U = C\sqrt{RJ} \tag{7.1.2}$$

$$U = \frac{1}{n} R^{2/3} J^{1/2} \tag{7.1.3}$$

引入摩阻流速 $U_* = \sqrt{gRJ}$ 后，各阻力系数之间可以通过如下表达式相互转换：

$$\frac{U}{U_*} = \frac{C}{\sqrt{g}} = \frac{R^{1/6}}{n\sqrt{g}} = \sqrt{\frac{8}{\lambda}} \tag{7.1.4}$$

就宽浅冲积河流而言，河床阻力是动床阻力最主要的部分，一般情况下可不考虑河岸阻力及其他阻力的影响。

现有的动床阻力计算方法主要有阻力分割法和综合阻力法，第一种方法将沙粒阻力和沙波阻力分开处理，后一种方法直接建立综合阻力系数与反映床面形态及水流条件变化的水沙因子之间的联系。

1）阻力分割法

同一床面全部的动床阻力等于沙粒阻力和沙波阻力之和，根据阻力叠加原理（张瑞瑾，1998），有如下表达式：

$$\tau_b \chi = \tau_b' \chi' + \tau_b'' \chi'' \tag{7.1.5}$$

式中：τ_b 为床面剪切力；τ_b'、τ_b'' 分别为床面沙粒剪切力和沙波剪切力；χ、χ'、χ'' 分别为动床阻力、沙粒阻力、沙波阻力作用的湿周。一般可以认为各湿周相等，则式（7.1.5）可简化为

$$\tau_b = \tau_b' + \tau_b'' \tag{7.1.6}$$

可见，动床阻力的分割实际上是床面剪切力的分割，由水力学可知，全部床面剪切力的表达式为

$$\tau_b = \gamma RJ \tag{7.1.7}$$

式中：γ 为水的重度。部分床面剪切力的计算根据对水力半径和能坡处理方式的不同，又可分为水力半径分割法（Einstein，1952）和能坡分割法（Engelund，1966）。

水力半径分割法是一种虚拟的分割方法，它假定与沙粒阻力和沙波阻力相应的能坡相同，对水力半径进行分割，则各部分床面剪切力可以表达为

$$\tau_b' = \gamma R'J, \qquad \tau_b'' = \gamma R''J \tag{7.1.8}$$

式中：R'、R'' 分别为与沙粒阻力和沙波阻力相应的水力半径。将式（7.1.7）、式（7.1.8）代入式（7.1.6）即可得到水力半径分割法的实质：

$$R = R' + R'' \tag{7.1.9}$$

总流及各部分阻力系数与水力半径之间的关系可以通过曼宁公式表达如下：

$$U = \frac{1}{n} R^{2/3} J^{1/2}, \qquad U' = \frac{1}{n'} R'^{2/3} J^{1/2}, \qquad U'' = \frac{1}{n''} R''^{2/3} J^{1/2} \tag{7.1.10}$$

式中：n、n'、n''分别为与全部动床阻力、沙粒阻力、沙波阻力相应的曼宁粗糙系数；U、U'、U''分别为断面平均流速和与沙粒阻力、沙波阻力相应的流速。若假设$U=U'=U''$，即$U=R^{2/3}J^{1/2}/n=R'^{2/3}J^{1/2}/n'=R''^{2/3}J^{1/2}/n''$，则可推导出$R'=(n'/n)^{3/2}R$、$R''=(n''/n)^{3/2}R$，将其代入式（7.1.9）可得

$$n^{3/2}=n'^{3/2}+n''^{3/2} \tag{7.1.11}$$

能坡分割法假定与沙粒阻力和沙波阻力相应的水力半径相等，将总流能坡J分割为与沙粒阻力和沙波阻力相应的两部分J'和J''，则床面剪切力可以表达为

$$\tau_b'=\gamma RJ', \qquad \tau_b''=\gamma RJ'' \tag{7.1.12}$$

将各部分剪切力的表达式代入式（7.1.6）可得能坡分割法的实质：

$$J=J'+J'' \tag{7.1.13}$$

同样将能坡用曼宁公式表达，并假定各部分流速与断面平均流速相等，则有$U=R^{2/3}J^{1/2}/n=R^{2/3}J'^{1/2}/n'=R^{2/3}J''^{1/2}/n''$，进一步可得$J'=(n'/n)^2J$、$J''=(n''/n)^2J$，将其代入式（7.1.13）可得

$$n^2=n'^2+n''^2 \tag{7.1.14}$$

可见，两种分割方法均用到了总体与部分流速相等的假设，但所得到的曼宁粗糙系数的关系不同。当用谢才公式或达西-魏斯巴赫公式引入阻力系数与流速的关系时，无论用哪一种阻力分割方法，最终推求出的总体与部分阻力系数之间的关系是一致的：

$$1/C^2=1/C'^2+1/C''^2 \tag{7.1.15}$$
$$\lambda=\lambda'+\lambda'' \tag{7.1.16}$$

式中：C、C'、C''分别为与全部动床阻力、沙粒阻力、沙波阻力相应的谢才系数；λ、λ'、λ''分别为与全部动床阻力、沙粒阻力、沙波阻力相应的达西-魏斯巴赫系数。

由式（7.1.4）的形式可以看出，阻力系数的推求实际上是流速分布的推求，动床阻力的计算实际上是寻找动床阻力的影响因素与流速分布之间的关系。沙粒阻力通过河床表面泥沙颗粒对近底水流的摩阻作用产生紊动，并通过剪力传递至水体其他部分，进而影响流速分布，因而大多数沙粒阻力的计算方法中最常考虑流速分布与河床表面粗糙程度、水深之间的关系，如Keulegan公式（Keulegan，1938）、Engelund和Hansen公式（Engelund and Hansen，1967）、Bray公式（Bray，1979）等。沙波阻力主要产生于水流沿沙波波峰发生分离时的局部损失（钱宁等，1959），不同沙波形态下，波峰前后断面的扩大程度不同，带来的局部损失也有所差异，因而在有沙波形成的床面，流速分布还需要考虑影响沙波发育的水沙参数，如泥沙颗粒特性与组成、坡降和弗劳德数等（Einstein，1952）。在沙波发展的各个阶段，不同床面形态的阻力特性有较大差异，根据床面形态与水流条件之间的关系对水流能态进行分区是正确计算沙波阻力的前提（王士强，1993；Brownlie，1983）。

2）综合阻力法

综合阻力法不对阻力产生来源的各部分摩阻损耗进行分开计算，而是直接建立综合阻力系数与水沙因子、床面形态参数之间的关系，过程简单，应用方便，在动床阻力计算中也有广泛的应用。

将曼宁公式改写为式（7.1.4）的形式后可以看出，若要满足量纲和谐，n 应与某一特征长度的 1/6 次方成正比，即 $n = K_s^{1/6} / A'$，其中 A' 为系数，K_s 为特征长度，单位为 m。将其代入曼宁公式可得 Strickler 公式（钱宁和万兆惠，1991）：

$$\frac{U}{U_*} = \frac{A'}{\sqrt{g}} \left(\frac{R}{K_s} \right)^{1/6} \tag{7.1.17}$$

其中，A' 暗含了无量纲阻力系数，当床面没有沙波时，特征长度 K_s 可以看作沙粒粗糙度（钱宁和万兆惠，1991），当床面有沙波消长时，K_s 中还应考虑床面形态的影响。因此，综合阻力法主要研究特征长度 K_s、系数 A' 与影响沙波形态的水沙因子之间的定量关系，根据处理方式的不同，主要可以分为三类。

（1）将系数 A' 看作水沙因子的函数来建立相关关系。

钱宁等（1959）取 $K_s = D_{65}$，通过黄河下游实测资料建立了 A' 与水流参数 ψ' 之间的关系；Chu 和 Mostafa（1979）认为 K_s 为某一特征粒径 D，考虑水流强度与黏性对系数 A' 的影响，建立了 A' 与弗劳德数和特征粒径之间的经验关系；Wu 和 Wang（1999）取 $K_s = D_{50}$，并认为 A' 除与弗劳德数、水深有关外，还应受无量纲沙粒剪切力 τ_b' / τ_{c50} 的影响。可见，这些研究均取特征长度 K_s 为某一固定的特征粒径，重点在于寻找无量纲阻力系数 A' 与水力、泥沙因子的关系。其中，D_{50} 为床沙中值粒径；D_{65} 表示小于该粒径的颗粒占 65%；τ_b' 为与沙粒阻力相关的剪切力；τ_{c50} 为与 D_{50} 相应的临界剪切力。

（2）直接建立特征长度 K_s 与水沙因子之间的关系。

从流速分布公式出发，直接研究特征长度 K_s 与水沙因子之间的关系，可赋予特征长度更为直观的物理意义，如李昌华和刘健民公式（李昌华和刘健民，1963）、赵连军和张红武公式（赵连军和张红武，1997）、Raudkivi 公式（Raudkivi，1997）等。这些公式均考虑了床面形态对河床阻力的影响，区别在于对表征沙波发育程度的参数的选取，李昌华和刘健民公式通过参数 U / U_c（U_c 为泥沙起动流速）来反映，赵连军和张红武公式通过不同水流条件下的摩阻厚度 δ_* 来反映，Raudkivi 公式则直接建立了特征长度与沙波尺度 L、η（L、η 分别表示沙波的波长与波高）之间的关系。

（3）建立综合阻力系数（λ、n、C）与水沙因子之间的关系。

通过理论推导、量纲分析、统计分析等方法将可能对阻力产生影响的主要因素考虑在内，建立阻力系数的理论表达式，并用测量资料对参数进行率定，采用此种方法的学者较多，也取得了丰硕的成果：王士强（1990）通过大量水槽试验和实测数据研究了 λ 随沙粒阻力希尔兹数与无量纲床沙粒径变化的规律，并给出了低能态区和高能态区阻力的计算公式；Karim（1995）通过水槽试验建立了床面形态相对高度 Δ / h（Δ 为床面形态高度，h 为水深）与无量纲摩阻流速 U_* / ω（ω 为泥沙沉速）之间的函数关系，并基于 Δ / h 与相对阻力系数 λ / λ' 之间的线性关系（Engelund，1966），得出 λ / λ' 与摩阻流速和床沙粒径之间的关系；Afzalimehr 和 Anctil（1998）除考虑水流强度、床面粗糙度对阻力的影响外，还加入衡量横断面变化程度的参数，利用统计的方法建立了 λ 的计算公式；Habibi 等（2014）利用大比降卵石河床水槽试验推得由 D_{84}（D_{84} 表示小于该粒径的颗粒占 84%)、Fr（Fr 为水流弗劳德数）和 J 计算 λ 的经验关系式。

综上所述，两种方法各有优劣，在动床阻力计算方面均得到了广泛应用。但在以往的研究中，较少有人针对不同河型提出相应的动床阻力计算公式，涉及分汊河段动床阻力计算的研究较少，即便有用到分汊河段的观测资料，也没有单独考虑分汊河段动床阻力分布与其他河段的异同，各动床阻力计算公式在分汊河段的适应性也无从得知。

7.1.2　现有动床阻力计算公式在分汊河段的适应性

1. 数据来源及处理

收集 2003～2019 年长江中游宜昌—九江部分分汊河段的原型观测数据及沙市河段物理模型试验数据（物理模型试验条件见 7.2.1 小节）。在共计 554 组数据中，原型观测数据包含 256 组单一断面（包括汊道分流段、汇流段断面及汊道间的过渡段断面）数据和 139 组分汊断面数据；物理模型试验数据包含 79 组单一断面数据和 80 组分汊断面数据。每组数据均包含断面流量 Q、过水面积 A、水面宽度 B、能坡 J、床沙粒径等水沙要素。数据的基本情况见表 7.1.1。

表 7.1.1　验证数据汇总

资料来源	组次	Q/(m³/s)	H/m	$J/10^{-4}$	ε/m⁻⁰·⁵	D_{50}/mm	Fr
宜昌—大埠街河段原型观测	130	4 103～31 524	2.2～20.2	0.15～2.18	1.6～19.4	0.27～2.32	0.03～0.38
大埠街—城陵矶河段原型观测	167	3 653～27 887	3.5～17.0	0.13～1.37	1.5～11.6	0.18～0.81	0.05～0.25
城陵矶—九江河段原型观测	98	6 340～48 606	5.1～26.4	0.11～0.76	0.6～8.5	0.02～0.99	0.06～0.15
物理模型试验	159	5 700～32 962	4.1～16.0	0.12～2.36	2.0～9.1	0.10～0.50	0.08～0.20

注：H 为断面平均水深，$H = A/B$；ε 为断面河相系数，$\varepsilon = B^{1/2}/H$。

对于分汊断面，令

$$Q = Q_1 + Q_2, \qquad A = A_1 + A_2, \qquad B = B_1 + B_2 \qquad (7.1.18)$$

由分汊断面两汊阻力的叠加原理，有

$$\tau_b \chi = \tau_{b1} \chi_1 + \tau_{b2} \chi_2 \qquad (7.1.19)$$

将湿周 $\chi = A/R$ 代入式（7.1.19）可得

$$J = \frac{A_1 J_1 + A_2 J_2}{A_1 + A_2} \qquad (7.1.20)$$

则各断面平均水深、平均流速可以表示如下：

$$H - \frac{A}{B}, \qquad U = \frac{Q}{A} \qquad (7.1.21)$$

长江中下游河道断面总体较为宽浅，各单一断面和分汊断面的水力半径均可由其平均水深代替，则达西-魏斯巴赫系数 λ 和曼宁粗糙系数 n 可以表达如下：

$$\lambda = \frac{8gRJ}{U^2} = \frac{8g(A_1+A_2)^2(A_1J_1+A_2J_2)}{(B_1+B_2)(Q_1+Q_2)^2} \qquad (7.1.22)$$

$$n = \frac{R^{2/3}J^{1/2}}{U} = \frac{(A_1+A_2)^{7/6}(A_1J_1+A_2J_2)^{1/2}}{(B_1+B_2)^{2/3}(Q_1+Q_2)} \qquad (7.1.23)$$

各变量下标"1""2"分别表示分汊断面的两汊，无下标变量表示断面平均变量。

2. 典型动床阻力计算公式

对于长江中游宽浅冲积河道而言，河岸阻力可以忽略不计，其他附加阻力仅在特定条件下形成，因此，动床阻力是河道阻力的主要组成部分。

本书选取了四个较具代表性的动床阻力计算公式，分别为 van Rijn 公式（van Rijn，1984）、Peterson 和 Peterson 公式（Peterson and Peterson，1988）、秦荣昱等公式（秦荣昱 等，1995）、赵连军和张红武公式（赵连军和张红武，1997），现介绍如下。

1）van Rijn 公式

van Rijn（1984）依据大量水槽试验和原型观测数据，建立了沙波形态特征与床沙质输移强度之间的关系式和沙波波长的计算公式：

$$\frac{\eta}{h} = 0.11\left(\frac{D_{50}}{h}\right)^{0.3}(1-e^{-0.5T})(25-T) \qquad (7.1.24)$$

$$L = 7.3h \qquad (7.1.25)$$

式中：η 为沙波波高；L 为沙波波长；D_{50} 为床沙中值粒径；h 为水深；T 为表征床沙输移状态的参数，可通过 $T=(U_*'/U_{*,cr})^2-1$ 进行计算，其中，U_*' 为与沙粒阻力相关的摩阻流速，可以表示为 $U_*'=U\sqrt{g}/C'=0.174U/\lg(4h/D_{90})$，$U$ 为平均流速，C' 为与沙粒阻力相关的谢才系数，D_{90} 表示小于该粒径的颗粒占 90%，$U_{*,cr}$ 为临界床面剪切流速，可通过无量纲粒径 D_* 的希尔兹曲线得出，在不同的 D_* 范围内，$U_{*,cr}$ 可表示为

$$U_{*,cr}=\begin{cases}\sqrt{0.24(s-1)gD_{50}D_*^{-1.00}}, & D_*\leqslant 4 \\ \sqrt{0.14(s-1)gD_{50}D_*^{-0.64}}, & 4<D_*\leqslant 10 \\ \sqrt{0.04(s-1)gD_{50}D_*^{-0.10}}, & 10<D_*\leqslant 20 \\ \sqrt{0.013(s-1)gD_{50}D_*^{0.29}}, & 20<D_*\leqslant 150 \\ \sqrt{0.055(s-1)gD_{50}}, & D_*>150\end{cases} \qquad (7.1.26)$$

其中，$D_*=[(s-1)g/v^2]^{1/3}$，为无量纲粒径，s 为相对密度，v 为水流运动黏性系数。

根据 van Rijn（1982）更早期的研究，沙粒粗糙度和沙波粗糙度可分别表示为 $3D_{90}$ 和 $1.1\eta(1-e^{-25\eta/L})$，则综合考虑沙粒阻力和沙波阻力的动床特征长度 K_s 可以表示为

$$K_s = 3D_{90}+1.1\eta(1-e^{-25\eta/L}) \qquad (7.1.27)$$

将式（7.1.27）代入 Strickler 公式，并利用 $\dfrac{U}{U_*}=\dfrac{C}{\sqrt{g}}=\dfrac{R^{1/6}}{n\sqrt{g}}=\sqrt{\dfrac{8}{\lambda}}$，可以得到求解曼宁粗糙系数 n 的计算式：

$$n = \frac{R^{1/6}}{18\lg\left(\dfrac{12R_b}{K_s}\right)} \qquad (7.1.28)$$

式中：R_b 为与河床阻力相应的水力半径。

2）Peterson 和 Peterson 公式

Peterson 和 Peterson（1988）将影响断面流速的主要因素归结于 5 个水沙因子，并认为它们存在如下关系式：

$$U = a_1 R^{a_2} J^{a_3} D^{a_4} B^{a_5} G^{a_6} \qquad (7.1.29)$$

式中：G 为床沙级配的不均匀度；$a_1 \sim a_6$ 为待求系数。

通过对 3 000 多组水槽试验数据和原型河道观测数据进行回归分析，他们得出了相应于低水流能态与高水流能态的流速计算公式：

$$U = \begin{cases} 0.997 R^{0.437} J^{0.276} D^{0.017}, & Fr < 0.5 \\ 1.98 R^{0.571} J^{0.371} D^{-0.105}, & Fr > 0.6 \end{cases} \qquad (7.1.30)$$

式中：D 为特征粒径，一般用床沙中值粒径表示。将式（7.1.30）代入曼宁公式，即可求得

$$n = \begin{cases} 1.003 R^{0.230} J^{0.224} D^{-0.017}, & Fr < 0.5 \\ 0.505 R^{0.096} J^{0.129} D^{0.105}, & Fr > 0.6 \end{cases} \qquad (7.1.31)$$

3）秦荣昱等公式

冲积河流的水流一般位于阻力平方区，则 Keulegan（1938）流速分布公式中的参数 κ 可认为为 1，阻力计算公式可以表达为

$$n = \frac{\kappa R^{1/6}}{7.2\lg\left(\dfrac{12.22R}{K_s}\right)} \qquad (7.1.32)$$

式中：κ 为卡门参数。

秦荣昱（1991）认为，反映流速分布的卡门参数 $\kappa=0.4$ 只是一种平均情况。通过对实测资料的分析，他发现对于不计沙波发育消长和床沙粗化的沙质河床的水流，K_s 可直接取为 D_{65}，同时需要对卡门参数进行如下修正：

$$\kappa = \begin{cases} 0.40\left(Fr\dfrac{U}{\omega_{50}}\right)^{3/4}, & 1 \leqslant Fr\dfrac{U}{\omega_{50}} \leqslant 3.4 \\ 1.39\left(Fr\dfrac{U}{\omega_{50}}\right)^{-4/15}, & Fr\dfrac{U}{\omega_{50}} > 3.4 \end{cases} \qquad (7.1.33)$$

式中：ω_{50} 为床沙中值粒径的泥沙沉降速度，可根据张瑞瑾（1998）泥沙沉速公式进行计算，即

$$\omega_{50} = \sqrt{\left(13.95\dfrac{v}{D_{50}}\right)^2 + 1.09\dfrac{\gamma_s - \gamma}{\gamma}gD_{50}} - 13.95\dfrac{v}{D_{50}} \qquad (7.1.34)$$

其中：γ_s、γ 分别为泥沙和水的重度；D_{50} 为床沙中值粒径；v 为水流运动黏性系数。

4）赵连军和张红武公式

赵连军和张红武（1997）在求垂线平均流速的过程中，引入了摩阻厚度的概念，经过推导最终得出了求解宽浅型河道阻力的计算公式：

$$n = \frac{c_n \delta_*}{\sqrt{g} H^{5/6}} \left\{ 0.49 \left(\frac{\delta_*}{H} \right)^{0.77} + \frac{3\pi}{8} \left(1 - \frac{\delta_*}{H} \right) \left[\sin \left(\frac{\delta_*}{H} \right)^{0.2} \right]^5 \right\}^{-1} \qquad (7.1.35)$$

式中：c_n 为涡团参数，清水可取为 0.15，挟沙水流可由 $c_n = 0.15[1 - 4.2\sqrt{S_V}(0.365 - S_V)]$ 进行计算，S_V 为体积含沙量；δ_* 为摩阻厚度，主槽中 δ_* 的计算公式为

$$\delta_* = D_{50}\{1 + 10^{[8.1 - 13Fr^{0.5}(1 - Fr^3)]}\} \qquad (7.1.36)$$

3. 验证结果与分析

将表 7.1.1 中所列的全部验证数据代入各阻力计算公式，计算结果的对比见图 7.1.1～图 7.1.4。

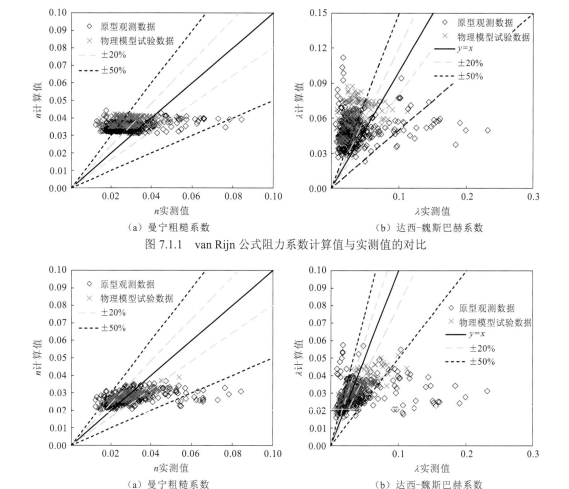

（a）曼宁粗糙系数　　　　　　　　（b）达西-魏斯巴赫系数

图 7.1.1　van Rijn 公式阻力系数计算值与实测值的对比

（a）曼宁粗糙系数　　　　　　　　（b）达西-魏斯巴赫系数

图 7.1.2　Peterson 和 Peterson 公式阻力系数计算值与实测值的对比

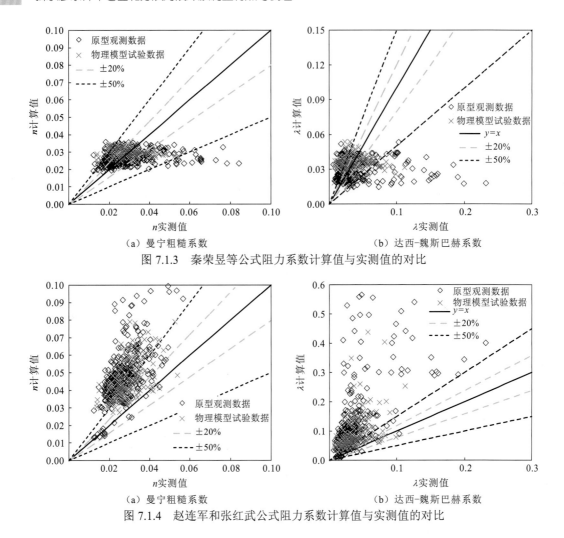

（a）曼宁粗糙系数　　　　　　　　　　（b）达西-魏斯巴赫系数

图 7.1.3　秦荣昱等公式阻力系数计算值与实测值的对比

（a）曼宁粗糙系数　　　　　　　　　　（b）达西-魏斯巴赫系数

图 7.1.4　赵连军和张红武公式阻力系数计算值与实测值的对比

（1）从计算结果的总体分布上来看，四个阻力计算公式的计算值与实测值均相差较大，点据较为分散。

这里首先采用均方根 RMS、几何标准差 GSD 和均方根误差 RMSE 等统计参数评价各公式计算值与实测值的符合程度。RMS、GSD 分别描述正态分布、对数正态分布统计量的离散程度，值越小，说明数据越聚合，RSME 用来衡量计算值相对于实测值的偏差大小，值越小，说明总体误差越小。表 7.1.2 给出了各评价参数的结果，同时给出了 n 计算值落入实测值不同误差范围的百分比，共同作为公式计算精度的评价依据。

表 7.1.2　不同阻力计算公式下评价参数的结果

阻力计算公式	n 计算值落入实测值不同误差范围的百分比/%			GSD	RMS	RMSE
	±30%	±20%	±10%			
van Rijn 公式	42.96	29.42	14.44	1.034 7	0.002 9	0.009 9
Peterson 和 Peterson 公式	83.21	64.26	33.21	1.051 3	0.003 2	0.009 4

阻力计算公式	n 计算值落入实测值不同误差范围的百分比/%			GSD	RMS	RMSE
	±30%	±20%	±10%			
秦荣昱等公式	69.49	61.91	27.44	1.060 5	0.003 7	0.010 7
赵连军和张红武公式	13.51	9.01	4.13	1.223 9	0.117 3	0.119 4

van Rijn 公式、Peterson 和 Peterson 公式的验证点据较为聚集，均方根误差均较小，但前者主要是计算值变化范围较小所造成的"误差较小"的假象，仅有 42.96%的计算值落入实测值±30%误差范围内，而后者则有 83.21%的数据点落入实测值±30%误差范围内，64.26%的数据点落入实测值±20%误差范围内。秦荣昱等公式、赵连军和张红武公式的验证精度较低。

（2）从点据的分布走势来看，赵连军和张红武公式的计算结果总体分布于 45°线上方，走势与 45°线最为相似，而 van Rijn 公式、Peterson 和 Peterson 公式的验证点据虽然较为聚集，但是点据走势与 45°线偏离较大，说明公式包含的因子不能准确反映曼宁粗糙系数的变化。

综上所述，四个阻力计算公式中，赵连军和张红武公式最能反映动床阻力的变化规律，但应用于长江中游分汊河段时，需对经验参数进行重新率定；从统计意义上来讲，Peterson 和 Peterson 公式、van Rijn 公式的精度较高，但是准确反映阻力变化规律的程度较差。总体而言，还需要进一步研究针对长江中游分汊河段阻力的计算公式。

7.1.3　分汊河段阻力计算公式的建立及验证

1. 分汊河段阻力影响因素分析

1）水流强度

本书选择用 Fr 来反映水流强度。

选取 2003～2015 年的原型观测数据（包含 211 组单一断面数据和 116 组分汊断面数据），分别计算单一断面和分汊断面的曼宁粗糙系数 n，绘制 n 与 Fr 的关系（图 7.1.5），可以看出：

（1）无论是单一断面还是分汊断面，n 与 Fr 之间均呈较好的幂函数关系，n 随 Fr 的增大而减小，且 Fr 越小，n 减小的速率越大，当 Fr 大于 0.1 时，n 随 Fr 的变化趋于平缓。

（2）与单一断面相比，分汊断面 Fr 的变化范围更大，n 随 Fr 增大而减小的规律表现得更显著，特别是当 Fr 超过 0.2 以后，n 减小的速率显著趋缓，这可能与雷诺数进入阻力平方区、水流强度很强时阻力只随相对粗糙度变化而改变的特性有关。

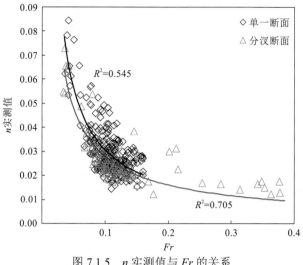

图 7.1.5　n 实测值与 Fr 的关系

2）床面粗糙度

床面粗糙度一般以某一特征粒径与黏性底层厚度或水深的比值来反映，当床面有沙波发育时，需考虑沙波形态对床面粗糙度的影响。天然河流中，沙波的测量资料较少，本书选用相对水深 H/D_{50}［H 为断面平均水深，D_{50} 为床沙中值粒径（单位为 mm）］来近似替代床面粗糙度的影响，H/D_{50} 越大，说明床面粗糙度越小。绘制 H/D_{50} 与 n 的关系，如图 7.1.6 所示。

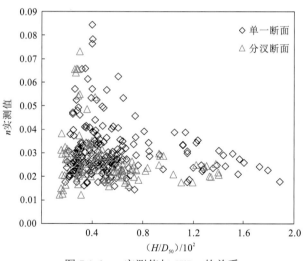

图 7.1.6　n 实测值与 H/D_{50} 的关系

尽管点群分布较分散，但仍能看出，无论是单一断面还是分汊断面，n 随 H/D_{50} 的增大均趋于减小，即床面粗糙度越小，水流受到的阻力越小。

3）横断面形态的影响

要威和李义天（2007，2005）在研究黄河下游游荡型河道的二维阻力分布规律时，

将 $B^{1/2}/h_{\max}$（$h_{\max}$ 为断面最大水深）作为反映河道横断面在不同时期形态变化的参数，建立了可用于数学模型的河道二维阻力计算公式；Hey（1988）将 $R/h_{\max}$ 作为反映浅滩发育对横断面形态影响的参数，推得了均匀流阻力计算公式；Afzalimehr 和 Anctil（1998）则将 $(\chi/B)^{1/2}$ 作为横断面形态参数，建立了精度较高的半对数型卵石河段阻力计算公式。

上述研究成果中，反映横断面形态的参数的表达形式不同，但都与宽深比有关。因此，本书选取断面河相系数 $\varepsilon = B^{1/2}/H$、代入断面最大水深的河相系数 $\varepsilon' = B^{1/2}/h_{\max}$ 和 $H/h_{\max}$ 三个参数，分析其与 n 的关系。

分别绘制 ε、ε' 和 $H/h_{\max}$ 与 n 的关系，如图 7.1.7～图 7.1.9 所示。

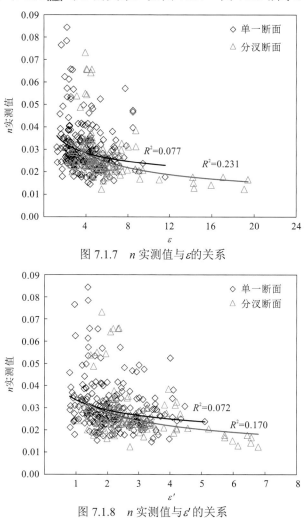

图 7.1.7　n 实测值与 ε 的关系

图 7.1.8　n 实测值与 ε' 的关系

（1）三个横断面形态参数对 n 均有一定程度的影响。随着 ε、ε' 和 $H/h_{\max}$ 的增加，n 呈减小趋势，即宽浅分汊河段的阻力要小于窄深分汊河段。

（2）三个横断面形态参数中，ε 与 n 的相关性最好，ε' 次之，n 与 $H/h_{\max}$ 的关系相对散乱，相关性最差。

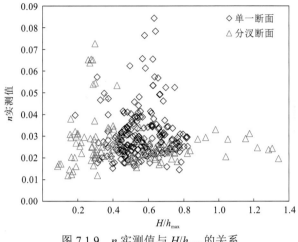

图 7.1.9　n 实测值与 $H/h_{\max}$ 的关系

由于同一断面在不同流量下 ε 也会发生变化，为消除流量的影响，图 7.1.10 点绘了同一流量下 n 随 ε 的变化情况，依旧可以看出 n 随 ε 的增加而减小的趋势。

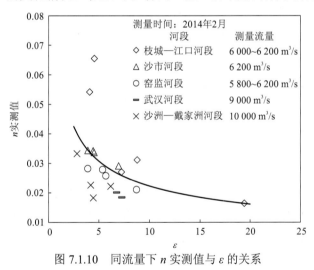

图 7.1.10　同流量下 n 实测值与 ε 的关系

综上分析，断面河相系数 ε 可以较好地反映横断面形态对分汊河段阻力的影响。

4）分汊河段断面缩扩的影响

将分汊断面的过水面积 A 与上游单一断面过水面积 A_0 之比 A/A_0 作为反映分汊河段断面缩扩程度的参数，绘制其与 n 的关系，如图 7.1.11 所示。

分汊河段断面的沿程突扩和突缩对阻力产生了较明显的影响，n 随着断面缩扩系数的增加迅速增大。在断面面积增幅较大的汊道（如关洲汊道），$A/A_0=1.8\sim2.2$，水流急剧分散，紊动强烈，局部损失占比增大，n 可以达到 0.05。当 A/A_0 等于 1 时，n 最小，此时断面沿程无突缩或突扩的变化，局部损失显著减小，阻力系数较小。

综上所述，水流强度、床面粗糙度、横断面形态及分汊河段断面的缩扩程度均会对分汊河段的阻力产生影响，分汊河段的综合阻力是上述影响因素共同作用的结果。

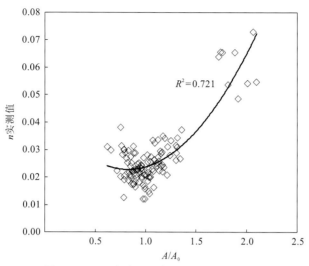

图 7.1.11　同流量下 n 实测值与 A/A_0 的关系

2. 分汊河段阻力计算公式的建立

以 n 为因变量，以 Fr 为自变量，提出 $n\text{-}Fr$ 关系式的基本形式：

$$n = aFr^b \tag{7.1.37}$$

式中：a、b 为经验系数，利用实测资料率定得到。

基于表 7.1.1 中 2003～2015 年共计 327 组原型观测数据，分单一断面与分汊断面分别得到 $n\text{-}Fr$ 的经验关系式：

$$n = \begin{cases} 0.004Fr^{-0.885}, & \text{单一断面} \\ 0.004Fr^{-0.797}, & \text{分汊断面} \end{cases} \tag{7.1.38}$$

用式（7.1.38）计算长江中游分汊河段的 n，并与 n 的实测值做比较，结果见图 7.1.12（a）；将 n 的实测值和计算值分别代入式（7.1.4）计算 λ 的实测值和计算值，并绘于图 7.1.12（b）。

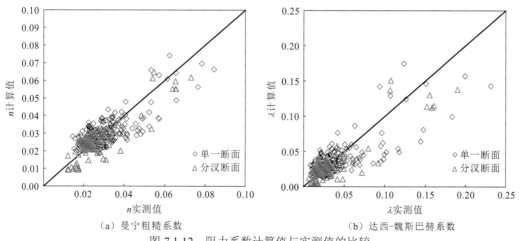

（a）曼宁粗糙系数　　　　　　　　　　　（b）达西-魏斯巴赫系数

图 7.1.12　阻力系数计算值与实测值的比较

由图 7.1.12 可见：验证点较均匀地分布在直线 $y=x$ 两侧，说明式（7.1.38）在一定程度上反映了阻力系数与水流强度的关系。

表 7.1.3 给出了 n-Fr 关系式下评价参数的计算结果。

表 7.1.3　n-Fr 关系式下评价参数的计算结果

阻力系数		计算值落入实测值不同误差范围的百分比/%			GSD	RMS	RMSE
		±30%	±20%	±10%			
单一断面	n	80.57	54.40	53.08	1.110 2	0.008 9	0.007 4
	λ	44.55	29.86	15.17	1.225 8	0.024 4	0.021 1
分汊断面	n	82.76	61.21	34.48	1.172 4	0.010 3	0.005 7
	λ	56.03	35.34	21.55	1.316 3	0.026 8	0.015 4

对于单一断面，80.57%的 n 的计算值落入实测值±30%的误差范围内，54.40%的 n 的计算值落入实测值±20%的误差范围内，53.08%的 n 的计算值落入实测值±10%的误差范围内；对于分汊断面，82.76%的 n 的计算值落入实测值±30%的误差范围内，61.21%的 n 的计算值落入实测值±20%的误差范围内，34.48%的 n 的计算值落入实测值±10%的误差范围内；约 55.45%的单一断面的 λ 计算值偏离实测值超 30%，约 43.97%的分汊断面的 λ 计算值偏离实测值超 30%。

综上所述，基于分汊河段实测资料建立的 n-Fr 关系式可以基本反映分汊河段的阻力随水流强度的变化规律，同时发现，由于没有考虑其他影响分汊河段阻力的因素，计算结果偏离实测值的程度较大。

在式（7.1.38）的基础上进一步加入反映床面粗糙度、横断面形态和分汊河段断面缩扩程度的因子，构建如下分汊河段综合阻力计算公式的一般形式：

$$n = \begin{cases} aFr^b\left(\dfrac{H}{D_{50}}\right)^c \varepsilon^d, & \text{单一断面} \\[3mm] aFr^b\left(\dfrac{H}{D_{50}}\right)^c \varepsilon^d\left(\dfrac{A}{A_0}-1\right)^{2f}, & \text{分汊断面} \end{cases} \quad (7.1.39)$$

式中：a、b、c、d、f 为经验系数，利用实测资料率定得到。

将原型观测数据代入式（7.1.39），最后可以得到如下分汊河段综合阻力经验公式：

$$n = \begin{cases} 0.007\,5Fr^{-0.703}\left(\dfrac{H}{D_{50}}\right)^{-0.300} \varepsilon^{-0.338}, & \text{单一断面} \\[3mm] 0.015\,4Fr^{-0.441}\left(\dfrac{H}{D_{50}}\right)^{-0.245} \varepsilon^{-0.245}\left|\dfrac{A}{A_0}-1\right|^{0.132}, & \text{分汊断面} \end{cases} \quad (7.1.40)$$

式（7.1.40）反映出，曼宁粗糙系数 n 与水流强度、床面粗糙度呈负相关关系，这与已有研究所得的结论一致；同时，n 与断面河相系数呈负相关关系，与分汊河段断面缩扩程度呈正相关关系。

用式（7.1.40）计算长江中游分汊河段的 n 和 λ 后与实测值做比较，结果见图 7.1.13。表 7.1.4 进一步给出了分汊河段综合阻力计算公式下评价参数的结果。

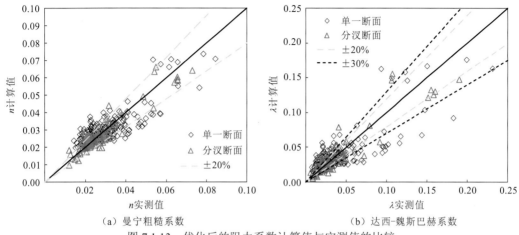

（a）曼宁粗糙系数　　　　　　　　　（b）达西-魏斯巴赫系数

图 7.1.13　优化后的阻力系数计算值与实测值的比较

表 7.1.4　分汊河段综合阻力计算公式下评价参数的结果

阻力系数		计算值落入实测值不同误差范围的百分比/%			GSD	RMS	RMSE
		±30%	±20%	±10%			
单一断面	n	84.36	68.72	67.77	1.110 4	0.009 2	0.006 6
	λ	55.92	39.81	21.80	1.227 6	0.026 7	0.019 6
分汊断面	n	95.69	81.03	53.45	0.181 9	0.010 7	0.004 1
	λ	68.10	56.90	32.76	1.298 0	0.029 4	0.012 5

考虑水流强度、床面粗糙度、横断面形态和分汊河段断面缩扩程度后的综合阻力计算公式的验证计算点均匀地分布在直线 $y=x$ 两侧，精度较现有的动床阻力计算公式及 $n\text{-}Fr$ 关系式有较大的提高，单一断面、分汊断面的 n 的计算值与实测值之间的决定系数（R^2）分别提升至 0.689 和 0.890。对于单一断面，n 计算值落入实测值 ±30%、±20%、±10% 误差范围的百分比分别为 84.36%、68.72% 和 67.77%，较之前的 $n\text{-}Fr$ 关系式分别提高了 3.79%、14.32% 和 14.69%。对于分汊断面，n 计算值落入实测值 ±30%、±20%、±10% 误差范围的百分比分别为 95.69%、81.03% 和 53.45%，较之前的 $n\text{-}Fr$ 关系式分别提高了 12.93%、19.82% 和 18.97%。相较而言，由于引入了分汊河段断面缩扩程度等因子，综合阻力计算公式更适用于计算分汊断面的 n。

根据式（7.1.40）中分汊断面综合阻力计算公式的形式，采用 Sobol（1993）的全局灵敏度分析方法考察各分汊河段阻力影响因素对 n 影响程度的差异。计算求得的水流强度的一阶敏感性系数最大达 0.576，说明水流强度是影响河道阻力的最主要的因素；床面粗糙度和横断面形态的一阶敏感性系数分别为 0.220 和 0.193，表明两者对 n 的影响程度相当；分汊河段断面缩扩程度的一阶敏感性系数为 0.143，表明分汊河段断面缩扩程度对阻力的影响略小于床面粗糙度和横断面形态。

3. 阻力计算公式的验证

选取表 7.1.1 中 2016~2019 年原型观测数据（包含 45 组单一断面数据和 23 组分汊断面数据）和物理模型试验数据（包含 79 组单一断面数据和 80 组分汊断面数据），对式（7.1.40）进行验证，所用资料中的变量及其变化范围见表 7.1.5。

表 7.1.5　分汊河段综合阻力计算公式验证所用断面资料的基本情况

项目	原型观测数据		物理模型试验数据	
	单一断面	分汊断面	单一断面	分汊断面
组次	45	23	79	80
$Q/(\text{m}^3/\text{s})$	6 053~48 606	6 311~41 758	5 726~32 952	5 700~32 962
H/m	5.12~25.80	2.62~17.48	4.15~15.94	4.09~15.94
$J/10^{-4}$	0.11~1.18	0.13~1.65	0.18~1.63	0.17~1.58
$\varepsilon/\text{m}^{-0.5}$	0.61~8.48	2.50~14.21	1.05~9.06	2.25~8.94
D_{50}/mm	0.27~1.46	0.01~2.07	0.10~0.50	0.10~0.50
Fr	0.04~0.14	0.03~0.35	0.08~0.17	0.08~0.20
A/A_0	—	0.58~1.76	—	0.72~1.49

图 7.1.14、图 7.1.15 分别给出了单一断面和分汊断面曼宁粗糙系数 n 与达西-魏斯巴赫系数 λ 的验证结果，表 7.1.6 给出了分汊河段综合阻力计算公式的精度。

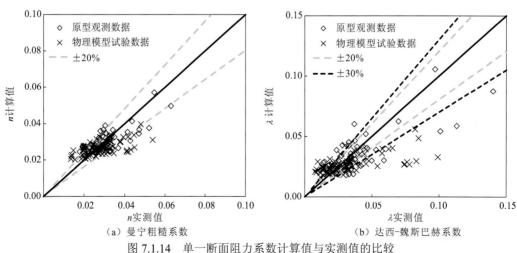

（a）曼宁粗糙系数　　　　　　　　（b）达西-魏斯巴赫系数

图 7.1.14　单一断面阻力系数计算值与实测值的比较

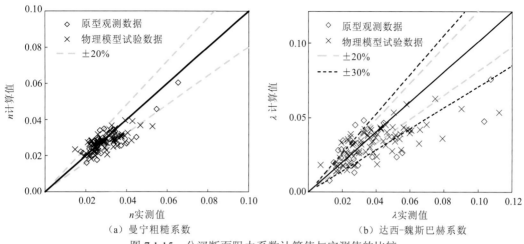

（a）曼宁粗糙系数　　　　　　　　　（b）达西-魏斯巴赫系数

图 7.1.15　分汊断面阻力系数计算值与实测值的比较

表 7.1.6　分汊河段综合阻力计算公式的精度

断面类型	阻力系数	计算值落入实测值不同误差范围的百分比/%			GSD	RMS	RMSE
		±30%	±20%	±10%			
单一断面	n	原型观测数据 91.11	62.22	37.78	0.084 7	0.006 7	0.006 2
		物理模型试验数据 78.48	64.56	36.71	1.057 2	0.003 5	0.007 0
	λ	原型观测数据 55.56	35.56	22.22	1.189 1	0.017 4	0.016 8
		物理模型试验数据 53.16	37.97	18.99	1.108 0	0.007 0	0.017 0
分汊断面	n	92.47	75.27	56.24	1.091 0	0.006 0	0.005 1
	λ	62.37	62.22	21.51	1.194 4	0.015 1	0.014 2

　　验证点据较均匀地分布在直线 $y=x$ 两侧，即计算值与实测值或模型观测值符合较好，说明式（7.1.40）可以较好地反映不同因素影响分汊河段阻力的综合作用，计算精度较高。

7.1.4　分汊河段阻力计算公式对数学模型的改进

　　数学模型中的阻力大小通常用曼宁粗糙系数 n 来反映，n 取值的准确性在很大程度上决定了数学模型中流速、水位的计算精度。确定 n 的方法主要有三种：

　　（1）利用经验公式直接给定曼宁粗糙系数的值；

　　（2）通过实测资料率定反求，即不断地改变 n 直到流速和水位的计算值与实测值的误差在一定的范围内；

（3）通过实测资料建立曼宁粗糙系数与水文特征量如流量、水位之间的关系（夏军强 等，2010）。

本节将选取典型分汊河段建立数学模型，模型中的综合阻力计算公式采用本书建立的式（7.1.40），通过对比流速、水位等水力要素的计算值与实测值，分析基于本书综合阻力计算公式的数学模型的精度。

1. 公式法确定曼宁粗糙系数的模型计算精度

太平口水道上起陈家湾，下至玉和坪，总长约 18 km，河势见图 7.1.16。河段进口左侧有沮漳河入汇，右侧有太平口分流，自上而下根据平面外形的不同可分为太平口顺直分汊和三八滩微弯分汊两个汊道。用 220×100 的贴体正交曲线网格覆盖验证河段，水流方向网格间距为 66～115 m，垂直水流方向网格间距为 15～30 m，网格划分见图 7.1.17。

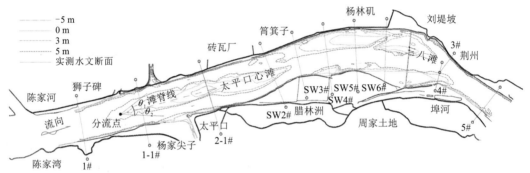

图 7.1.16 太平口水道河势与相关计算参数示意图

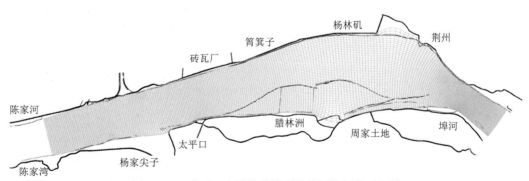

图 7.1.17 太平口水道数学模型计算网格划分示意图

为对比综合阻力计算公式式（7.1.40）在不同流量条件下的计算效果，本书收集了 2014 年 12 月、2015 年 8 月、2018 年 8 月三个不同测次的河道地形图和实测水文断面流速、水位测量资料。进口分别给定枯、中、洪三级流量（分别为 7 020 m³/s、17 305 m³/s、

27 500 m³/s），并作为模型的上边界条件；出口水位根据上、下游实测水位资料插值得到。

数学模型中利用本书建立的综合阻力计算公式确定曼宁粗糙系数时需要进行试算，步骤如下：①在计算刚开始时，对全计算范围赋予统一的曼宁粗糙系数初值 $n=n_0$，求解初始的流场分布与河道断面几何参数（A、B、U、A/A_0 等），并将其代入式（7.1.40）的右边得到曼宁粗糙系数的计算值 n_*；②比较 n_* 和 n，若 n_* 与 n 相差较大，则根据两者之间的差值对 n 进行更新，然后代入模型中重新计算；③再次将模型的计算结果代入式（7.1.40）的右边求解出 n_* 并与更新后的 n 比较，反复多次，直到 n_* 与更新后的 n 的误差在一定的范围内，即认为 n 已更新至真实的曼宁粗糙系数，模型曼宁粗糙系数的求解完成。

计算流程图见图 7.1.18。

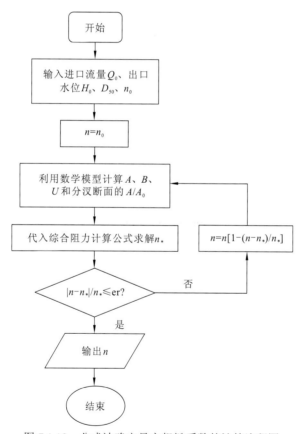

图 7.1.18　公式法确定曼宁粗糙系数的计算流程图

令迭代计算误差控制值 er=0.05，采取以上办法分别对前述三个测次的曼宁粗糙系数进行计算，输出最终的断面过水面积、水面宽度、断面平均流速和断面平均水位计算值（分别表示为 A_*、B_*、U_* 和 Z_*），并与实测值（分别表示为 A'、B'、U' 和 Z'）进行比较，结果见图 7.1.19，各变量的误差范围见表 7.1.7。

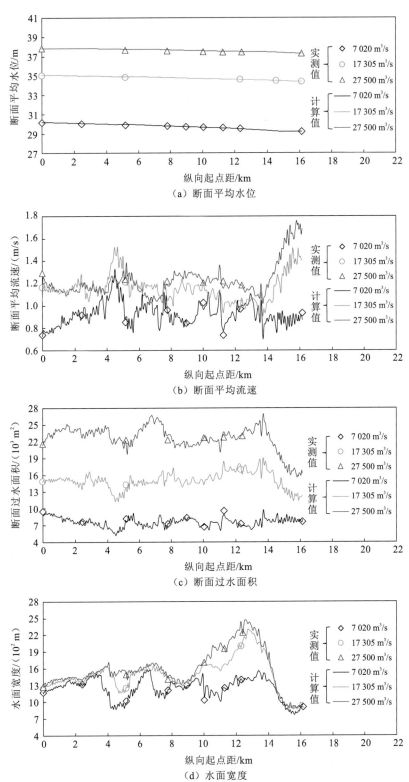

（a）断面平均水位

（b）断面平均流速

（c）断面过水面积

（d）水面宽度

图 7.1.19　公式法确定曼宁粗糙系数计算值与实测值的对比

表 7.1.7　各变量的误差范围

计算地形	确定曼宁粗糙系数的方法	误差范围			
		断面过水面积/%	水面宽度/%	断面平均流速/(m/s)	断面平均水位/m
2014 年 12 月	公式法	-7.63～6.99	-2.41～5.94	-0.064～0.046	-0.037～0.099
	率定法	-7.24～6.52	-1.44～5.60	-0.063～0.052	-0.009～0.049
2015 年 8 月	公式法	-5.03～4.80	-1.53～3.30	-0.115～0.059	-0.007～0.067
	率定法	-5.65～4.88	1.02～4.56	-0.112～0.066	0.000～0.068
2018 年 8 月	公式法	-2.23～4.18	-1.16～1.87	-0.058～0.020	-0.001～0.023
	率定法	-2.14～6.13	-1.44～6.46	-0.075～0.020	-0.001～0.209

各流量下，由式（7.1.40）确定曼宁粗糙系数后的水力要素输出值与原型观测值吻合较好。A_*、B_*、U_* 与 A'、B'、U' 的偏差较小，误差范围分别为 -7.63%～6.99%、-2.41%～5.94%、-0.115～0.059 m/s，其中断面过水面积和水面宽度的相对误差均随着计算流量的增大而减小；断面平均水位的计算误差较大，枯、中、洪流量下，断面平均水位计算结果的误差范围分别为 -0.037～0.099 m、-0.007～0.067 m 和 -0.001～0.023 m。

综上所述，不同流量下，式（7.1.40）确定曼宁粗糙系数所引起的断面平均流速、断面过水面积、水面宽度的计算误差较小，沿程水面线较实际情况虽有一定的偏差，但也在 ±10 cm 以内。因此，利用本书建立的综合阻力计算公式，可在数学模型中较准确地确定不同地形边界、不同流量下的曼宁粗糙系数。

2. 率定法与公式法确定曼宁粗糙系数对数学模型计算结果的影响比较

数学模型中，通过实测资料率定的曼宁粗糙系数可以较准确地描述验证条件下河道阻力的大小，但无法在计算过程中根据河床冲淤及水流条件的变化实现自动调整，而由公式法确定曼宁粗糙系数可以较好地弥补这一不足。

本书先通过 2014 年 12 月实测水位、流速资料率定出该地形条件下的河道曼宁粗糙系数。曼宁粗糙系数的率定分段进行，即沿程划分多个曼宁粗糙系数区间，各区间赋予统一的曼宁粗糙系数后，利用数学模型求解出沿程水面线，比较各实测水文断面（位置见图 7.1.16）的计算水位与实测水位，根据两者的偏差调整曼宁粗糙系数的取值，直到计算水位与实测水位的差值控制在 ±5 cm 内，认为率定出的曼宁粗糙系数可以反映真实的河道阻力。

将率定出的曼宁粗糙系数代入数学模型分别计算 2015 年 8 月和 2018 年 8 月地形条件下的流速分布，并与使用公式法确定的曼宁粗糙系数的计算结果进行比较。图 7.1.20 给出了各计算条件沿程水面线的对比情况。表 7.1.7 和表 7.1.8 进一步给出了各变量的误差范围和平均偏差，平均偏差用统计量 $\mathrm{Re} = \left[\sum_{i=1}^{j} (M_i - N_i)^2 / j \right]^{1/2}$（其中，$j$ 表示数据的个数，M 和 N 分别表示计算值与实测值）来表示。

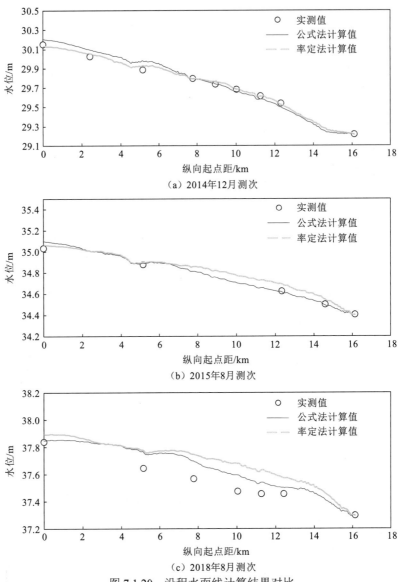

（a）2014年12月测次

（b）2015年8月测次

（c）2018年8月测次

图 7.1.20　沿程水面线计算结果对比

表 7.1.8　各变量的平均偏差

计算地形	确定曼宁粗糙系数的方法	Re			
		断面过水面积/m²	水面宽度/m	断面平均流速/（m/s）	断面平均水位/m
2014 年 12 月	公式法	453	25.8	0.048	0.038
	率定法	374	25.4	0.023	0.037
2015 年 8 月	公式法	634	30.8	0.081	0.031
	率定法	678	35.9	0.081	0.047

续表

计算地形	确定曼宁粗糙系数 的方法	Re			
		断面过水面积/m²	水面宽度/m	断面平均流速/（m/s）	断面平均水位/m
2018 年 8 月	公式法	573	18.0	0.080	0.083
	率定法	772	71.1	0.084	0.143

（1）利用由 2014 年 12 月实测资料率定的曼宁粗糙系数计算 2014 年 12 月测次条件下的流速与水位时，断面过水面积、水面宽度、断面平均流速和断面平均水位的误差范围分别为-7.24%～6.52%、-1.44%～5.60%、-0.063～0.052 m/s 和-0.009～0.049 m；但用同样的曼宁粗糙系数计算 2015 年 8 月和 2018 年 8 月测次的流速与水位时，误差较大，2015 年 8 月测次下，各变量的误差范围分别为-5.65%～4.88%、1.02%～4.56%、-0.112～0.066 m/s 和 0.000～0.068 m，2018 年 8 月测次下，各变量的误差范围分别为-2.14%～6.13%、-1.44%～6.46%、-0.075～0.020 m/s 和-0.001～0.209 m。

（2）利用公式法确定曼宁粗糙系数时，各测次条件下的计算结果与实测值的吻合程度好于率定法。各变量的误差范围总体更小，平均偏差总体更小，水面线与实测值的符合情况也更好。

显然，由于河道阻力随河床冲淤及水流条件的变化会发生相应的调整，采用传统的用实测资料率定曼宁粗糙系数的方法无法反映河道阻力的变化特性。将本书建立的分汊河段综合阻力计算公式应用于数学模型时，可根据河床冲淤调整及进口流量的变化对曼宁粗糙系数进行自动调整，使得曼宁粗糙系数的确定与流场的求解交互进行，既避免了烦琐的实测资料率定过程，又能反映河道阻力随水流及河道边界条件变化的动态调整情况，提高了数学模型的模拟精度。

7.2　分汊河段分流比计算公式的改进及应用

本节首先采用长江中游分汊河段的实测资料，对比分析了现有分流比计算公式的精度；进一步讨论曼宁粗糙系数、能坡等因素对分流比计算公式精度的影响，探索提高分流比计算公式精度的方法，并建立新的分流比计算公式；最后将改进后的分流比计算公式应用于分汊河段数值模拟的改进。

本节所研究的问题均针对双汊汊道。

7.2.1 现有分流比计算公式的精度

1. 数据来源及处理

本章所用数据为长江中游五个汊道——南阳碛汊道、芦家河汊道、太平口汊道、三八滩汊道和戴家洲汊道的原型观测数据和物理模型试验数据。五个汊道的序号依次为1~5。五个汊道包括顺直分汊、微弯（弯曲）分汊类型。南阳碛汊道和芦家河汊道位于紧邻三峡水库下游的砂卵石河段，后三个汊道均为沙质河床段。

1）原型观测数据

原型观测数据包括五个汊道典型断面（分别用 1#~5#断面表示）的流速、水深、能坡等测量资料及 2003~2018 年沙市河段地形图。

1#断面收集了 4 000~6 000 m³/s 流量下共 6 组资料；2#断面收集了 4 000~7 000 m³/s 流量下共 8 组资料；3#断面收集了 3 500~27 000 m³/s 流量下共 23 组资料；4#断面收集了 6 000~8 000 m³/s 流量下共 12 组资料；5#断面收集了 10 000~17 000 m³/s 流量下共 15 组资料。上述 64 组资料中，45 组包含能坡实测值。分析计算过程中，过水面积由水深沿河宽积分得到，过水面积除以水面宽度得到平均水深，汊道流量则由单宽流量（垂线平均流速与水深之积）沿汊宽积分得到，分流比根据两汊的流量求出。沿两汊深泓线将分流点到汇流点的距离作为相应的汊长，心滩滩脊线与分流点处两汊水流动力轴线的夹角为相应的偏转角（图 7.1.16），滩头至滩身（1-1#~2-1#断面）、滩身至滩尾（2-1#~SW2#断面）、滩头至滩尾（1-1#~SW2#断面）的能坡分别为汊道进口段、出口段和整个汊道段的平均能坡（图 7.1.16）。

2）物理模型试验数据

沙市河段物理模型的基本情况为：杨家脑至观音寺长约 49 km 的河段为定床模型试验范围，陈家湾至观音寺长约 34 km 的河段为动床模型试验范围。动床模型试验加沙的位置选在涴市附近，以充分利用弯道环流的作用，使得悬移质沿断面的分布尽量与原型相似。

分别根据2014年2月和2014年12月沙市河段实测地形铺设两套物理模型初始地形，并根据实测水面线、流速分布及验证时段内的水沙过程与河床高程变化完成模型的定床和动床验证；然后，进口给定不同的流量、来沙过程，出口根据实测水位-流量关系给定相应的水位，分别开展模型定床与动床试验。

采集试验过程中典型测量断面的垂线平均流速、水深沿横断面的分布数据，并通过计算得到各测量断面的流量、过水面积、断面平均流速和平均水深。物理模型试验数据的收集情况见表 7.2.1。

表 7.2.1　物理模型试验数据的收集情况汇总

流量范围/(m³/s)	太平口水道测量组数		瓦口子水道测量组数	
	单一断面	分汊断面	单一断面	分汊断面
6 000~12 000	21	49	10	3
12 000~24 000	20	18	11	0
24 000~33 000	10	10	7	0

2. 现有分流比计算公式的介绍

1）基于曼宁公式的分流比计算公式

分别对两汊运用曼宁公式,可以得到如下分流比计算公式(丁君松和丘凤莲,1981):

$$\eta_1 = \left[1 + \frac{A_2}{A_1} \left(\frac{H_2}{H_1} \right)^{2/3} \frac{n_1}{n_2} \left(\frac{J_2}{J_1} \right)^{1/2} \right]^{-1} \quad (7.2.1)$$

式中:A、H、n、J 分别为汊道断面过水面积、平均水深、曼宁粗糙系数和能坡;下标"1""2"分别表示左、右两汊。

两汊曼宁粗糙系数表征了两汊的综合阻力,是决定汊道横断面流速分布的重要参数,与水流进入汊道前分流段的断面形态、水流条件等因素有关。由于天然河槽曼宁粗糙系数的实测数据较为缺乏,运用式(7.2.1)计算分流比时常采用以下两种近似处理办法。

(1)假定两汊曼宁粗糙系数、能坡均相差不大,即 $n_1/n_2 \times (J_2/J_1)^{1/2} \approx 1$。汊道分流比可利用水力几何变量($A$、$H$)计算得到(丁君松和丘凤莲,1981):

$$\eta_1 = \left[1 + \frac{A_2}{A_1} \left(\frac{H_2}{H_1} \right)^{2/3} \right]^{-1} \quad (7.2.2)$$

(2)假定从分流点至汇流点两汊的水头差相等,即 $\Delta Z_1 = \Delta Z_2$,$J_2/J_1 = (\Delta Z_2/l_2)/(\Delta Z_1/l_1) = l_1/l_2$,其中 l 表示汊长,Z 表示水位。此法较为常用,也称等水位差法(童朝锋,2005),利用较易测量的汊长代替能坡,即可得到分流比计算公式:

$$\eta_1 = \left[1 + \frac{A_2}{A_1} \left(\frac{H_2}{H_1} \right)^{2/3} \frac{n_1}{n_2} \left(\frac{l_1}{l_2} \right)^{1/2} \right]^{-1} \quad (7.2.3)$$

2）等动量法分流比计算公式

等动量法也称动量平衡法,由童朝锋(2005)最先提出。他认为分流段两侧的分流水体在垂直于河道主轴方向上的动量相等,即 $Q_1 U_1 \sin\theta_1 = Q_2 U_2 \sin\theta_2$,其中 Q、U 分别表示汊道流量和平均流速,θ 为偏转角。

将 $Q = UA$ 代入动量平衡等式,即可得等动量法分流比计算公式:

$$\eta_1 = \left[1 + \left(\frac{A_2}{A_1} \cdot \frac{H_2}{H_1} \right)^{3/4} \left(\frac{\sin\theta_1}{\sin\theta_2} \right)^{1/2} \right]^{-1} \quad (7.2.4)$$

3）等含沙量法分流比计算公式

王昌杰（2001）指出，对于河床相对稳定的分汊河段，各汊的含沙量是比较接近的。而处于平衡状态的河流，含沙量近似等于其挟沙能力。根据张瑞瑾挟沙能力计算公式（张瑞瑾，1998）可得

$$K_0\left(\frac{U_0^3}{gH_0\omega_0}\right)^{m_0}=K_1\left(\frac{U_1^3}{gH_1\omega_1}\right)^{m_1}=K_2\left(\frac{U_2^3}{gH_2\omega_2}\right)^{m_2} \tag{7.2.5}$$

式中：下标"0"表示上游单一段，下标"1""2"分别表示左、右两汊；K、m 为挟沙能力系数和指数，一般可以认为它们变化不大；ω 为泥沙沉速。

进一步假设分汊前后泥沙粒径不变，则各汊内泥沙沉速相等。将 $Q=UA$ 代入式（7.2.5）后，即可得到等含沙量法分流比计算公式（童朝锋，2005）：

$$\eta_1=\left[1+\frac{A_2}{A_1}\left(\frac{H_2}{H_1}\right)^{1/3}\right]^{-1} \tag{7.2.6}$$

3. 验证结果与分析

用含有能坡的 45 组原型观测数据检验各公式的计算精度。分别计算各分汊河段的 η_1 并与实测值做比较，结果见图 7.2.1。因为式（7.2.3）及式（7.2.4）中汊长和偏转角的测量均需用到相应的汊道地形文件，所以仅沙市河段汊道 3 和汊道 4 的数据用于式（7.2.3）和式（7.2.4）的验证。

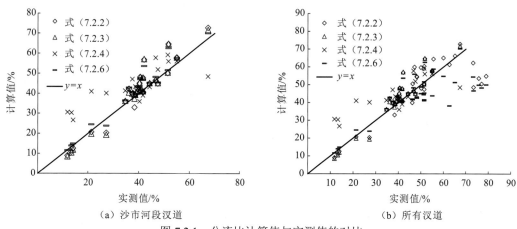

（a）沙市河段汊道　　　　　　（b）所有汊道

图 7.2.1　分流比计算值与实测值的对比

用计算值与实测值的平均绝对差值 $\mathrm{MAE}=1/j\sum_{i=1}^{j}|M_i-N_i|$（其中，$j$ 表示数据的个数，M 和 N 分别表示计算值与实测值）来表示公式计算误差的大小（表 7.2.2）。

表 7.2.2　各分流比计算公式的计算误差

分流比计算公式	MAE/%					
	汊道 1	汊道 2	汊道 3	汊道 4	汊道 5	所有汊道
式（7.2.2）	21.772	5.627	4.090	3.590	5.438	6.476
式（7.2.3）			3.874	3.472		
式（7.2.4）			5.066	13.648		
式（7.2.6）	25.901	10.508	3.333	2.770	5.749	7.340
式（7.2.7）	13.444	6.185	6.440	2.476	5.129	6.206
式（7.2.8）	6.962	2.451	1.687	2.187	2.307	2.640
式（7.2.13）	1.732	2.329	1.952	1.921	1.929	1.976
式（7.2.1）中 J 为进口段能坡			3.595			
式（7.2.1）中 J 为出口段能坡			4.253			
式（7.2.1）中 J 为汊道平均能坡			3.861			

由图 7.2.1、表 7.2.2 可知：式（7.2.2）对两汊 $n/J^{1/2}$ 等于 1 的假设，不能反映两汊曼宁粗糙系数和能坡差异的影响，仅仅根据两汊 H、A 的信息进行计算，对两汊分流差异明显的汊道会造成较大的误差，最大偏差达 26%；式（7.2.3）中保留式（7.2.2）$n_1 \approx n_2$ 的假设，用汊长代替能坡后，计算误差略有减小，但变化不大，说明两汊曼宁粗糙系数的差异对分流比的影响仍不可忽略；式（7.2.4）在式（7.2.2）、式（7.2.3）、式（7.2.4）、式（7.2.6）中计算误差最大，说明偏转角 θ 不能全面反映两汊曼宁粗糙系数、能坡差异对分流比的影响；式（7.2.6）与式（7.2.2）形式相同，仅平均水深之比的指数不同，应用于沙市河段时计算误差有所减小，但应用于其他分汊河段时，计算误差会明显增大，说明用平均水深之比代替曼宁粗糙系数、能坡差异的影响产生的偏差较大。

综上，现有分流比计算公式考虑两汊曼宁粗糙系数和能坡差异的程度不够，虽然形式简单，但精度不高。

7.2.2　分流比计算公式的改进

1. 分流比计算公式精度的影响因素

1）能坡取值

汊道内的能坡沿程变化（余文畴，1987），进口段能坡、出口段能坡和整个汊道段的平均能坡不同。选择不同的能坡计算的分流比结果不同。

对式（7.2.1）取 $n_1/n_2 = 1$，然后分别采用进口段、出口段和整个汊道段的平均能坡计算分流比，即在式（7.2.2）的基础上考虑能坡差异的影响，太平口心滩分汊河段的计算结果见图 7.2.2 和表 7.2.2。可以看出，和不考虑能坡影响的式（7.2.2）相比，采用进口段能坡和汊道平均能坡后，分流比的计算误差均有所减小，其中采用进口段能坡，误差相对更小；但只考虑能坡的差异，计算结果仍存在着较大的偏差（最大偏差约为 9%）。

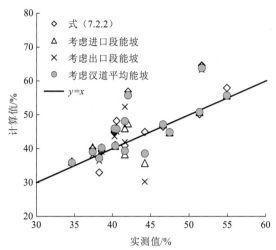

图 7.2.2　考虑不同能坡对分流比计算结果的影响

2）两汊能坡、曼宁粗糙系数差异

将各分汊河段实测过水面积、平均水深、平均能坡、分流比等数据代入式（7.2.1）中即可求得各测次下的 n_1/n_2 实测值。将 $n_1/n_2=1$ 和 $J_1/J_2=1$ 分别代入式（7.2.1）中可得

$$\eta_1 = \left[1 + \frac{A_2}{A_1}\left(\frac{H_2}{H_1}\right)^{2/3}\left(\frac{J_2}{J_1}\right)^{1/2}\right]^{-1} \tag{7.2.7}$$

$$\eta_1 = \left[1 + \frac{A_2}{A_1}\left(\frac{H_2}{H_1}\right)^{2/3}\frac{n_1}{n_2}\right]^{-1} \tag{7.2.8}$$

相较于式（7.2.2）中完全不考虑曼宁粗糙系数、能坡差异的处理方式，式（7.2.7）中增加了两汊能坡差异的影响，式（7.2.8）中则考虑了两汊曼宁粗糙系数差异的影响。

将实测的 J_1/J_2、n_1/n_2 数据分别代入式（7.2.7）、式（7.2.8）进行计算，结果见图 7.2.3 和表 7.2.2。

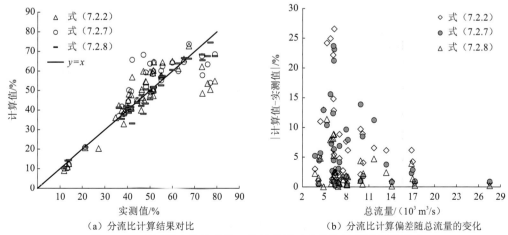

（a）分流比计算结果对比　　　　　　　（b）分流比计算偏差随总流量的变化

图 7.2.3　两汊曼宁粗糙系数、能坡差异对分流比计算结果的影响

（1）观察不同流量下分流比的计算结果可以发现，随着流量的增加，式（7.2.2）、式（7.2.7）、式（7.2.8）引起的分流比计算偏差均减小。

（2）比较来看，中、洪水流量下计算值与实测值的吻合程度更高，偏差不超过 6%，偏差大于 10%的测次均出现在枯水流量，表明枯水流量下两汊曼宁粗糙系数、能坡的差异较大，忽略它们的影响会造成更大的计算误差，大流量下，两汊能坡接近，河道阻力差异较小，忽略其影响对分流比计算结果的影响不大。

（3）相较于式（7.2.2），式（7.2.7）和式（7.2.8）的计算精度总体有了较明显的提升。式（7.2.8）的计算精度更高，表明相较于两汊不同水面能坡所带来的入流条件的差异，曼宁粗糙系数的差异才是影响汊道分流比的关键因素。在已知两汊水力几何变量和曼宁粗糙系数的取值后，利用式（7.2.8）即可对分流比进行较为准确的计算。

2. 改进的分流比计算公式的建立与验证

1）反映两汊能坡、曼宁粗糙系数差异的因子的选取

由第 1 部分的讨论可知，在某些测次，尤其是流量较大的情况下，不考虑两汊曼宁粗糙系数、能坡差异的影响，直接由式（7.2.2）计算分流比的误差可以控制在较小范围内。将式（7.2.2）计算值与实测值的绝对差值 Δ（%）表达为

$$\Delta = \left[1 + \frac{A_2}{A_1}\left(\frac{H_2}{H_1}\right)^{2/3}\right]^{-1} - \left[1 + \frac{A_2}{A_1}\left(\frac{H_2}{H_1}\right)^{2/3}\frac{n_1}{n_2}\left(\frac{J_2}{J_1}\right)^{1/2}\right]^{-1} \qquad (7.2.9)$$

定义 $n/J^{1/2}$ 为曼宁粗糙系数、能坡的综合影响系数 C_m（下面简称综合系数），反映由汊道阻力与上游主流摆动造成的汊道入流条件的优劣。综合系数越大，入流条件越差。定义 $AH^{2/3}$ 为汊道断面形态参数 G_m（下面简称断面参数），反映汊道断面发育程度所造成的吸流条件的优劣。断面参数越大，吸流条件越好。

将 Δ 进一步表达为两汊入流条件、吸流条件强弱对比的函数，即

$$\Delta = \Delta(G_{m,1}/G_{m,2}, C_{m,1}/C_{m,2}) = \left(1 + \frac{G_{m,2}}{G_{m,1}}\right)^{-1} - \left(1 + \frac{G_{m,2}}{G_{m,1}}\frac{C_{m,1}}{C_{m,2}}\right)^{-1} \qquad (7.2.10)$$

把 $G_{m,2}/G_{m,1}$ 看作常数，则 Δ 随 $C_{m,1}/C_{m,2}$ 的变化情况如图 7.2.4 所示。

（1）当两汊综合系数之比为 1 时，利用式（7.2.2）可以准确地计算分流比，不会造成任何偏差，综合系数之比越接近 1，相应的偏差越小。

（2）当 $C_{m,1}/C_{m,2}$ 大于 1 时，计算值大于实测值，$C_{m,1}/C_{m,2}$ 越大，偏差越大，当 $C_{m,1}/C_{m,2}$ 趋近于无穷大时，Δ 趋近于 $1/(1+G_{m,2}/G_{m,1})$，此时 $G_{m,2}/G_{m,1}$ 越大，式（7.2.2）造成的偏差越小；相反，当 $G_{m,1}/G_{m,2}$ 小于 1 时，计算值小于实测值，$C_{m,1}/C_{m,2}$ 越小，偏差越大，当 $C_{m,1}/C_{m,2}$ 趋近于 0 时，Δ 趋近于 $1/(1+G_{m,2}/G_{m,1})-1$，此时 $G_{m,2}/G_{m,1}$ 越小，式（7.2.2）造成的偏差越小。

为避免实测资料中由能坡测量引入误差，本书对两汊分别运用曼宁公式，相除后可得

$$\frac{C_{m,1}}{C_{m,2}} = \frac{n_1}{n_2}\left(\frac{J_2}{J_1}\right)^{1/2} = \frac{A_1}{A_2}\frac{Q_2}{Q_1}\left(\frac{R_1}{R_2}\right)^{2/3} = \left(\frac{R_1}{R_2}\right)^{2/3}\frac{U_2}{U_1} \approx \frac{Fr_2}{Fr_1}\left(\frac{H_1}{H_2}\right)^{1/6} \qquad (7.2.11)$$

式中：R 为水力半径，可用平均水深近似代替；Fr 为水流弗劳德数。

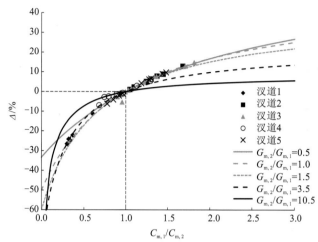

图 7.2.4　不同 $G_{m,2}/G_{m,1}$ 取值时 Δ 随 $C_{m,1}/C_{m,2}$ 的变化情况

　　式（7.2.11）实质上表达了综合系数之比 $C_{m,1}/C_{m,2}$ 与水力半径之比和流速之比相关，也和两汊的平均水深之比和弗劳德数之比相关，而水深与弗劳德数之间存在着内在联系。分别点绘综合系数之比与平均水深之比和弗劳德数之比之间的关系，见图 7.2.5。

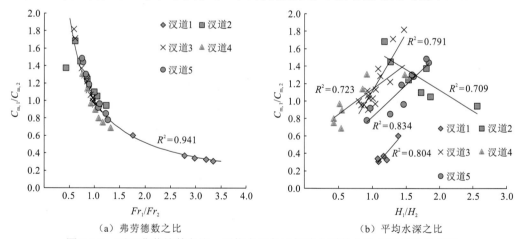

（a）弗劳德数之比　　　　　　　　　　（b）平均水深之比

图 7.2.5　两汊弗劳德数之比、平均水深之比与综合系数之比之间的相关关系

　　（1）两汊综合系数之比与弗劳德数之比高度相关，说明两汊综合系数的差异对于两汊水流强度和水流能量的分配具有决定作用。

　　（2）两汊综合系数之比与平均水深之比在各分汊河段内也表现出较强的相关关系，说明两汊平均水深之比可以较好地反映两汊曼宁粗糙系数、能坡的差异对汊道分流的综合影响。

　　虽然弗劳德数之比能更充分地反映综合系数差异对分流比的影响，但由于弗劳德数

中显含流速 U，而分流比的计算实际上就是要确定 U，所以本书选取平均水深之比来反映综合系数之比对分流比的影响。

对图 7.2.5 中 45 组原型观测数据拟合后可得平均水深之比与综合系数之比的经验表达式：

$$\frac{C_{m,1}}{C_{m,2}} = a_1 \frac{H_1}{H_2} + b_1 \qquad (7.2.12)$$

式中：a_1、b_1 为通过实测资料线性拟合得到的参数，见表 7.2.3。

表 7.2.3　分流比计算公式线性拟合参数

分流比计算公式线性拟合参数	汊道				
	汊道 1	汊道 2	汊道 3	汊道 4	汊道 5
a_1	0.900	−0.472	1.318	0.573	0.729
b_1	−0.681	2.067	−0.204	0.564	0.088

将沙市河段物理模型试验中相应于汊道 3（太平口汊道）与汊道 4（三八滩汊道）的 44 组试验数据与原型观测数据放在一起点绘 $C_{m,1}/C_{m,2}$ 随 H_1/H_2 的变化关系（图 7.2.6），可见物理模型试验数据也较好地聚集于由原型观测数据确定的经验曲线两侧，说明由原型观测数据确定的 $C_{m,1}/C_{m,2}$ 随 H_1/H_2 的变化关系式也同样适用于物理模型试验数据。

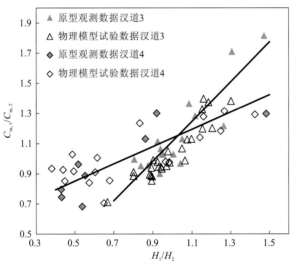

图 7.2.6　沙市河段两汊平均水深之比与综合系数之比之间的相关关系

由 $C_{m,1}/C_{m,2}$ 与 H_1/H_2 之间的相关关系确定的 a_1、b_1 取值在一定程度上反映了分汊河段在一段时间内由入流情况变化所引起的汊道断面形态的变化及相应的阻力调整：a_1 表示单位 H_1/H_2 增量引起的两汊综合系数之比的调整幅度，可理解为综合系数之比随平均水深之比变化的调整速率，a_1 的绝对值越大，表明其调整速率越快；b_1 表示当两汊平均水深相同时，两汊综合系数之比与其调整速率间的差值。当汊道的平面外形不同、汊道随上游来水条件变化发生的冲淤调整趋向不同时，a_1、b_1 的取值有较大差别。

2）建立改进的分流比计算公式

将式（7.2.12）代入式（7.2.1）中可得

$$\eta_1 = \left[1 + \frac{A_2}{A_1} \left(\frac{H_2}{H_1} \right)^{2/3} \left(a_1 \frac{H_1}{H_2} + b_1 \right) \right]^{-1} \qquad (7.2.13)$$

式（7.2.13）即采用平均水深之比代替综合系数之比的分流比计算公式。采用另外 19 组原型观测数据对该公式进行验证，结果如图 7.2.7 和表 7.2.2 所示。可以看出，式（7.2.13）的计算误差显著减小，各级流量下的分流比计算偏差均小于 5%。

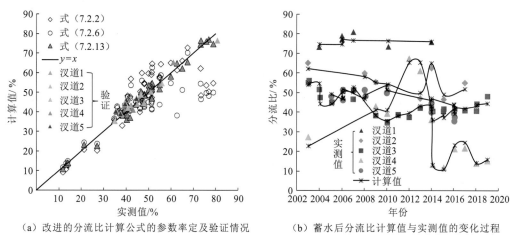

（a）改进的分流比计算公式的参数率定及验证情况　　（b）蓄水后分流比计算值与实测值的变化过程

图 7.2.7　改进的分流比计算公式的计算值与实测值的对比

　　顺直分汊河段和微弯分汊河段的平面形态不同，a_1、b_1 的取值有明显的差异，不同类型的汊道内，两汊平均水深之比的变化对综合系数之比和分流比的改变程度不同：主、支均势的顺直分汊河段的分流比对汊道冲淤的敏感度较低（姚仕明 等，2003），A_1/A_2、H_1/H_2 小幅度的增加往往引起 $C_{m,1}/C_{m,2}$ 的显著增加，因而 η_1 的增幅较小；而主、支差异明显的微弯分汊河段，分流比受断面冲淤变化的调节作用更为明显，当北汊冲刷发展（或淤积萎缩）时，随着 A_1/A_2、H_1/H_2 的增加（或减小），$C_{m,1}/C_{m,2}$ 的增幅（或减幅）较小，η_1 随之显著增加（或减小）。

　　综上所述，本书提出的分流比计算公式可以准确地反映分汊河段汊道冲淤变化条件下的分流比变化，由于不同的分汊河段内，两汊平均水深之比的变化对综合系数之比和分流比的改变程度不同，所以将分流比计算公式应用在具体的分汊河段时，必须采用实测资料率定公式中的系数 a_1、b_1。

7.2.3　改进后的分流比计算公式对分汊河段数值模拟的改进

　　平面二维数值模拟中，流场计算结果主要受河道地形边界和阻力分布的影响，其中河道地形边界可由河道地形测量较准确地给出，阻力分布的确定则较为困难。

利用 7.1.4 小节提出的公式法可以较准确地给出河段内的曼宁粗糙系数，但对于主、支汊迎流条件、断面形态、进出口深泓纵坡存在明显差别的分汊河段，两汊的曼宁粗糙系数并不相等，各汊曼宁粗糙系数的相对大小直接影响流场分布，进而影响分汊河段的冲淤调整。因此，表征断面综合阻力的曼宁粗糙系数无法体现其沿横断面的变化，合理地确定分汊河段的阻力沿横向的分布是正确模拟分汊河段冲淤演变的前提。

本书在进行分汊河段数值模拟时，会根据来流条件及河床地形边界对主、支汊曼宁粗糙系数之比进行调整，以尽可能满足式（7.2.12）所表达的两汊综合系数之比与平均水深之比之间的相关关系为目标，具体的步骤如下。

（1）利用本书提出的分汊河段综合阻力计算公式［式（7.1.40）］确定分汊河段沿程曼宁粗糙系数，令横断面各处的曼宁粗糙系数均等于该断面的曼宁粗糙系数，计算流场分布并得到两汊的分流量、过水面积和平均水深。

（2）将步骤（1）得到的两汊分流量、过水面积和平均水深代入式（7.2.11）计算两汊综合系数之比 $C_{m,1}/C_{m,2}$，并与由实测资料率定后的式（7.2.12）的计算结果做比较：若相同 H_1/H_2 条件下的 $C_{m,1}/C_{m,2}$ 相较于式（7.2.12）计算的 $C_{m,1}/C_{m,2}$ 偏大 $x_1\%$，则将两汊曼宁粗糙系数之比 n_1/n_2 调小 $x_1\%/(1+x_1\%)$；反之，若相同 H_1/H_2 条件下的 $C_{m,1}/C_{m,2}$ 相较于式(7.2.12)计算的 $C_{m,1}/C_{m,2}$ 偏小 $x_1\%$，则将两汊曼宁粗糙系数之比 n_1/n_2 调大 $x_1\%/(1-x_1\%)$。

（3）将更新后的曼宁粗糙系数代入模型重新计算流场，并重复步骤（2），直到数学模型输出值代入式（7.2.11）后计算得到的 $C_{m,1}/C_{m,2}$ 与式（7.2.12）计算的 $C_{m,1}/C_{m,2}$ 的误差在一定的范围 em 内，即认为两汊曼宁粗糙系数之比已能反映真实的河道阻力分布。

以太平口水道为例，分别将 2014 年 2 月和 2014 年 12 月实测地形作为初始地形建立平面二维数学模型，模型介绍与网格划分分别见 8.1 节和 7.1.4 小节。模型进口一共设置 78 个流量级，以 500 m³/s 为间隔，从 6 000 m³/s 逐渐增加至 44 500 m³/s；出口水位根据实测的水位-流量关系确定。分别计算①不改变两汊曼宁粗糙系数之比、②em＝5%、③em＝2%、④em＝1%共四种条件下的流场分布，绘制相应的分流比随流量的变化结果及两汊综合系数之比随平均水深之比的变化结果，如图 7.2.8 和图 7.2.9 所示。

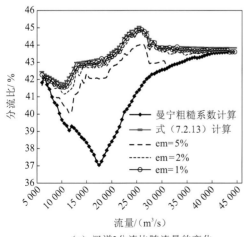

（a）汊道3分流比随流量的变化

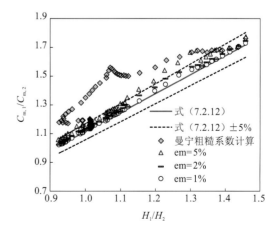

（b）汊道3 $C_{m,1}/C_{m,2}$ 随 H_1/H_2 的变化

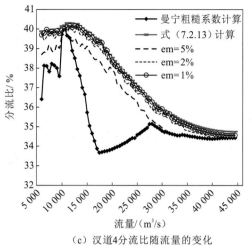

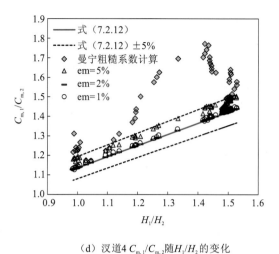

（c）汊道4分流比随流量的变化　　　　　　　　　（d）汊道4 $C_{m,1}/C_{m,2}$ 随 H_1/H_2 的变化

图 7.2.8　2014 年 2 月地形数值模拟结果

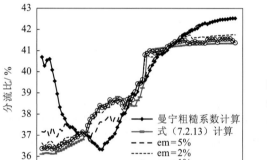

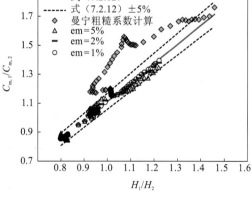

（a）汊道3分流比随流量的变化　　　　　　　　　（b）汊道3 $C_{m,1}/C_{m,2}$ 随 H_1/H_2 的变化

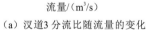

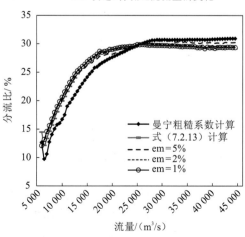

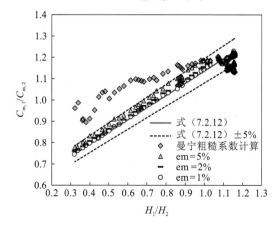

（c）汊道4分流比随流量的变化　　　　　　　　　（d）汊道4 $C_{m,1}/C_{m,2}$ 随 H_1/H_2 的变化

图 7.2.9　2014 年 12 月地形数值模拟结果

（1）用曼宁粗糙系数进行计算时，模型计算的分流比与式（7.2.13）计算的分流比均有明显的偏差，随流量的变化趋势甚至截然相反。其主要原因在于：条件①将曼宁粗糙系数沿横断面设置为一个定值，无法反映主、支汊阻力的差别，$C_{m,1}/C_{m,2}$ 随 H_1/H_2 的变化偏离河道实测经验曲线太远。

（2）对两汊曼宁粗糙系数按照式（7.2.12）进行逼近后，模型计算的分流比逐渐向式（7.2.13）计算的分流比靠近。当控制误差 em 越小时，$C_{m,1}/C_{m,2}$ 随 H_1/H_2 的变化越逼近式（7.2.12），模型计算的分流比也越靠近式（7.2.13）的计算结果，表明分汊河段曼宁粗糙系数的分布已调整至接近实际值，此时的流场计算结果才能反映分汊河段的真实情况。

综上可知，结合 7.1.3 小节建立的综合阻力计算公式[式（7.1.40）]和本节改进后的分流比计算公式，可以在分汊河段平面二维数值模拟中实现阻力分布随水流条件与河床冲淤的自动调整，使得分汊河段数值模拟的结果更准确。

7.3　本章小结

（1）基于原型观测数据与物理模型试验数据的对比验证表明，现有的动床阻力计算公式可以在一定程度上反映阻力系数的变化，但是由于公式中未包含反映分汊河段特征的参数，在描述分汊河段的阻力时有一定的不适应性。

（2）分汊河段断面缩扩比对阻力大小有较明显的影响。基于实测资料的分析表明，分汊河段断面的沿程突扩和突缩对阻力产生了较明显的影响，阻力系数随着断面缩扩系数的增加而迅速增大。

（3）建立了包含水流强度（弗劳德数 Fr）、床面粗糙度（相对水深 H/D_{50}）、横断面形态（断面河相系数 ε）和分汊断面缩扩程度（A/A_0）的分汊河段综合阻力计算公式，验证结果表明：该公式可以更准确地计算长江中游分汊河段的曼宁粗糙系数。

（4）在数学模型中应用本书建立的综合阻力计算公式计算曼宁粗糙系数，具有根据河床冲淤调整及进口流量的变化对曼宁粗糙系数取值进行自动调整的能力，相较于传统的用实测资料率定曼宁粗糙系数的方法，提高了数学模型的模拟精度。

（5）两汊平均水深之比可以较全面地反映河道阻力、能坡的差异，与综合系数之比高度相关，将平均水深之比与综合系数之比的关系引入分流比计算公式，得到了较高精度的分流比计算公式，各流量下计算偏差均小于 5%。

（6）将建立的综合阻力计算公式及改进后的分流比计算公式应用于分汊河段平面二维数值模拟中，可调整两汊曼宁粗糙系数的比值，使得分汊河段的阻力分布随河床冲淤与水流条件的变化进行自动调整，提高了对分汊河段模拟的准确性。

第 8 章

新水沙条件下分汊河段冲淤调整数值模拟

8.1　数学模型的建立与验证

8.1.1　水沙条件的选取

　　杨家脑—杨厂河段长 74 km，河宽为 1 300～1 500 m，可划分为涴市水道、太平口水道、瓦口子水道、马家咀水道和斗湖堤水道五个子河段，自上而下依次分布有太平口汊道、三八滩汊道、金城洲汊道和南星洲汊道共四个典型汊道（图 8.1.1）。

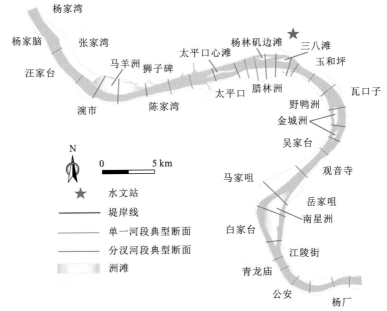

图 8.1.1　杨家脑—杨厂河段河势及典型断面位置示意图

　　模拟水沙条件的选取基于实际水库运用调度对来水来沙条件的改变。上游来水过程主要决定于自然径流过程和水库调蓄，来沙过程则同时受流量过程和来沙饱和度的影响，后者可由流量-输沙率关系曲线的陡峭程度进行衡量。

　　杨家脑—杨厂河段的来水来沙条件可以以沙市站实测水沙资料为代表。从沙市站年径流量与年输沙量的变化（图 8.1.2）来看，蓄水后年径流量总体较为稳定，无明显变化趋势；年输沙量则在蓄水后急剧减小，并总体呈持续递减的趋势。可见，三峡水库的修建显著减少了下游河道的来沙数量，但对年径流量并无太大影响。

　　相较而言，水库蓄水运用对径流过程的改变更为明显，蓄水后，同流量下三口分流比的变化不明显（许全喜 等，2013），因而在认为三峡水库修建对长江干流沿程支流、湖泊分、汇流量无太大影响的前提下，可将水库下游各水文站的流量还原如下：

$$Q_{pre} = Q_{post} + Q_{out} - Q_{in} \tag{8.1.1}$$

式中：Q_{pre}、Q_{post} 分别为还原后的流量和实际流量；Q_{in}、Q_{out} 分别为三峡水库入库和出库流量。

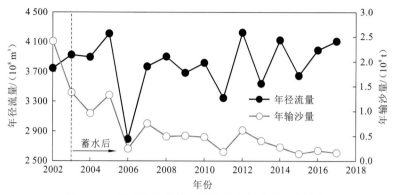

图 8.1.2　蓄水后沙市站年径流量与年输沙量的变化

从沙市站蓄水前后流量-输沙率关系曲线的对比（图 8.1.3）来看，即便是在三峡水库修建前的 1991～2002 年，因长江上游来沙、流域产沙的减少及水土保持工程的实施（Yang et al.，2014），沙市站来沙量已呈减小的趋势；三峡水库蓄水拦沙导致 2003 年的流量-输沙率关系曲线相较于 2002 年显著变缓，在蓄水后的十余年内，上游来沙持续减少。蓄水后流量-输沙率关系曲线越平缓，表明相同流量所输送的沙量越少，来沙饱和度 β 越小。利用各年的流量-输沙率关系曲线及蓄水前（1991～2002 年）的平均流量-输沙率关系曲线计算蓄水后来沙饱和度的变化过程，如图 8.1.4 所示。蓄水前的 2001 年和 2002 年，来沙饱和度总体在 1.0 上下浮动；2003 年之后，来沙饱和度迅速减小，至 2014 年，来沙饱和度总体下降至 0.096。预计随着长江上游梯级水库群的修建完成，沙市站流量-输沙率关系曲线会持续变缓（Li et al.，2018b），来沙饱和度则进一步减小。

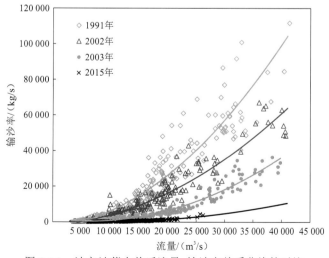

图 8.1.3　沙市站蓄水前后流量-输沙率关系曲线的对比

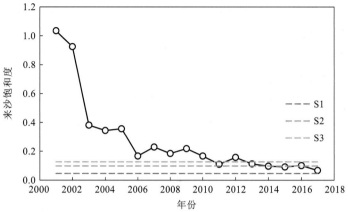

图 8.1.4 沙市站蓄水后来沙饱和度的变化过程

因此，基于上述三峡水库调蓄对杨家脑—杨厂河段来水来沙条件的影响特点，本书选取蓄水后调蓄量较大、河床冲淤调整较为显著的 2014 年作为典型水文年。

以 2014 年实测流量过程为基准，用高斯函数构造出三条峰值不同但径流总量相同的虚拟流量过程线 [图 8.1.5（a）]：

$$F(t) = y_0 + T / (\sigma \sqrt{\pi / 2}) \times \exp[-2(t - x_e)^2 / \sigma^2] \qquad (8.1.2)$$

式中：t 为时间；$F(t)$ 为 t 时刻的流量；y_0、T、σ、x_e 均为相应的拟合参数。按照峰值由小到大，将三条流量过程线依次表示为 F1、F2 和 F3，其中：①F1 的峰值约为 30 000 m^3/s，中水历时最长，可以代表流量过程进一步调平后的情况；②F2 的峰值约为 40 000 m^3/s，与实际来水过程的峰值相当，可以代表当前三峡水库实际运行调度的情况；③F3 的峰值约为 50 000 m^3/s，与还原后的流量峰值相当，洪水流量持续时间最长，可以代表无三峡水库调蓄的情况。

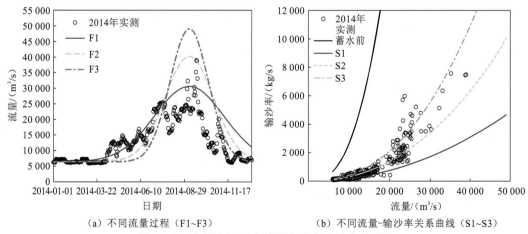

（a）不同流量过程（F1~F3）　　　　　（b）不同流量-输沙率关系曲线（S1~S3）

图 8.1.5 沙市站 2014 年实测与虚拟水沙条件对比

进一步依据蓄水后流量-输沙率关系曲线的变化趋势，构造与流量过程匹配的来沙过程。

在 2014 年实测流量-输沙率关系曲线的基础上，通过构造三条倾斜程度不同的流量-输沙率关系曲线来反映蓄水后沙市站上游来沙条件所发生的变化[图 8.1.5（b）]。按照来沙饱和度由小到大，将三条流量-输沙率关系曲线依次表示为 S1、S2 和 S3。其中：①S1 最平缓，来沙饱和度最小，为 0.046，与 2017 年实测流量-输沙率关系曲线相当，可以反映上游来沙进一步减少的情况；②S2 由 2014 年实测流量-输沙率关系曲线拟合得到，来沙饱和度为 0.096，可以代表杨家脑—杨厂河段当前实际的来沙条件；③S3 最陡，来沙饱和度最大，为 0.126，与 2011 年实测流量-输沙率关系曲线相当，可以反映上游来沙进一步增多的情况。

至此，9 组虚拟的水沙组合条件已全部构建完成并与 2014 年实测水沙过程一道列于表 8.1.1 中。在模拟计算过程中，仅对进、出口来水来沙条件及水位进行变换，河床初始地形与床沙组成均保持不变。

表 8.1.1　数值模拟试验条件设置

试验条件代号	流量过程	流量-输沙率关系曲线	代表条件	目的
R1	F1	S1	流量过程调平，来沙饱和度减小	
R2	F1	S2	流量过程调平，来沙饱和度不变	
R3	F1	S3	流量过程调平，来沙饱和度增大	
R4	F2	S1	流量过程不变，来沙饱和度减小	
R5	F2	S2	流量过程不变，来沙饱和度不变	定量分析不同水沙组合条件对杨家脑—杨厂河段冲淤调整的影响
R6	F2	S3	流量过程不变，来沙饱和度增大	
R7	F3	S1	洪峰流量增大，来沙饱和度减小	
R8	F3	S2	洪峰流量增大，来沙饱和度不变	
R9	F3	S3	洪峰流量增大，来沙饱和度增大	
R10	2014 年实测	2014 年实测	实际来水来沙条件	数学模型动床验证和典型水文年冲淤过程分析

8.1.2　模型简介

1. 基本方程

1）水流连续方程

$$\frac{\partial Z}{\partial t} + \frac{\partial (hu)}{\partial x} + \frac{\partial (hv)}{\partial y} = 0 \qquad （8.1.3）$$

式中：t 为时间；x、y 为笛卡儿坐标；h 为水深；Z 为水位；u、v 分别为 x、y 方向上的垂线平均流速。

2）水流运动方程

$$\frac{\partial u}{\partial t} + u\frac{\partial u}{\partial x} + v\frac{\partial u}{\partial y} + g\frac{\partial Z}{\partial x} = fv + \nu_t\left(\frac{\partial^2 u}{\partial x^2} + \frac{\partial^2 u}{\partial y^2}\right) - \frac{u\sqrt{u^2+v^2}\,n^2 g}{h^{4/3}} \tag{8.1.4}$$

$$\frac{\partial v}{\partial t} + u\frac{\partial v}{\partial x} + v\frac{\partial v}{\partial y} + g\frac{\partial Z}{\partial y} = -fu + \nu_t\left(\frac{\partial^2 v}{\partial x^2} + \frac{\partial^2 v}{\partial y^2}\right) - \frac{v\sqrt{u^2+v^2}\,n^2 g}{h^{4/3}} \tag{8.1.5}$$

式中：g 为重力加速度；f 为科里奥利力系数；n 为曼宁粗糙系数；ν_t 为紊动黏性系数，可由零方程模型计算（Elder，1959），即

$$\nu_t = \alpha h u_* \tag{8.1.6}$$

其中：α 为经验系数，一般在 $0.3\sim1.0$ 变化；u_* 为摩阻流速，可通过 $u_* = n u g^{1/2}/h^{1/6}$ 来计算。

3）悬移质不平衡输沙方程

$$\frac{\partial(hS_i)}{\partial t} + \frac{\partial(uhS_i)}{\partial x} + \frac{\partial(vhS_i)}{\partial y} = \frac{\partial}{\partial x}\left(\varepsilon_x h\frac{\partial S_i}{\partial x}\right) + \frac{\partial}{\partial y}\left(\varepsilon_y h\frac{\partial S_i}{\partial y}\right) + a_i\omega_i(S_i^* - S_i) \tag{8.1.7}$$

式中：ε_x、ε_y 分别为 x、y 方向的悬移质泥沙扩散系数；S_i、S_i^*、a_i 分别为第 i 组悬移质体积含沙量、挟沙能力和恢复饱和系数；ω_i 为第 i 组悬移质的泥沙沉速，可由式（7.1.34）进行计算。

水流挟沙能力的概念适用于悬移质总体和每一分组粒径。根据长江实测资料，任一垂线总的挟沙能力可由式（8.1.8）计算：

$$S^* = K\left(0.1 + 90\frac{\omega}{\bar{u}}\right)\frac{\bar{u}^3}{gh\omega} \tag{8.1.8}$$

式中：K 为断面平均的挟沙能力系数；$\bar{u}$ 为垂线平均流速；ω 为泥沙沉速。

悬移质分组挟沙能力 S_i^* 的计算采用胡海明和李义天（1996）提出的方法，同时考虑水流条件与床沙组成的影响，即将床沙级配与分组挟沙能力级配通过式（8.1.9）建立联系：

$$P_i^* = P_{b,i}\frac{\dfrac{1-A_i}{\omega_i}\left(1-\mathrm{e}^{-\frac{6\omega_i}{\kappa u_*}}\right)}{\displaystyle\sum_{i=1}^{N} P_{b,i}\frac{1-A_i}{\omega_i}\left(1-\mathrm{e}^{-\frac{6\omega_i}{\kappa u_*}}\right)}, \quad A_i = \frac{\omega_i}{\dfrac{\sigma_v}{\sqrt{2\pi}}\mathrm{e}^{-\frac{\omega_i^2}{2\sigma_v^2}} + \omega_i\displaystyle\int_{-\infty}^{\omega_i}\frac{1}{\sqrt{2\pi}\sigma_v}\mathrm{e}^{-\frac{v'^2}{2\sigma_v^2}}\mathrm{d}v'} \tag{8.1.9}$$

式中：P_i^*、$P_{b,i}$ 分别为第 i 组悬移质的挟沙能力级配和床沙级配；κ 为卡门参数，可取为 0.4；N 为泥沙分组数，本书取为 10；σ_v 为垂向紊动系数，本书令其等于 u_*。

因此，在已知床沙组成，且由式（8.1.8）、式（8.1.9）分别计算得到总的挟沙能力和分组挟沙能力级配后，分组挟沙能力 S_i^* 可通过 $S_i^* = P_i^* S^*$ 计算得到。

4）推移质不平衡输沙方程

$$\frac{\partial(hS_{b,i})}{\partial t} + \frac{\partial(uhS_{b,i})}{\partial x} + \frac{\partial(vhS_{b,i})}{\partial y} = \frac{\partial}{\partial x}\left(\varepsilon_{b,x} h\frac{\partial S_{b,i}}{\partial x}\right) + \frac{\partial}{\partial y}\left(\varepsilon_{b,y} h\frac{\partial S_{b,i}}{\partial y}\right) + \alpha_{b,i}\omega_{b,i}(S_{b,i}^* - S_{b,i}) \tag{8.1.10}$$

式中：$\varepsilon_{b,x}$、$\varepsilon_{b,y}$ 分别为 x、y 方向的推移质泥沙扩散系数；$\alpha_{b,i}$、$\omega_{b,i}$ 分别为第 i 组推移质的恢复饱和系数和泥沙沉速，后者可由式（7.1.34）计算；$S_{b,i}$、$S_{b,i}^{*}$ 分别为第 i 组推移质输沙率 $g_{b,i}$、推移质饱和输沙率 $g_{b,i}^{*}$ 折算为全水深的浓度，可由式（8.1.11）进行转换。

$$S_{b,i}^{*} = \frac{g_{b,i}^{*}}{h\sqrt{u^2+v^2}}, \qquad S_{b,i} = \frac{g_{b,i}}{h\sqrt{u^2+v^2}} \tag{8.1.11}$$

长江上的推移质饱和输沙率可由窦国仁公式计算（张瑞瑾，1998）：

$$g_b^{*} = \frac{k_1 h^{1/3}}{n^2 g} \frac{\rho_s \rho}{\rho_s - \rho}(u - u_c)\frac{u^3}{g\omega} \tag{8.1.12}$$

式中：k_1 为经验系数；ρ、ρ_s 分别为水和泥沙的密度；u_c 为泥沙起动流速，可由式（8.1.13）计算得到（张瑞瑾，1998）。

$$u_c = \left(\frac{h}{d}\right)^{0.14}\left[2g\frac{\rho_s - \rho}{\rho}d + 6.05\times10^{-7}\left(\frac{10+h}{d^{0.72}}\right)\right]^{0.5} \tag{8.1.13}$$

式中：d 为泥沙粒径。

因此，在利用式（8.1.12）计算得到总的推移质饱和输沙率 g_b^{*} 后，分组推移质饱和输沙率 $g_{b,i}^{*}$ 可通过 $g_{b,i}^{*} = P_{b,i}g_b^{*}$ 计算得到。

5）河床变形方程

$$\rho_s'\frac{\partial Z_b}{\partial t} = \sum_{i=1}^{N} a_i\omega_i(S_i - S_i^{*}) + \sum_{j=1}^{M}\alpha_{b,j}\omega_{b,j}(S_{b,j} - S_{b,j}^{*}) \tag{8.1.14}$$

式中：M、N 分别为推移质、悬移质泥沙粒径分组数；ρ_s' 为床沙干密度；Z_b 为床面高程。

2. 数值解法

对基本控制方程［式（8.1.3）～式（8.1.5）、式（8.1.7）和式（8.1.10）］进行贴体正交曲线网格坐标变换后可将其表达为如下通用对流扩散方程形式：

$$C_{\xi}C_{\eta}\frac{\partial \psi}{\partial t} + \frac{\partial(C_{\eta}u\psi)}{\partial \xi} + \frac{\partial(C_{\xi}v\psi)}{\partial \eta} = \frac{\partial}{\partial \xi}\left(\Gamma\frac{C_{\eta}}{C_{\xi}}\frac{\partial \psi}{\partial \xi}\right) + \frac{\partial}{\partial \eta}\left(\Gamma\frac{C_{\xi}}{C_{\eta}}\frac{\partial \psi}{\partial \eta}\right) + C \tag{8.1.15}$$

式中：ξ、η 为变换后的坐标；ψ 为待求解变量（u、v、h、S 或 g_b^{*}）；Γ、C 分别为通用对流扩散方程的扩散系数和源项，不同控制方程的差别主要体现在 Γ 和 C 里面；C_{ξ} 和 C_{η} 为正交曲线坐标系中的拉梅系数。

采用控制体积法离散式（8.1.15），为避免棋盘式水位分布，本书采用交错网格对流速和其他变量进行分开求解（图 8.1.6）。对控制方程在每一个控制体积内进行积分后可以得到控制方程的离散形式：

$$a_P\psi_P = a_E\psi_E + a_W\psi_W + a_N\psi_N + a_S\psi_S + b \tag{8.1.16}$$

式中：下标"P""E""W""N""S"为图 8.1.6 所示的计算节点；a 为各节点上的离散系数；b 为离散方程的源项。

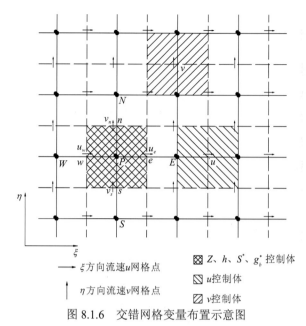

图 8.1.6　交错网格变量布置示意图

e、s、w、n 表示东、南、西、北方向；u_w、u_e 分别为流入和流出控制体的横向流速；

v_s、v_n 分别为流入和流出控制体的纵向流速

离散方程的求解采用逐行扫描的交替方向隐式法，为解决流场求解中流速、水位耦合的问题，本书基于 SIMPLE 的思想，采用 Patanker 压力校正法来计算水位。同时，为避免迭代计算过程中发生溢出，采用 Patanker 和 Splading 提出的欠松弛技术和块校正技术（Wu，2004）进行求解。

在假定河床变形的时间尺度远大于水流运动的前提下（Guan et al.，2015；Duan et al.，2001），本书对水流和泥沙变量进行非耦合求解。

3. 边界条件与初始条件

平面二维水沙数学模型计算中，边界条件包括计算河段的进出口边界、岸边界和动边界等。本模型中河段进口给定流量、悬移质含沙量和推移质输沙率过程；河段出口给定相应的水位过程。进口边界流速采用曼宁公式计算并进行总流量的校正。岸边界按照非滑移边界处理，即流速、垂向水位梯度、悬移质含沙量梯度及推移质输沙率梯度均为零。另外，本书采用程文辉和王船海（1988）提出的"冻结"法对边滩和江心洲导致的水位边界波动进行处理，选取厚度约为 5 mm 的薄水层作为干湿边界判定标准，当网格点水深大于 5 mm 时，边界不露出，曼宁粗糙系数取正常值；当网格点水深小于 5 mm 时，曼宁粗糙系数取一个接近于无穷大的常数（Yang et al.，2015）。初始条件包括初始速度场、初始水位场和初始含沙量场。初始速度场中，令 η 方向上的速度 v 为零，ξ 方向上的速度 u 同样由曼宁公式计算得到并进行总流量的校正；初始水位场可根据进出口水位和断面间距插值得到；初始含沙量场全场均匀分布并等于进口处的值。随着模型迭代计算的进行，上述初始条件的影响会逐步消失，不会影响模型的最终计算结果。

4. 模型中关键问题的处理

1）曼宁粗糙系数的确定

计算河段各典型断面曼宁粗糙系数的取值可由 7.1.3 小节介绍的综合阻力计算公式 [式（7.1.40）]进行确定；进而，根据 7.2.3 小节介绍的方法，对汊道断面两汊的曼宁粗糙系数比值进行调整，得到分汊河段的曼宁粗糙系数。

2）床沙级配调整模式

在模拟河床冲淤时，床沙级配的调整采用韦直林等（1997）模式，即将河床泥沙分为表、中、底三层（图 8.1.7），各层的厚度与平均级配分别表示为 h_u、h_m、h_b 和 P_{ui}、P_{mi}、P_{bi}。表层为泥沙交换层，中层为过渡层，底层为冲刷极限层，河床的冲淤仅发生在表层。

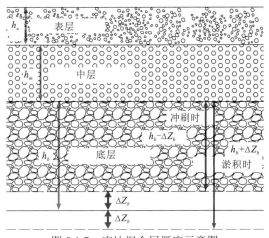

图 8.1.7　床沙混合层厚度示意图

在每一个计算时段内，各层之间的分界面固定不变，计算时段末，根据床面的淤积（或冲刷）厚度向上（或向下）移动表层和中层，但保持其厚度不变，仅对底层的厚度进行调整。

具体计算过程为：设某一计算初始时刻的表层级配为 P_{ui}^0，在计算时段内由第 i 组泥沙引起的冲淤厚度和总的冲淤厚度分别为 ΔZ_{bi}、ΔZ_b，则计算时段末，原表、中层分界线以上区域的级配更新为

$$P_{ui}' = \frac{h_u P_{ui}^0 + \Delta Z_{bi}}{h_u + \Delta Z_b} \qquad (8.1.17)$$

由此，各层的位置及组成也被重新确定。

3）推移质与悬移质的划分

将悬浮指标 $\omega/(\kappa u_*)$（其中，ω 为泥沙沉速，κ 为卡门参数，u_* 为摩阻流速）作为划分悬移质和推移质的依据（张瑞瑾，1998）。当悬浮指标大于 5 时，为推移质；当悬浮指标小于 5 时，为悬移质。

8.1.3 模型验证

将研究区域用 380×60 的贴体正交曲线网格覆盖，分别进行模型的水流运动相似验证与河床冲淤变形相似验证。

水流运动相似验证包括水位、流速和汊道分流比的验证，计算地形边界为 2014 年 2 月实测地形，进口流量为 6 900 m³/s；河床冲淤变形相似验证包括冲淤量和冲淤分布的验证，初始地形采用 2014 年 2 月实测地形，进口给定 2014 年 2～12 月的实测流量过程和来沙过程。

1. 水位验证

模拟河段沿程 18 个水文断面（断面位置见图 8.1.1）的水位计算值与实测值的对比结果[图 8.1.8（a）]显示：各断面水位计算值与实测值吻合较好，绝对误差在±8 cm 以内，基本满足模拟计算的精度要求。

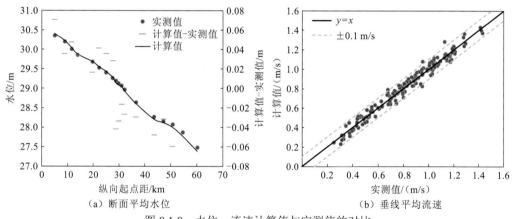

图 8.1.8　水位、流速计算值与实测值的对比

2. 流速验证

图 8.1.8（b）给出了各测线垂线平均流速计算值与实测值的对比情况，图 8.1.9 进一步给出了四个典型汊道断面垂线平均流速分布的验证情况。各垂线平均流速的计算值与实测值相差较小，误差基本控制在±0.1 m/s 以内，典型断面的流速分布验证结果也与实际情况基本一致。

3. 分流比验证

模拟河段四个汊道左汊分流比计算值与实测值的差值均控制在-1.0%～1.2%范围内（表 8.1.2），说明模型对于各分汊河段入流条件的模拟精度较高。

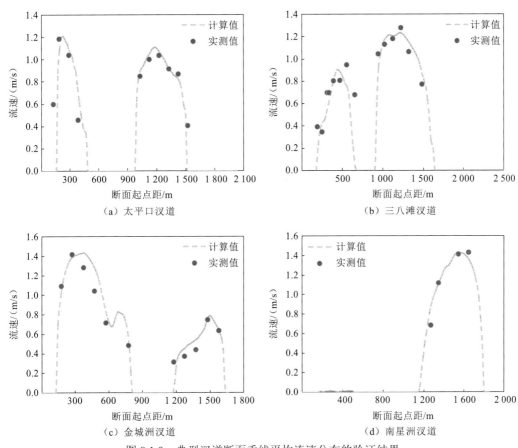

图 8.1.9　典型汊道断面垂线平均流速分布的验证结果

表 8.1.2　各典型汊道左汊分流比实测值与计算值的对比 （单位：%）

项目	太平口汊道北槽	三八滩汊道北汊	金城洲汊道左槽	南星洲汊道左汊
实测值	42.04	36.06	97.18	2.24
计算值	43.17	35.40	96.33	3.27
差值	1.13	−0.66	−0.85	1.03

4. 冲淤量验证

表 8.1.3 列出了验证时段内杨家脑—杨厂河段整体和各子河段冲淤体积实测值与计算值的对比情况。2014 年 2~12 月，杨家脑—杨厂河段共冲刷泥沙 1 811.5 万 m³，除最下游的斗湖堤水道表现为淤积外，其余河段均为冲刷，其中太平口水道和涴市水道的冲刷更剧烈。模型计算冲刷量较实测值偏小、淤积量较实测值偏大，误差相对值在-19.7%~10.7%范围内变化，可满足计算精度的要求。

表 8.1.3　杨家脑—杨厂河段冲淤体积计算值与实测值的对比

河段	冲淤体积/（$10^4\,\mathrm{m}^3$）		
	实测值	计算值	误差（相对值）
涴市水道（17.6 km）	−576.3	−506.4	69.9（−12.1%）
太平口水道（18.2 km）	−690.7	−554.6	136.1（−19.7%）
瓦口子水道（14.6 km）	−507.2	−427.6	79.6（−15.7%）
马家咀水道（15.9 km）	−320.9	−289.8	31.1（−9.7%）
斗湖堤水道（7.7 km）	283.6	313.9	30.3（10.7%）
全河段	−1 811.5	−1 464.5	347（−19.2%）

5. 冲淤分布验证

从验证时段内杨家脑—杨厂河段冲淤分布的计算结果与实际情况的对比（图 8.1.10）来看，2014 年 2～12 月，河段总体以冲刷为主，冲刷多集中于分汊河段的进出口、主汊内部及上下汊道之间的单一过渡段；而淤积多发生于心滩、边滩滩体表面和支汊内局部区域。计算冲淤幅度与实测冲淤幅度的差值总体控制在−0.85～0.71 m 内，表明数学模型的模拟计算结果可以较准确地反映上述冲淤调整发生的部位及冲淤幅度。

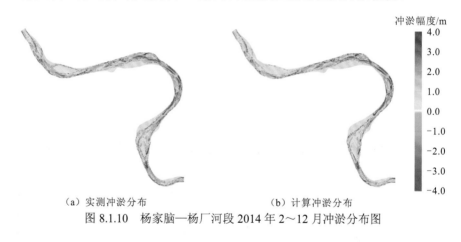

（a）实测冲淤分布　　　　　　　（b）计算冲淤分布
图 8.1.10　杨家脑—杨厂河段 2014 年 2～12 月冲淤分布图

8.2　水沙条件变化对分汊河段总体冲淤的影响

8.2.1　水沙条件变化对河道冲淤量的影响

1. 典型水文年河段冲淤变化过程

验证时段内河段累计总淤积量、累计总冲刷量和累计净冲淤量随时间的变化结果（图 8.2.1）表明，河段冲淤调整总体表现为净冲刷，累计总淤积量与累计总冲刷量基本保持同步增长。根据累计净冲刷量增长率的大小，可将整个年内调整过程划分为三个阶段：在涨水期开始之前和落水期结束之后的两个阶段，河段冲淤调整较缓慢，累计净冲刷量增长不多；大多数的河道冲淤变化主要集中于汛期的剧烈调整段，对应于流量过程中日均流量大于 15 000 m³/s 的区间，累计总冲刷量、累计总淤积量和累计净冲刷量分别占全年的 57%、56% 和 77%，日均净冲刷量达 32 726 m³。

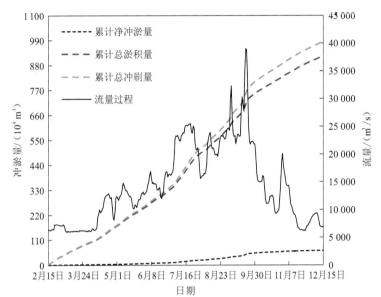

图 8.2.1 　验证时段内杨家脑—杨厂河段累计总淤积量、累计总冲刷量和累计净冲淤量随时间的变化过程

2. 指示河段冲刷强度的水沙搭配系数

水沙搭配系数可以用来反映水沙条件变化对河道冲淤特性的综合影响（韩剑桥，2015）。已有研究中，常用流量 Q、含沙量 S 代表来水、来沙条件，通过 Q 与 S 的组合得到不同的水沙搭配系数来反映水、沙输移的平衡程度，指示河道总体的冲淤倾向，如来沙系数 ξ_m（$=S/Q$）（李洁 等，2015；孙东坡 等，2013）常被用来反映水流的输沙能力，窦国仁（1964）通过理论推导证实冲积河流的断面形态正比于 $Q^{2/9}S^{4/9}$，夏军强等（2015）提出的河流侵蚀强度也采用了 Q^2/S 的形式。

由典型水文年河段冲淤变化过程可知，三峡水库蓄水后杨家脑—杨厂河段的冲淤调整主要发生在汛期。通过对汛期平均流量、含沙量进行组合，将水沙搭配系数表达为以下一般形式：

$$F(m) = \frac{1}{N_f} \sum_{j=1}^{N_f} (Q_j^m / S_j) / 10^{4m} \qquad (8.2.1)$$

式中：F 为水沙搭配系数，是幂指数 m 的函数；Q_j 为日均流量（m³/s）；S_j 为日均含沙量（kg/m³）；N_f 为汛期天数。当 m 等于 2 时，式（8.2.1）实际上为夏军强等（2015）提出的汛期平均河流侵蚀强度。

令 m 从 1 到 10 变化，计算相应的 $F(m)$，对不同水沙组合条件下河段净冲刷量与 $F(m)$ 进行线性回归，将决定系数 R^2 最大时的 m 代入式（8.2.1）即可得到指示河段冲刷强度的水沙搭配系数的最终形式，计算结果见图 8.2.2。

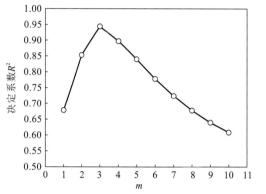

（a）不同 m 取值时 $F(m)$ 与河段净冲刷量线性回归的决定系数

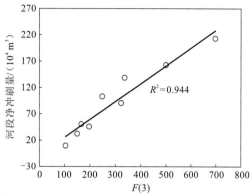

（b）$F(3)$ 与河段净冲刷量的相关关系

图 8.2.2 杨家脑—杨厂河段净冲刷量与水沙搭配系数的线性回归结果

当 m 由小到大增加时，河段净冲刷量与 $F(m)$ 线性回归的决定系数有一个先增后减的过程，当 m 等于 2～4 时，相关性较好，当 m 等于 3 时，决定系数最大，为 0.944，表明杨家脑—杨厂河段内，$F(3)$ 可作为指示河段冲刷强度的水沙搭配系数。

3. 不同流量过程对河段净冲刷量的影响

图 8.2.3 给出了不同水沙组合条件下河段累计净冲刷量的变化过程，表 8.2.1 进一步给出了不同水沙组合条件下河段汛期净冲刷量及其占全年净冲刷量的百分比。分析可知：

（1）相同来沙饱和度条件下，汛期流量越大，河段净冲刷量越大。

当来沙饱和度条件同为 S1，流量过程由 F1 变为 F3 时，河段净冲刷量分别为 90.3 万 m^3、162.8 万 m^3 和 213.1 万 m^3；当来沙饱和度条件同为 S2，流量过程由 F1 变为 F3 时，河段净冲刷量分别为 50.4 万 m^3、102.9 万 m^3 和 138.8 万 m^3；当来沙饱和度条件同为 S3，流量过程由 F1 变为 F3 时，河段净冲刷量分别为 9.7 万 m^3、32.5 万 m^3 和 45.9 万 m^3。

（2）相同来沙饱和度条件下，汛期流量越大，河段汛期净冲刷量越大。

当来沙饱和度条件同为 S1，流量过程由 F1 变为 F3 时，河段汛期净冲刷量分别为 78.6 万 m^3、147.0 万 m^3 和 190.3 万 m^3；当来沙饱和度条件同为 S2，流量过程由 F1 变为 F3 时，河段汛期净冲刷量分别为 43.7 万 m^3、92.3 万 m^3 和 119.4 万 m^3；当来沙饱和度条件同为 S3，流量过程由 F1 变为 F3 时，河段汛期净冲刷量分别为 8.2 万 m^3、24.7 万 m^3 和 29.7 万 m^3。

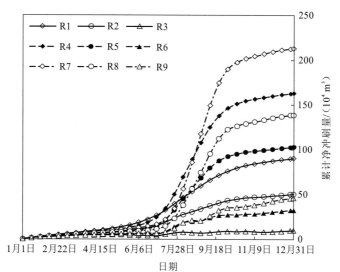

图 8.2.3　不同水沙组合条件下杨家脑—杨厂河段累计净冲刷量的变化过程

表 8.2.1　不同水沙组合条件下河段汛期净冲刷量及其占全年净冲刷量的百分比

试验条件	汛期净冲刷量/（10^4 m^3）	试验条件	汛期净冲刷量/（10^4 m^3）	试验条件	汛期净冲刷量/（10^4 m^3）
R1	78.6（87.0%）	R4	147.0（90.3%）	R7	190.3（89.3%）
R2	43.7（86.7%）	R5	92.3（89.7%）	R8	119.4（86.0%）
R3	8.2（84.5%）	R6	24.7（76.0%）	R9	29.7（64.7%）

注：括号内数值为汛期净冲刷量占比。

4. 不同来沙饱和度对河段净冲刷量的影响

进一步分析图 8.2.3 和表 8.2.1 可知：

（1）相同流量过程条件下，来沙饱和度越大，河段净冲刷量越小。

当流量过程同为 F1，来沙饱和度条件由 S1 变为 S3 时，河段净冲刷量分别为 90.3 万 m^3、50.4 万 m^3 和 9.7 万 m^3；当流量过程同为 F2，来沙饱和度条件由 S1 变为 S3 时，河段净冲刷量分别为 162.8 万 m^3、102.9 万 m^3 和 32.5 万 m^3；当流量过程同为 F3，来沙饱和度条件由 S1 变为 S3 时，河段净冲刷量分别为 213.1 万 m^3、138.8 万 m^3 和 45.9 万 m^3。

（2）相同流量过程条件下，来沙饱和度越大，河段汛期净冲刷量及其占比越小。

当流量过程同为 F1，来沙饱和度条件由 S1 变为 S3 时，河段汛期净冲刷量分别为 78.6 万 m^3、43.7 万 m^3 和 8.2 万 m^3，汛期净冲刷量占比分别为 87.0%、86.7%和 84.5%；当流量过程同为 F2，来沙饱和度条件由 S1 变为 S3 时，河段汛期净冲刷量分别为 147.0 万 m^3、92.3 万 m^3 和 24.7 万 m^3，汛期净冲刷量占比分别为 90.3%、89.7%和 76.0%；当流量过程同为 F3，来沙饱和度条件由 S1 变为 S3 时，河段汛期净冲刷量分别为 190.3 万 m^3、119.4 万 m^3 和 29.7 万 m^3，汛期净冲刷量占比分别为 89.3%、86.0%和 64.7%。

5. 流量过程与来沙饱和度对河段净冲刷量的影响差异

条件 R2、R5、R8 仅流量过程有所差异，来沙饱和度始终保持与 2014 年实际来沙饱和度相同（表 8.1.1）。当洪峰流量由调蓄前的 50 000 m³/s 进一步削峰至 30 000 m³/s 后，河段净冲刷量减少约 88.4 万 m³；实际的调度方式下，洪峰流量的削减幅度基本控制在 20 000 m³/s 以内，因此由水库调度造成的净冲刷量的减少应少于 88.4 万 m³。

条件 R4、R5、R6 的流量过程保持不变，洪峰流量均为当前调蓄方案下的 40 000 m³/s，但来沙饱和度有所差异（表 8.1.1）。175 m 试验性蓄水后，沙市站来沙饱和度总体在小范围内波动（0.067～0.218），与本书构造的来沙饱和度变化范围（0.046～0.126）大致相当。当上游来沙饱和度由 0.126 减小至 0.046 之后，河段净冲刷量增长约 130.3 万 m³。

可见，当上游来沙饱和度略有减小后，河段净冲刷量的增长（130.3 万 m³）要显著大于较大幅度的洪峰流量增加所带来的净冲刷量的增长（88.4 万 m³），说明水库蓄水运用后来沙饱和度的变化对河段净冲刷量的影响更大，上游来沙饱和度的减小是坝下游河段净冲刷量增长的主要原因。

8.2.2 水沙条件变化对河道冲淤部位的影响

1. 不同流量过程对河道冲淤部位的影响

计算不同水沙组合条件下各河槽累计净冲刷量占比，结果见图 8.2.4 和表 8.2.2。由图 8.2.4、表 8.2.2 可见：

（1）相同来沙饱和度条件下，汛期流量越小，发生在河床高程较高部位的冲刷越少，平滩高程以下对应于某一河床高程处的累计净冲刷量占比越大。

（2）相同来沙饱和度条件下，汛期流量越小，枯水河槽、基本河槽与平滩河槽累计净冲刷量占比越大，河道冲刷越向枯水河槽、基本河槽集中。

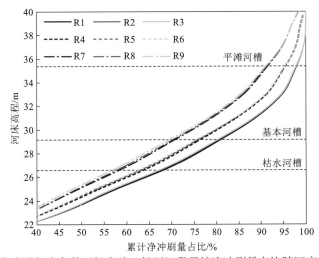

图 8.2.4 各水沙组合条件下杨家脑—杨厂河段累计净冲刷量占比随河床高程的变化

表 8.2.2　各水沙组合条件下杨家脑—杨厂河段不同河槽累计净冲刷量占比　（单位：%）

试验条件	枯水河槽	基本河槽	平滩河槽	试验条件	枯水河槽	基本河槽	平滩河槽	试验条件	枯水河槽	基本河槽	平滩河槽
R1	67.83	80.93	97.80	R4	63.37	76.32	95.35	R7	58.17	70.73	91.38
R2	67.27	80.51	97.73	R5	62.70	75.85	95.30	R8	57.53	70.22	91.26
R3	66.89	80.21	97.70	R6	62.30	75.54	95.26	R9	56.58	69.43	90.96

当来沙饱和度条件同为 S1，流量过程由 F3 变为 F1 时，枯水河槽累计净冲刷量占比由 58.17%增至 67.83%，基本河槽累计净冲刷量占比由 70.73%增至 80.93%，平滩河槽累计净冲刷量占比由 91.38%增至 97.80%，分别增加 9.66%、10.20%和 6.42%；当来沙饱和度条件同为 S2，流量过程由 F3 变为 F1 时，枯水河槽累计净冲刷量占比由 57.53%增至 67.27%，基本河槽累计净冲刷量占比由 70.22%增至 80.51%，平滩河槽累计净冲刷量占比由 91.26%增至 97.73%，分别增加 9.74%、10.29%和 6.47%；当来沙饱和度条件同为 S3，流量过程由 F3 变为 F1 时，枯水河槽累计净冲刷量占比由 56.58%增至 66.89%，基本河槽累计净冲刷量占比由 69.43%增至 80.21%，平滩河槽累计净冲刷量占比由 90.96%增至 97.70%，分别增加 10.31%、10.78%和 6.74%。

2. 不同来沙饱和度对河道冲淤部位的影响

进一步分析图 8.2.4 和表 8.2.2 可知，相同流量过程条件下，当来沙饱和度增大时，枯水河槽、基本河槽与平滩河槽累计净冲刷量占比略有减小：当流量过程同为 F1，来沙饱和度条件由 S1 变为 S3 时，枯水河槽累计净冲刷量占比由 67.83%减至 66.89%，基本河槽累计净冲刷量占比由 80.93%减至 80.21%，平滩河槽累计净冲刷量占比由 97.80%减至 97.70%，分别减小 0.94%、0.72%和 0.10%；当流量过程同为 F2，来沙饱和度条件由 S1 变为 S3 时，枯水河槽累计净冲刷量占比由 63.37%减至 62.30%，基本河槽累计净冲刷量占比由 76.32%减至 75.54%，平滩河槽累计净冲刷量占比由 95.35%减至 95.26%，分别减小 1.07%、0.78%和 0.09%；当流量过程同为 F3，来沙饱和度条件由 S1 变为 S3 时，枯水河槽累计净冲刷量占比由 58.17%减至 56.58%，基本河槽累计净冲刷量占比由 70.73%减至 69.43%，平滩河槽累计净冲刷量占比由 91.38%减至 90.96%，分别减小 1.59%、1.30%和 0.42%。

3. 流量过程与来沙饱和度对河道冲淤部位的影响差异

比较上述流量过程与来沙饱和度对河道冲淤部位的影响差异可知：

（1）流量过程和来沙饱和度变化均会对河道冲淤部位产生一定的影响。来沙饱和度的减小和汛期流量的减小均会使枯水河槽、基本河槽与平滩河槽累计净冲刷量的占比增大，使得冲刷向枯水河槽、基本河槽集中的程度增大。

（2）流量过程的变化直接改变河道冲淤调整的范围，使得河床高程较高的洲滩表面也有机会发生冲淤变化；来沙饱和度变化对河床高程相对更低的枯水河槽、基本河槽产生更大的影响。在流量过程未发生改变，仅上游来沙饱和度变化时，河道冲淤调整发生的部位不会有太大改变。

（3）各水沙组合条件下，基本河槽内累计净冲刷量占比一般大于 70%，平滩河槽以上累计净冲刷量占比均小于 10%，说明蓄水后即便水沙条件不发生改变，当前河道内的冲刷调整也主要发生在基本河槽以下。当洪峰流量由 50 000 m³/s 削减至 30 000 m³/s 后，各河槽内的累计净冲刷量均有所增加，基本河槽累计净冲刷量占比增加 10.20%～10.78%，河道冲刷调整进一步向基本河槽集中的趋势明显；来沙饱和度变化对河道冲淤部位调整的影响较小，当洪峰流量为 40 000 m³/s 时，来沙饱和度变化引发的各河槽累计净冲刷量占比的变化不超过 1.1%。

以蓄水后沙市站造床流量为界，计算各水沙条件下造床流量的累计造床作用，结果见表 8.2.3。可以看出：

（1）流量过程的变化对造床作用集中程度的改变较为显著。当流量过程由 F1 变为 F3 后，造床流量累计造床作用占比平均由 30.62%减小至 12.03%，表明汛期流量越小、中枯水流量历时越长，造床作用向中枯水流量集中的程度越高，使得冲刷更集中于枯水河槽、基本河槽，基本河槽与枯水河槽累计净冲刷量占比增大。

（2）来沙饱和度变化也会对造床作用的集中程度产生较小的影响。当来沙饱和度条件由 S3 变为 S1 后，造床流量累计造床作用占比平均增加 2.92%，表明来沙饱和度越小，造床作用向中枯水流量集中的程度越高，同样使得冲刷更集中于枯水河槽、基本河槽，基本河槽与枯水河槽累计净冲刷量占比增大。

表 8.2.3 各水沙组合条件下造床流量累计造床作用占比

试验条件	累计造床作用占比/%	试验条件	累计造床作用占比/%	试验条件	累计造床作用占比/%
R1	32.07	R4	19.46	R7	13.48
R2	30.90	R5	18.08	R8	12.24
R3	28.89	R6	16.99	R9	10.38

8.3 水沙条件变化对分汊河段断面形态的影响

来沙饱和度变化对河床冲淤沿横断面分布的影响较小，流量过程变化则会引起较明显的汊道冲淤调整及断面形态变化。

图 8.3.1 给出了来沙饱和度条件同为 S2，流量过程变化所造成的典型汊道断面的变化。

不同的水沙组合条件作用后，金城洲汊道与南星洲汊道均发生淤积，汊道断面萎缩；太平口汊道和三八滩汊道内各有冲淤，汊道断面形态由最终的净冲淤量大小及分布决定。

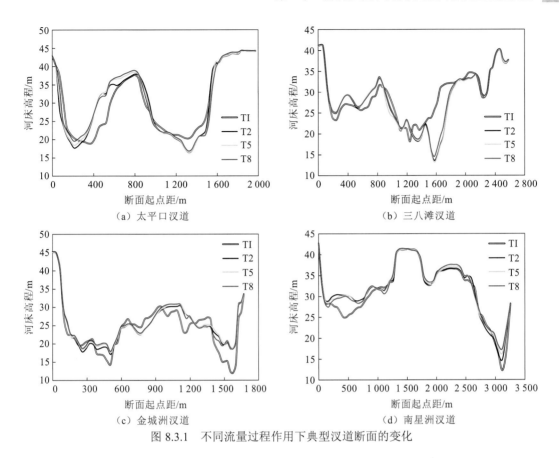

（a）太平口汊道　　　　　　　　　（b）三八滩汊道

（c）金城洲汊道　　　　　　　　　（d）南星洲汊道

图 8.3.1　不同流量过程作用下典型汊道断面的变化

将初始地形与各水沙组合条件作用后的河道地形分别用符号 TI 和 T1～T9 表示，对 TI 和 T1～T9 地形的沿程断面形态参数进行统计，并利用式（6.1.1）分别计算单一河段与分汊河段的平均形态参数（单一河段与分汊河段典型断面位置见图 8.1.1），结果见图 8.3.2 和图 8.3.3。

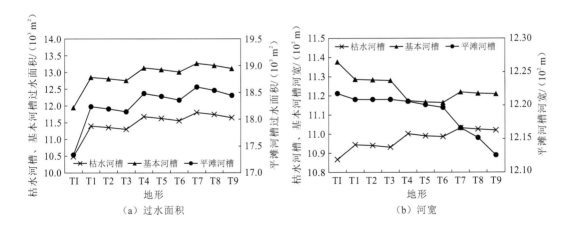

（a）过水面积　　　　　　　　　　（b）河宽

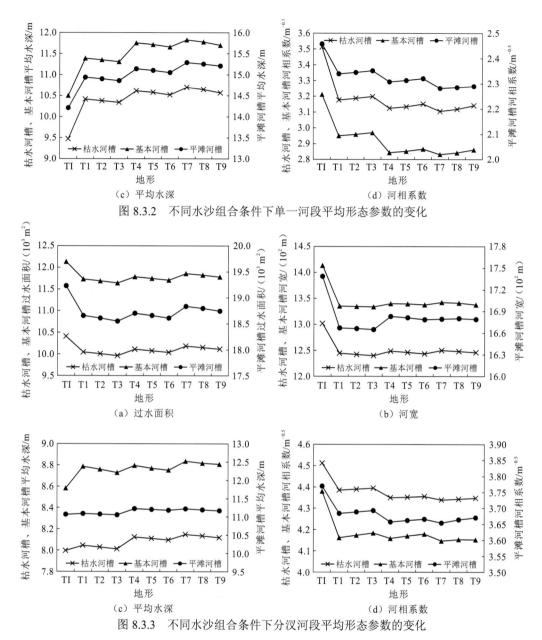

（c）平均水深　　　　　　　　　　（d）河相系数

图 8.3.2　不同水沙组合条件下单一河段平均形态参数的变化

（a）过水面积　　　　　　　　　　（b）河宽

（c）平均水深　　　　　　　　　　（d）河相系数

图 8.3.3　不同水沙组合条件下分汊河段平均形态参数的变化

（1）初始地形经各水沙组合条件作用后，单一河段不同河槽内的平均水深和过水面积均有所增加：枯水河槽、基本河槽和平滩河槽内，平均水深的最大增幅分别为 12.9%、12.7% 和 7.6%，过水面积的最大增幅分别为 12.6%、11.1% 和 7.3%；不同河槽内的河宽并没有表现出一致的变化，其中枯水河槽的河宽略有增大，基本河槽和平滩河槽的河宽则略有缩窄；各河槽内的河相系数一致减小，最大减幅为 11.8%。

（2）初始地形经各水沙组合条件作用后，分汊河段总体呈淤积的状态，不同河槽内的平均水深有所增大，过水面积、河宽及河相系数均一致减小，说明汊道断面总体呈萎缩的趋势，且向窄深化方向发展。

（3）尽管各水沙组合条件作用下，分汊河段与单一河段所发生的冲淤调整及断面形态变化有所差别，但分汊河段与单一河段平均形态参数对水沙条件变化的响应特征总体上是一致的：当汛期流量更大时，各河槽内的过水面积和平均水深增大，河相系数减小；当上游来沙饱和度增大时，各河槽内的过水面积和平均水深减小，河相系数增大。

（4）比较来看，流量过程变化对断面形态调整的影响更为显著。无论是分汊河段还是单一河段，相同来沙饱和度条件下，流量过程由 F1 变为 F3 所造成的过水面积、平均水深的增幅及河相系数的减幅明显大于流量过程不变、来沙饱和度条件由 S1 变为 S3 所造成的过水面积、平均水深的减幅及河相系数的增幅。

综上可知，蓄水后杨家脑—杨厂河段河道断面形态的调整主要表现为过水面积和平均水深的增加及河相系数的减小。在断面形态相对窄深、冲刷较为显著的单一河段，枯水河槽以下的深槽在冲刷的同时进一步拓宽，枯水河槽以上的河宽则略有缩窄，河道断面形态总体向窄深化方向发展；在年内冲淤调整总体表现为淤积的分汊河段，虽然河道断面略有萎缩，但断面形态同样向窄深化方向发展。汛期流量的增大及来沙饱和度的减小会使当前河道断面形态的窄深化特征更为明显。

8.4　水沙条件变化对分汊河段主支汊冲淤调整的影响

8.4.1　主支汊净冲淤量变化

为进一步反映分汊河段在不同水沙条件作用下发生的主支汊冲淤调整差异，本书以各江心洲滩滩脊线为界，分别统计各分汊河段主、支汊冲淤体积（分别用符号 $V_主$ 和 $V_支$ 表示）随时间的变化过程，则支汊相对于主汊的发展状况可用两者的冲淤体积之差来反映：

$$\Delta V = V_支 - V_主 \qquad (8.4.1)$$

当 ΔV 大于 0 时，主汊发展占优；当 ΔV 小于 0 时，支汊发展占优。

绘制不同水沙组合条件下 ΔV 和累计 ΔV 随时间的变化，如图 8.4.1 所示。从图 8.4.1 可以看出，除三八滩汊道的 ΔV 在年内始终大于 0 外，其余汊道的 ΔV 在年内均发生了符号的改变，即支汊占优与主汊占优的情况交替发生。

（1）太平口汊道在枯水流量下，主汊发展占优，随着流量的增加，ΔV 由正变负，表明分汊格局逐渐有利于支汊冲刷，支汊发展占优。但当流量超过某临界值后，ΔV 又重新增大，主汊冲刷量大于支汊，特别是当流量大于 40 000 m³/s 时，ΔV 甚至出现了由负转正的变化。

根据图 8.4.1（a）中 ΔV 极小值出现的日期，可以得到主汊重新发展占优的临界流量为 23 000 m³/s，该流量为与太平口心滩滩顶高程平齐的流量，说明在太平口心滩淹没之前，流量的增加有利于太平口汊道支汊的冲刷，而当流量漫过滩顶后，大流量对于主汊的冲刷发展更为有利。

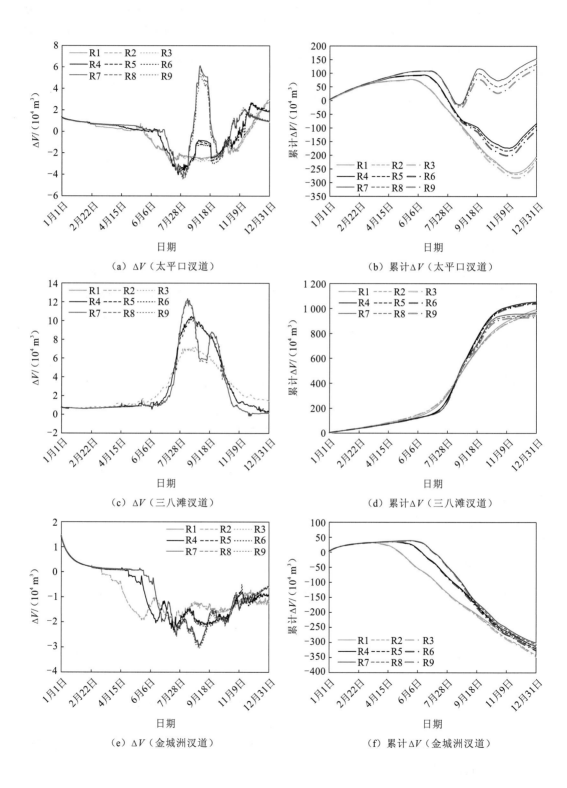

（a）ΔV（太平口汊道）

（b）累计ΔV（太平口汊道）

（c）ΔV（三八滩汊道）

（d）累计ΔV（三八滩汊道）

（e）ΔV（金城洲汊道）

（f）累计ΔV（金城洲汊道）

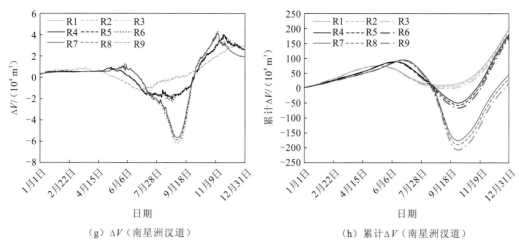

（g）ΔV（南星洲汉道）　　　　　　　（h）累计ΔV（南星洲汉道）

图 8.4.1　不同水沙组合条件下 ΔV 和累计 ΔV 的变化过程

可见，在两汉相差不大的太平口顺直分汉河段，分汉格局随水流条件变化会发生较大的调整，存在使得主支消长方向发生转换的临界流量，汉道年内冲淤调整交替表现为主汉占优和支汉占优。因此，流量过程和持续时间的变化对太平口汉道主支汉冲淤调整的影响较大，径流过程的改变可导致不同的主支消长结果。

（2）三八滩汉道北汉因上游杨林矶边滩的淤长下移，进口入流条件在 2012 年后急剧恶化，枯水分流比由 2012 年初的 67%减小至 2014 年 2 月初始地形下的 36%，分汉格局逐渐有利于南汉的冲刷发展。

典型水文过程作用下，上游杨林矶边滩的滩尾淤积进一步下延至北汉内部（汪飞 等，2015），北汉内的淤积远大于南汉，年内 ΔV 始终大于 0，反映了北汉总体呈淤积萎缩的态势；随着汛期流量的增大，上游杨林矶边滩冲刷加剧，北汉分沙比增大、淤积进一步增多；但当出现流量大于 40 000 m^3/s 的大洪水时，北汉内的冲刷动力增强，淤积的泥沙可被输送至下游，致使 ΔV 出现了减小的变化，表明大洪水流量有利于三八滩汉道支汉的冲刷发展。

（3）金城洲汉道在计算之初的枯水期 ΔV 大于 0，说明小流量下主汉发展占优。随着流量的增加，ΔV 逐渐减小并发生由正转负的变化，且汛期流量越大，ΔV 越小，支汉发展的趋势也越明显。

（4）南星洲汉道主、支汉河床高程相差较大，小流量下冲刷主要集中于主汉深槽，在汛前和汛后的枯水期 ΔV 均大于 0，主汉发展占优。随着流量的增加，支汉冲刷增多，ΔV 逐渐由正转负，且汛期流量越大，ΔV 越小，同样说明大流量有利于支汉的冲刷发展。

进一步比较不同上游来沙饱和度对汉道冲淤调整过程的影响可以发现：

（1）枯水期由于流量较小，来沙饱和度变化导致的来沙量差别不大，ΔV 与累计 ΔV 曲线几乎重合；但在汛期，由来沙饱和度变化导致的来沙量差别显著，使得汉道冲淤调整的幅度有明显的改变。

（2）来沙饱和度越大，各汊道内汛期的 ΔV 越小，累计 ΔV 曲线越低，表明汛期来沙量的增大会使得支汊冲刷增多、淤积减少，即更有利于支汊的冲刷发展。可见，当流量过程不变时，上游来沙饱和度越大，会导致汛期来沙越多，使得作为主输沙通道的主汊的分沙量增幅更大，从综合效果上来看，更有利于支汊的冲刷发展。

8.4.2 汊道分流比变化

图 8.4.2 与图 8.4.3 分别给出了各分汊河段在不同水沙条件作用下汊道分流比随时间的变化过程和调整后的地形条件下不同流量级汊道分流比的变化。从图 8.4.2、图 8.4.3 中主要可以得出以下几点认识。

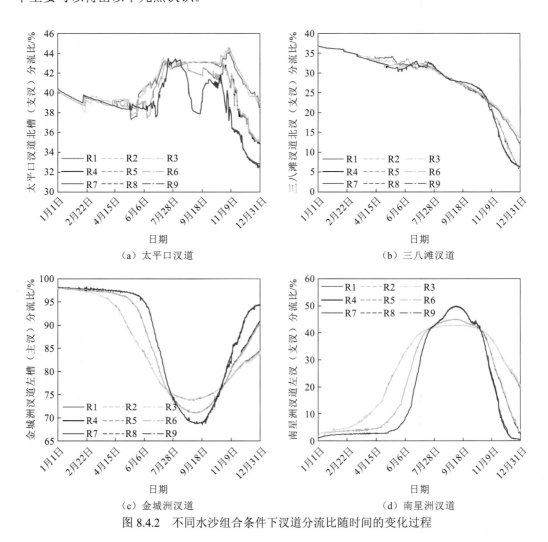

（a）太平口汊道　　　　　　　　　　（b）三八滩汊道

（c）金城洲汊道　　　　　　　　　　（d）南星洲汊道

图 8.4.2　不同水沙组合条件下汊道分流比随时间的变化过程

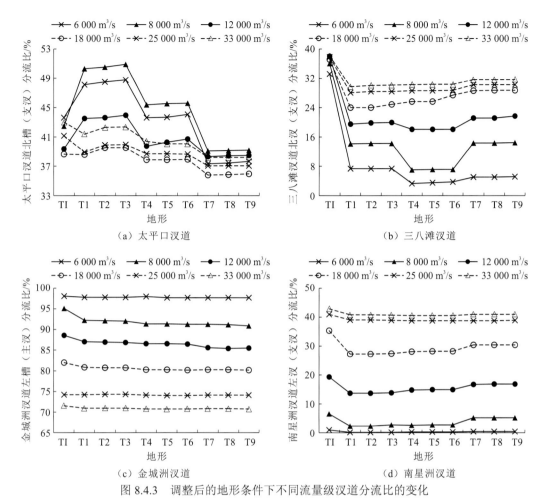

图 8.4.3　调整后的地形条件下不同流量级汊道分流比的变化

（1）流量过程变化对主支汊冲淤调整的影响要大于来沙饱和度变化。上游来沙饱和度的增大会更有利于支汊的冲刷发展；流量过程变化对不同分汊河段的影响有所差异。

从不同水沙组合条件所造成的汊道调整差异来看，年内分流比变化过程及最终地形下的分流比大小主要受流量过程的影响，来沙饱和度变化所引起的汊道分流比变化较小；不同的分汊河段内，流量过程变化如汛期流量增大引起的主支汊冲淤调整不尽相同，但上游来沙饱和度变化可造成较为一致的主支汊冲淤调整。来沙饱和度越大，冲淤调整后各典型汊道内的支汊分流比越大（图 8.4.3），说明来沙饱和度越大，总体上越有利于支汊的冲刷发展。

（2）顺直分汊河段的分汊格局对流量变化较为敏感，径流过程的调节会改变分汊河段主支消长的结果。

太平口顺直分汊河段的分汊格局对流量的变化较为敏感，北槽为洪、枯支汊，分流比年内基本小于 50%；在枯水流量下，主流居于主汊，分汊格局有利于主汊的冲刷发展；随着流量的增大，主流向支汊偏移，北槽分流比逐渐增加，分汊格局向有利于支汊的方向调整；但当流量超过 23 000 m³/s 后，流量的进一步增加会使得主流重新向主汊偏移，北槽分流比减小，且汛期流量越大，北槽分流比减小得越多，表明洪水流量下的分汊格局有利于主汊的冲刷发展；不同水沙组合条件作用后，太平口汊道支汊分流比出现了增加或减少的多样性变化[图 8.4.3（a）]，汛期洪峰流量越大，最终地形下北槽分流比越小，同样说明洪水流量有利于太平口汊道主汊的发展。

（3）汛期流量的增大或持续时间的增加会使主、支差异较大的微弯和弯曲分汊河段的分汊格局向有利于支汊的方向调整，当汛期流量大到一定程度后，同样可以导致不同的主支消长结果。

金城洲微弯分汊河段的分汊格局总体较为稳定，左槽为洪、枯主汊，分流比年内始终大于 65%；南星洲弯曲分汊河段的分汊格局随流量的变化可发生较大的调整，左汊为洪、枯支汊，分流比年内基本小于 50%。

两分汊河段内，枯水流量下的分汊格局均有利于主汊的冲刷发展；随着流量的增大，主流偏向支汊，支汊的分流比增大，且汛期流量越大，支汊分流比的增加越明显。

（4）在支汊分沙比较大的分汊格局下，汛期主流向支汊的偏移反而会使支汊的淤积增多，加快支汊的萎缩。

三八滩微弯分汊河段的北汊为洪、枯支汊，初始地形下的分汊格局不利于北汊的冲刷发展，北汊分流比年内总体呈减小的趋势。在汛前的枯水期，北汊分流比逐渐减小；涨水期间，北汊分流比短暂增加后急剧减小，且汛期流量越大，北汊分流比减小得越快，这主要是因为随着汛期流量的增大，杨林矶边滩尾部冲刷下移的泥沙直接输送至北汊内部，致使北汊分沙比显著增大，加快了支汊的淤积萎缩。

总体来看，分汊河段主支汊消长变化的各驱动因子对不同类型分汊河段冲淤调整的影响有着较明显的强弱之分：在两汊入流差异较小的顺直分汊河段，流量级的大小及持续时间的变化会导致截然不同的主支汊冲淤调整结果；在两汊入流条件差异明显的微弯或弯曲分汊河段，初始地形下的分汊格局决定了汊道冲淤调整的总体倾向，径流过程的调节会造成分汊格局的调整，加强或减弱部分主支消长变化。相同流量过程条件下，来沙饱和度的增大会更有利于支汊的冲刷发展，但影响较弱。

8.5 本 章 小 结

（1）通过对沙市站实测流量过程进行还原计算和比较三峡水库蓄水后流量-输沙率关系曲线的变化特点得出，三峡水库修建对杨家脑—杨厂河段来水来沙条件产生的主要影响在于，在保持径流总量不变的前提下削减了洪峰流量和来沙饱和度。基于以上水沙条件变化特点，以 2014 年实测水沙过程为基准，构造了 9 组水沙过程，作为数值模拟的输入条件。

（2）建立了杨家脑—杨厂河段的平面二维水沙数学模型，并采用 2014 年实测水沙资料对模型进行了验证。验证结果表明，沿程水位、断面流速分布、汊道分流比、冲淤量及冲淤分布的计算值与实测值均较为吻合，模型可以较好地反映杨家脑—杨厂河段的水沙输移特性，满足数值模拟计算要求。

（3）三峡水库下游分汊河段的冲淤调整主要发生在汛期，汛期流量的增加和来沙饱和度的减小均会加大河道的冲刷强度。水库蓄水运用后，上游来沙饱和度的减小是坝下游河道净冲刷量增长的主要原因，流量过程变化对河道净冲刷量的影响居次要地位。杨家脑—杨厂河段内，$F(3)$ 与净冲刷量有着较好的相关关系，可作为反映河道冲刷强度的水沙搭配系数。

（4）三峡水库蓄水后，河道冲刷主要发生在基本河槽以下。汛期流量的减小和来沙饱和度的减小均会增大造床作用向中枯水流量的集中程度，使得枯水河槽、基本河槽累计净冲刷量占比增大。流量过程的变化直接改变河槽冲淤调整的范围，水库削峰是蓄水后河道冲刷调整进一步向枯水河槽、基本河槽集中的主要原因；来沙饱和度变化对蓄水后河道冲淤部位的影响较小。

（5）三峡水库蓄水后杨家脑—杨厂河段断面形态的调整主要表现为过水面积和平均水深的增加及河相系数的减小。无论是断面相对窄深、冲刷较为显著的单一河段，还是在年内冲淤调整总体表现为淤积的分汊河段，河道断面形态均向窄深化方向发展。汛期流量的增大及来沙饱和度的减小均会使断面形态的窄深化特征更为明显。

（6）分汊河段主支汊消长变化的各驱动因子对不同类型分汊河段主支汊冲淤调整的影响有较明显的强弱之分：在两汊入流条件差异较小的顺直分汊河段，流量级的大小及持续时间的变化会导致截然不同的主支汊冲淤调整结果；在两汊入流条件差异明显的微弯或弯曲分汊河段，初始地形下的分汊格局决定了汊道冲淤调整的总体倾向，径流过程的调节会造成分汊格局的调整，加强或减弱部分主支消长变化。相同流量过程条件下，来沙饱和度的增大会更有利于支汊的冲刷发展，但影响较弱。

第 *9* 章

长江中游分汊河段冲淤调整与驱动因子

9.1 洲滩变形特征流量识别

在有洲滩发育的河道断面，水流漫滩前，河道水流强度和输沙动力随水位的抬升而增大，造床作用逐渐增强；水流上滩后，过水断面展宽，水流分散，阻力增加，致使输沙能力及造床作用减弱。因此，水流漫滩时的流量即对洲滩形态调整影响最大的特征流量。

统计各分汊河段江心洲滩多年平均滩顶高程，并利用式（6.1.1）计算得到荆江砂卵石河段、上荆江沙质河段、下荆江河段、城陵矶—武汉河段、武汉—九江河段的平均滩顶高程，分别为 42.55 m、35.71 m、32.28 m、26.23 m 和 20.74 m。各河段水沙条件可分别由枝城站、沙市站、监利站、螺山站和汉口站实测水沙条件代表。根据蓄水前后各水文站的水位-流量关系，可得出三峡水库蓄水后枝城站、沙市站、监利站、螺山站和汉口站对应于多年平均滩顶高程的流量，此流量即各河段内洲滩变形特征流量 Q_t（图 9.1.1 和表 9.1.1）。

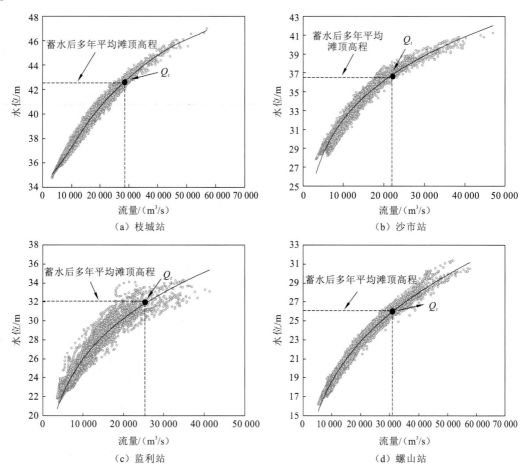

（a）枝城站

（b）沙市站

（c）监利站

（d）螺山站

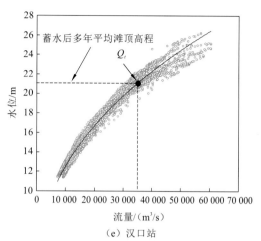

（e）汉口站

图 9.1.1　各水文站蓄水后水位-流量关系

表 9.1.1　三峡水库蓄水前后各水文站特征流量　　　　　（单位：m³/s）

流量	水文站				
	枝城站	沙市站	监利站	螺山站	汉口站
Q_f	28 500	22 500	16 500	31 500	34 500
Q_t	28 500	22 000	25 500	31 000	35 000

进一步比较 Q_t 和造床流量 Q_f 可知，除监利站 Q_f 显著小于 Q_t 外，其余各站 Q_f 与 Q_t 极为接近，这表明除下荆江河段外，其余河段造床作用最强的流量与洲滩变形特征流量属于同一流量级，而这些河段都是典型的分汊河段，无论是主支汊冲淤调整还是滩头冲退、滩体萎缩等洲滩变形，蓄水后分汊河段典型的造床过程均发生于江心洲滩滩顶高程以下；一旦水位上升至滩顶高程以上，水流分散输沙动力减小，加上守护工程的限制，高滩表面泥沙的活动性自然减小。

因此，在分汊河段内，发生显著冲淤变形的中低滩滩顶高程是蓄水后造床强度的分界点，在滩顶高程以下，造床作用随流量的增大而增强，至滩顶造床强度达到最大，造床流量即大致与分汊河段江心洲滩滩顶高程平齐的流量。

下荆江河段的造床流量明显小于与江心洲滩滩顶高程平齐的流量，这主要由下荆江河段不同于其他河段的河型及其对新水沙条件的响应性冲淤调整特点造成。

下荆江河段为典型的蜿蜒型河段，自然条件下下荆江河段的演变特性主要表现为"凹冲凸淤"和弯顶逐渐下移。已有研究表明，三峡水库蓄水以来，下荆江河段出现了"凸冲凹淤"的新变化，且冲刷部位主要集中于基本河槽以下的中低滩（樊咏阳 等，2017），如石首河湾、反咀弯道（江凌 等，2010）、莱家铺弯道（周祥恕 等，2013）及熊家洲—城陵矶河段的熊家洲弯道、七弓岭弯道、观音洲弯道在蓄水后均出现了明显的"撇弯切滩"演变特点（李明，2013）。显然，蓄水后下荆江河段的主要造床部位集中在相对低矮的凸岸边滩头部，而根据河段内唯一的江心洲乌龟洲滩顶高程确定的特征流量 Q_t 必定大于实际的造床流量 Q_f。

9.2 分汊河段主支消长变化的驱动因子

9.2.1 汊道冲淤变化的临界条件

蓄水后河床冲刷调整多以底沙运动的形式出现，两汊床沙质的输移情况对汊道冲淤调整产生主要影响。将两汊的床沙质饱和输沙率公式简化表达为幂函数形式，即两汊的饱和输沙率（即输沙能力）Q_{s1}^*、Q_{s2}^* 及总输沙能力 Q_s^* 分别为

$$Q_{s1}^* = k(Q\eta_1)^m \tag{9.2.1}$$

$$Q_{s2}^* = k[Q(1-\eta_1)]^m \tag{9.2.2}$$

$$Q_s^* = Q_{s1}^* + Q_{s2}^* = kQ^m[\eta_1^m + (1-\eta_1)^m] \tag{9.2.3}$$

式中：k、m 分别为系数与指数；Q 为流量；η_1 为汊道 1 的分流比；下标 "1" "2" 分别表示两汊。

设上游实际来沙 Q_s 为

$$Q_s = \beta Q_s^* \tag{9.2.4}$$

式中：β 为上游来沙饱和度，表示实际来沙与输沙能力的比值。

进一步可将两汊的实际来沙 Q_{s1}、Q_{s2} 分别表示为

$$Q_{s1} = \beta Q_s^* \xi_1 = \beta kQ^m[\eta_1^m + (1-\eta_1)^m]\xi_1 \tag{9.2.5}$$

$$Q_{s2} = \beta Q_s^*(1-\xi_1) = \beta kQ^m(1-\xi_1)[\eta_1^m + (1-\eta_1)^m] \tag{9.2.6}$$

式中：ξ_1 为汊道 1 的分沙比。

由此两汊的冲淤率 E_1、E_2 可分别由两汊的来沙减去饱和输沙率得到：

$$E_1 = k(Q\eta_1)^m\left\{\beta\xi_1\left[\left(\frac{1-\eta_1}{\eta_1}\right)^m + 1\right] - 1\right\} \tag{9.2.7}$$

$$E_2 = k(Q\eta_1)^m\left\{\beta(1-\xi_1)\left[1 + \left(\frac{1-\eta_1}{\eta_1}\right)^m\right] - \left(\frac{1-\eta_1}{\eta_1}\right)^m\right\} \tag{9.2.8}$$

由 $E_1<0$ 可求得汊道 1 发生冲刷的临界条件为

$$\xi_1 < \Phi_1 = \left\{\beta\left[1 + \left(\frac{1-\eta_1}{\eta_1}\right)^m\right]\right\}^{-1} \tag{9.2.9}$$

由 $E_2<0$ 可求得汊道 2 发生冲刷的临界条件为

$$\xi_1 > \Phi_2 = 1 - \left\{\beta\left[1 + \left(\frac{\eta_1}{1-\eta_1}\right)^m\right]\right\}^{-1} \tag{9.2.10}$$

式中：Φ_1、Φ_2 分别为汊道 1 和汊道 2 冲淤转换的临界分沙比。

1. 输沙平衡时的分析

当 $\Phi_2=1$，即上游来沙处于输沙平衡状态时，如果汊道 1 的分流比 $\eta_1=0.5$，即分流

比为 50%，可以得到：

汊道 1 发生冲刷的临界条件为 $\xi_1 < 0.5$；

汊道 2 发生冲刷的临界条件为 $\xi_1 > 0.5$。

上述结果说明，当上游来沙处于输沙平衡状态时，如果汊道的分沙比大于分流比，则该汊道发生淤积；相反，如果汊道的分沙比小于分流比，则该汊道将可能发生冲刷。

2. 来沙不饱和状态下的分析

上游枢纽蓄水后，下游水流将处于输沙不饱和状态。取 $\beta = 0.5$，即上游来沙处于不饱和输沙状态，若汊道 1 的分流比为 60%，取分沙比等于分流比，即

$$\xi_1 = \eta_1 = 60\%$$

假定 $m = 1$，则 E_1、E_2 分别为

$$E_1 = -0.3kQ, \qquad E_2 = -0.2kQ$$

显然，分流比超过 50% 的主汊，其冲刷率要大于支汊的冲刷率。可见，在某级流量下，根据 β、m、ξ_1 与 η_1 相互之间关系的不同，两汊的冲淤变化存在多种组合情况，可以出现的不同组合见表 9.2.1。

表 9.2.1 蓄水后不同组合条件所导致的汊道冲淤变化

不同组合条件	$\xi_1 > \Phi_1$	$\xi_1 = \Phi_1$	$\xi_1 < \Phi_1$
$\xi_1 < \Phi_2$	①汊道 1 淤积，汊道 2 淤积	②汊道 1 无变化，汊道 2 淤积	③汊道 1 冲刷，汊道 2 淤积
$\xi_1 = \Phi_2$	④汊道 1 淤积，汊道 2 无变化	⑤汊道 1 无变化，汊道 2 无变化	⑥汊道 1 冲刷，汊道 2 无变化
$\xi_1 > \Phi_2$	⑦汊道 1 淤积，汊道 2 冲刷	⑧汊道 1 无变化，汊道 2 冲刷	⑨汊道 1 冲刷，汊道 2 冲刷

用式（9.2.9）减式（9.2.10），得

$$\Phi_1 - \Phi_2 = 1/\beta - 1$$

因此，当上游来沙处于不饱和状态，即 $\beta < 1$ 时，

$$\Phi_1 > \Phi_2$$

则表 9.2.1 中只有编号为③、⑥、⑦、⑧、⑨的情形有可能发生，表明当分汊河段上游来沙不饱和时，必定有一汊是冲刷发展的。

正如上述所分析的，三峡水库蓄水后，上游来沙大幅减少，情形⑨所显示的两汊均冲的汊道变化在蓄水后最为常见。

9.2.2 主支消长的驱动因素

进一步将两汊发展程度的差异表达为两汊冲淤率之差：

$$\Delta E = E_1 - E_2 = \underbrace{k(Q\eta_1)^m}_{\Theta} \underbrace{\left\{ \beta(2\xi_1 - 1)\left[1 + \left(\frac{1-\eta_1}{\eta_1}\right)^m\right] + \left(\frac{1-\eta_1}{\eta_1}\right)^m - 1 \right\}}_{\Psi} \qquad （9.2.11）$$

　　显然，ΔE 为流量的函数，随着流量的变化，上游来沙饱和度及分流比、分沙比均发生改变，不同流量对分汊河段主支消长变化的影响不同。

　　由式（9.2.11）的形式可以看出，等号右边两项的乘积构成了两汊冲淤率的差别，第一项为

$$\Theta = k(Q\eta_1)^m$$

该项决定了主支消长调整的幅度，主要由流量 Q 和挟沙能力指数 m 的大小决定。第二项为

$$\Psi = \beta(2\xi_1 - 1)[1 + (1 - \eta_1)^m / \eta_1^m] + (1 - \eta_1)^m / \eta_1^m - 1$$

该项决定了主支消长调整的方向。

　　图 9.2.1 给出了不同 m、β 取值条件下，Ψ 随 ξ_1、η_1 的变化关系。可见，不同的 β、m、ξ_1 与 η_1 的组合决定了该流量下 Ψ 取值的差异。

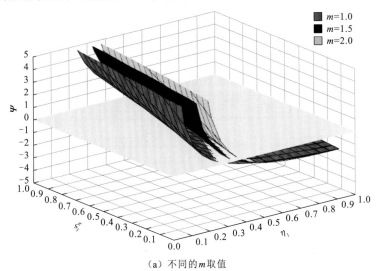

（a）不同的 m 取值

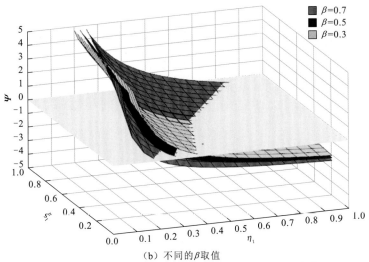

（b）不同的 β 取值

图 9.2.1　不同 m、β 取值条件下，Ψ 随 ξ_1、η_1 的变化

当 $\Psi > 0$ 时，有 $\Delta E > 0$，即

$$\xi_1 > \frac{\eta_1^m - (1-\eta_1)^m}{2\beta[\eta_1^m + (1-\eta_1)^m]} + \frac{1}{2} \tag{9.2.12}$$

此时汊道 2 发展占优；当 $\Psi < 0$ 时，有 $\Delta E < 0$，即

$$\xi_1 < \frac{\eta_1^m - (1-\eta_1)^m}{2\beta[\eta_1^m + (1-\eta_1)^m]} + \frac{1}{2} \tag{9.2.13}$$

此时汊道 1 发展占优；当 $\Psi = 0$ 时，有 $\Delta E = 0$，表明主支汊冲淤平衡，此时有

$$\xi_1 = \frac{\eta_1^m - (1-\eta_1)^m}{2\beta[\eta_1^m + (1-\eta_1)^m]} + \frac{1}{2} \tag{9.2.14}$$

式（9.2.14）即图 9.2.1 中 $\Psi = 0$ 与各曲面的交线。

随着流量由枯水流量增至洪水流量，β、m、ξ_1 与 η_1 之间的关系会发生改变，分汊河段冲淤调整可交替出现"主消支长"和"主长支消"的情形。

假定存在某一使得主支消长性质发生转换的临界流量 Q_0，则在式（9.2.11）的基础上考虑各级流量的持续时间后，一段时间内总的主支汊冲淤调整 $\sum \Delta E$ 可以表达为"主消支长"和"主长支消"两部分之和，即

$$\sum \Delta E = \int_{Q_{\min}}^{Q_0} k(Q\eta_1)^m \left\{ \beta_1 \left(2 - \frac{1}{\xi_1} \right) + \left[\left(\frac{1-\eta_1}{\eta_1} \right)^m - 1 \right] \right\} P(Q)\mathrm{d}Q$$
$$+ \int_{Q_0}^{Q_{\max}} k(Q\eta_1)^m \left\{ \beta_1 \left(2 - \frac{1}{\xi_1} \right) + \left[\left(\frac{1-\eta_1}{\eta_1} \right)^m - 1 \right] \right\} P(Q)\mathrm{d}Q \tag{9.2.15}$$

式中：$P(Q)$ 为流量 Q 出现的频率；$Q_{\min}$、$Q_{\max}$ 分别为最小和最大流量。

一般来说，式（9.2.15）等号右边两项的符号相反，总的主支消长情况由它们绝对值的大小对比决定；当 $Q_0 > Q_{\max}$ 或 $Q_0 < Q_{\min}$ 时，等号右边只保留一项，则汊道在该时段内会发生单向的主支消长变化。显然，Q_0 的大小同样由 β、m、ξ_1 与 η_1 之间的关系决定。

式（9.2.15）的推导结果表明：

（1）蓄水后判定分汊河段主支汊冲淤调整状况的决定性指标应为两汊净冲淤的对比。

（2）对主支汊冲淤调整产生影响的主要变量有 Q、$P(Q)$、m、β、ξ_1、η_1 和 Q_0。其中，Q 和 $P(Q)$ 代表了流量大小和持续时间；ξ_1 和 η_1 代表了分汊格局；β 为来沙饱和度；Q_0 的影响包含在 β、m、ξ_1 与 η_1 之间的关系内，可不单独列出；在不饱和挟沙水流条件下，床沙质饱和输沙率公式的指数 m 是上游来沙与床沙补给的共同结果，因此 m 的大小一方面包含了 β 的影响，另一方面也体现了河床抗冲性的影响。

综上所述，分汊格局随流量的变化过程、流量大小及持续时间、来沙饱和度和河床抗冲性是蓄水后分汊河段主支消长变化的驱动因子。

9.3 驱动因子对分汊河段主支消长的影响规律

9.3.1 分汊格局的影响

汊道的分流分沙条件构成了汊道的分汊格局。

分汊格局对分汊河段主支消长的影响主要体现在调整方向 Ψ 这一项上。当分汊格局使得分流比、分沙比满足式（9.2.12），即某一汊的分沙比大于某一临界值时，会使得另一汊的发展占优；反之，当分汊格局使得分流比、分沙比满足式（9.2.13），即某一汊的分沙比小于某一临界值时，该汊发展占优。显然，分汊格局的变化直接影响某一级流量下分汊河段的主支消长调整方向。

取蓄水后来沙饱和度 $\beta=0.5$，$m=1$，考虑某一级流量下主汊分流比 $\eta_1=60\%$ 的情形。

（1）假定分沙比与分流比相等，即

$$\xi_1 = \eta_1 = 60\%$$

则该流量级下 ΔE 为

$$\Delta E = -0.1kQ$$

这表明当汊道分沙比与分流比可认为近似相等时，某一流量级下主汊的冲刷率要大于支汊。

（2）假定分沙比与分流比相差较大，主汊分沙比大于分流比，即

$$\xi_1 = 75\% > \eta_1$$

则该流量级下 ΔE 为

$$\Delta E = 0.05kQ$$

这表明当汊道分沙比与分流比相差较大时，某一流量级下主汊的冲刷率反而要小于支汊。

由此可见，当其他条件不变，仅仅分汊格局发生变化时，根据分流比、分沙比关系的变化，某一级流量下的汊道调整既可能出现"主长支消"，又可能出现"主消支长"。但由于分沙比明显大于分流比的那一汊在蓄水前就处于淤积萎缩状态，主汊的地位并不稳固，所以主汊分沙比明显大于分流比只存在理论上的可能，大多数情形下某一流量级分汊河段的主汊更易冲刷发展。

9.3.2 流量大小及持续时间的影响

将式（9.2.11）中的 ΔE 对流量 Q 求导，有

$$\frac{\partial \Delta E}{\partial Q} = km\Psi\eta_1^m Q^{m-1} \tag{9.3.1}$$

由于式（9.3.1）等号右边有 Ψ 项的存在，$\partial\Delta E/\partial Q$ 同样存在大于 0 或小于 0 的多种情况，即 ΔE 随 Q 并不呈单调变化，说明流量的增加对哪一汊发展有利主要还是由主支消长的调整方向 Ψ 决定。

当某一流量有利于汊道 1 发展，即 $\Psi<0$ 时，该流量越大，越有利于汊道 1 的发展；反之，当某一流量有利于汊道 2 发展，即 $\Psi>0$ 时，该流量越大，越有利于汊道 1 的发展。

上述分析充分说明，流量的大小只对主支消长的调整幅度产生直接影响，真正决定某一流量级有利于主汊发展还是支汊发展的因素应为式（9.2.12）和式（9.2.13）所表达的临界条件。

从不同流量级的输沙动力来看，汛期流量更大，输沙率又为流量的高次方关系，显然汛期的冲淤调整幅度显著大于中枯水期。

下面取蓄水后来沙饱和度 $\beta=0.5$，$m=1$，并将流量过程简化为持续时间分别为 T_L、T_H 的枯、洪两级流量 Q_L、Q_H。分别就洪、枯主汊一致和洪、枯主汊不一致两种情况讨论流量大小及持续时间对分汊河段主支消长的影响。

（1）洪、枯主汊一致的情形：考虑汊道 1 的洪、枯分流比均为 60%的情形。

假定分沙比与分流比相等，即

$$\xi_1 = \begin{cases} 60\% = \eta_1, & \text{枯水期} \\ 60\% = \eta_1, & \text{洪水期} \end{cases}$$

则枯水流量和洪水流量下主支消长的调整结果 ΔE_L、ΔE_H 分别为

$$\Delta E_L = -0.1kQ_L, \qquad \Delta E_H = -0.1kQ_H$$

这说明无论是在枯水期还是在汛期，均为处于主汊地位的汊道 1 发展占优。

年内总的主支消长调整情况 ΔE_T 可以表达为

$$\Delta E_T = -0.1k(Q_L T_L + Q_H T_H) \tag{9.3.2}$$

假定分沙比与分流比相差较大，主汊分沙比大于分流比，即

$$\xi_1 = \begin{cases} 75\% > \eta_1, & \text{枯水期} \\ 75\% > \eta_1, & \text{洪水期} \end{cases}$$

则枯水流量和洪水流量下主支消长的调整结果 ΔE_L、ΔE_H 分别为

$$\Delta E_L = 0.05kQ_L, \qquad \Delta E_H = 0.05kQ_H$$

这说明无论是在枯水期还是在汛期，均为处于支汊地位的汊道 2 发展占优。

年内总的主支消长调整情况 ΔE_T 可以表达为

$$\Delta E_T = 0.05k(Q_L T_L + Q_H T_H) \tag{9.3.3}$$

可见，若汊道分汊格局长期有利于某一汊的冲刷发展，如在洪、枯主汊一致，洪、枯主流线均在同一汊的分汊河段，蓄水后主汊冲刷发展优势明显。但当主汊分沙比显著大于分流比时，支汊的冲刷也有可能多于主汊。

（2）洪、枯主汊不一致的情形：考虑汊道 1 的枯水分流比为 60%，洪水分流比为 40%的情形。

假定分沙比与分流比相等，即

$$\xi_1 = \begin{cases} 60\% = \eta_1, & \text{枯水期} \\ 40\% = \eta_1, & \text{洪水期} \end{cases}$$

则枯水流量和洪水流量下主支消长的调整结果 ΔE_L、ΔE_H 分别为

$$\Delta E_L = -0.1kQ_L, \qquad \Delta E_H = 0.1kQ_H$$

这说明在枯水期，处于主汊地位的汊道 1 发展占优；但随着流量的增加，汊道 1 的分流比减小，到达汛期后，汊道 2 发展占优。

年内总的主支消长调整情况 ΔE_T 可以表达为

$$\Delta E_T = 0.1k(Q_H T_H - Q_L T_L) \tag{9.3.4}$$

假定分沙比与分流比相差较大，主汊分沙比大于分流比，即

$$\xi_1 = \begin{cases} 75\% > \eta_1, & \text{枯水期} \\ 25\% < \eta_1, & \text{洪水期} \end{cases}$$

则枯水流量和洪水流量下主支消长的调整结果 ΔE_L、ΔE_H 分别为

$$\Delta E_L = 0.05kQ_L, \qquad \Delta E_H = -0.05kQ_H$$

这说明枯水期和洪水期分别有利于汊道 2 和汊道 1 的冲刷发展。

年内总的主支消长调整情况 ΔE_T 可以表达为

$$\Delta E_T = 0.05k(Q_L T_L - Q_H T_H) \tag{9.3.5}$$

显然，由于汛期流量 Q_H 显著大于枯水期流量 Q_L，当洪、枯流量持续时间相差不大时，洪水主汊冲刷更多，因而发展占优；但若汛期流量持续时间较短，仍会表现为枯水主汊发展占优。当主汊分沙比显著大于分流比时，上述情形刚好相反。

综上所述，当不考虑分沙比与分流比的差别或分沙比与分流比差别较小可忽略时，对于洪、枯主汊一致的分汊河段，主汊发展占优的临界条件在洪、枯水期均成立，显然汛期流量越大，持续时间越长，主汊的冲刷发展就更占优 [式（9.3.2）]；对于洪、枯主汊不一致的分汊河段，最终的冲淤调整结果要视各流量持续时间而定，当汛期流量较大或持续时间较长时，支汊在蓄水后的冲刷增多，使得支汊发展占优成为可能 [式（9.3.4）]，很多蓄水后"短汊发展"的分汊河段均为此类情形。

当分沙比与分流比差别较大时，无论洪、枯主汊流路是否一致，均为分沙更大的那一汊处于弱势地位，分沙比较小的那一汊更易冲刷发展。

在 2008 年中小洪水调度实施后，中枯水流量的造床历时增加，特别是具有一定输沙能力的中水流量的造床作用加强，抵消了一部分汛期冲淤变化对汊道冲淤调整的影响。因此，径流过程的调节对分汊河段主支汊冲淤调整会产生较大的影响。

9.3.3 来沙饱和度的影响

将式（9.2.11）中的 ΔE 对来沙饱和度 β 求导，有

$$\frac{\partial \Delta E}{\partial \beta} = k(Q\eta_1)^m (2\xi_1 - 1)\left[1 + \left(\frac{1}{\eta_1} - 1\right)^m\right] \tag{9.3.6}$$

由式（9.3.6）可以看出，$\partial \Delta E/\partial \beta$ 的正负号由分沙比 ξ_1 的大小决定。

考虑分沙比与分流比相等的情形。若汊道 1 为主汊，则有 $\xi_1 = \eta_1 > 0.5$，此时 $\partial \Delta E/\partial \beta > 0$，说明 β 越大，ΔE 越大。可见，在其他条件不变的前提下，当挟沙水流接近饱和时，汊道 1 相对于汊道 2 的淤积增多或冲刷减少或由冲转淤，总体来看，更有利于汊道 2 也就是

支汊的发展。若汊道 1 为支汊，则有 $\xi_1=\eta_1<0.5$，此时 $\partial\Delta E/\partial\beta<0$，说明 β 越大，ΔE 越小。可见，在其他条件不变的前提下，当挟沙水流接近饱和时，汊道 1 相对于汊道 2 的淤积减少或冲刷增多或由淤转冲，总体来看，更有利于汊道 1 也就是支汊的发展。

由上述分析可知，蓄水后来沙饱和度 β 增大，会使得支汊相对于主汊的淤积减少或冲刷增多，甚至是发生由淤转冲的变化，从综合效果上来看，更有利于支汊的冲刷发展；反之，β 减小，则更有利于主汊发展。

取蓄水后 $m=1$，并假定分流比与分沙比相等，计算来沙饱和度逐渐减小（$\beta=0.7$、0.5 和 0.3）所造成的主支消长调整差异。

（1）汊道 1 为主汊，分流比 $\eta_1=60\%$。

此时可计算得出，当 β 分别为 0.7、0.5 和 0.3 时，ΔE 分别为 $-0.06kQ$、$-0.1kQ$ 和 $-0.14kQ$，表明当来沙饱和度降低时，主汊相对于支汊的冲刷增多，主汊发展更占优。

（2）汊道 1 为支汊，分流比 $\eta_1=40\%$。

此时可计算得出，当 β 分别为 0.7、0.5 和 0.3 时，ΔE 分别为 $0.06kQ$、$0.1kQ$ 和 $0.14kQ$，同样表明当来沙饱和度降低时，支汊相对于主汊的淤积增多，主汊发展更占优。

综上，蓄水后上游来沙饱和度的年际调整及年内随流量的变化过程均会对分汊河段主支汊冲淤调整产生影响。某一来沙饱和度条件下的主支消长调整方向主要取决于分汊格局，来沙饱和度增大会使得支汊相对于主汊的冲刷增多，淤积减少，即加强支汊的占优程度或减弱主汊的占优程度。

9.3.4 河床抗冲性的影响

河床抗冲性对分汊河段主支消长的影响主要体现在对床沙补给能力的改变。

式（9.2.11）中的挟沙能力指数 m 包含了河床抗冲性的影响，且在 Θ 和 Ψ 这两项中均有出现。河床抗冲性越大，床沙补给能力越弱，m 越小，由此主支消长的调整幅度越小；同时，m 的变化会引起 Ψ 的变化，使得主支消长的调整方向发生改变。

取蓄水后来沙饱和度 $\beta=0.5$，计算河床抗冲性逐渐增强，即 m 由大到小（$m=2$、1.5 和 1）时所造成的主支消长变化。

（1）汊道 1 为主汊，分流比 $\eta_1=60\%$，分沙比 $\xi_1=80\%$。

此时可计算得出，当 m 分别为 2、1.5 和 1 时，ΔE 分别为 $0.1kQ$、$3.55\times10^{-3}kQ^{1.5}$ 和 $-0.044kQ^2$，表明随着河床抗冲性的增强，主汊相对于支汊可以发生由淤转冲的变化。

（2）汊道 1 为支汊，分流比 $\eta_1=45\%$，分沙比 $\xi_1=35\%$。

此时可计算得出，当 m 分别为 2、1.5 和 1 时，ΔE 分别为 $-0.05kQ$、$-4.44\times10^{-4}kQ^{1.5}$ 和 $0.024kQ^2$，表明随着河床抗冲性的增强，支汊相对于主汊可以发生由冲转淤的变化。

上述结果充分表明，河床抗冲性的变化既会引起主支消长调整幅度的变化，又可能会引起"主消支长"调整方向的变化。

除河道整体的河床抗冲性会对分汊河段主支消长变化产生影响外，两汊河床抗冲性的差异也会直接导致两汊冲刷动力的差异，致使冲刷的幅度有所差别。

蓄水后床沙级配的调整是河床抗冲性发生变化的最主要的原因。

随着河道冲刷进程的发展，床面上较细的表层泥沙被水流带走，粗颗粒泥沙逐渐暴露至床面，床沙级配发生粗化，致使河床抗冲性增大。从表征水流挟沙能力的挟沙能力判数 $A=U^3/(gh\omega)$（其中，U 为流速，g 为重力加速度，h 为水深，ω 为泥沙沉速）来看，当两汊流速、水深相近时，床沙组成更细的那一汊输沙动力更强，更可能优先冲刷发展。

整治工程的实施是河床抗冲性发生变化的另一个主要原因。

在蓄水初期，上荆江分汊河段支汊的冲刷动力普遍较强，尤其是床沙组成较细且汛期主流偏向的沙质河床短支汊，冲刷发展过快致使支汊分流比显著增加，引起了不利的航道条件变化。为维持航道条件的稳定，航道部门在上述短支汊均实施了支汊限制及洲滩稳固工程，大大增强了支汊河床的抗冲性，使得支汊不再具备冲刷发展的优势，主汊得以重新发展，由此改变了主支消长的调整方向。

综上所述，河道整体的河床抗冲性变化及主、支汊河床抗冲性的差异均会影响分汊河段的主支汊冲淤调整。床沙级配调整导致的河床抗冲性变化主要通过改变主支汊冲淤平衡的临界条件及两汊冲刷动力的对比来影响分汊河段的主支消长变化，床沙组成越细，越有利于该汊的冲刷发展；而整治工程实施导致的河床抗冲性变化可直接对汊道的冲刷发展进行限制，短期来看其改变了分汊河段主支消长的调整幅度，长期来看它还可能会造成分汊河段主支消长调整方向的转变。

通过上述分析可知，不同的驱动因子对分汊河段主支消长调整的影响规律不同：流量大小只对主支消长的调整幅度产生直接影响，真正决定某一流量级有利于主汊发展还是支汊发展的因素应为该流量下分汊格局与来沙饱和度、河床抗冲性的匹配关系；上游来沙饱和度变化与床沙级配调整导致的河床抗冲性变化均会引起该匹配关系的变化；而整治工程实施导致的河床抗冲性变化通过直接对汊道的冲刷发展进行限制以影响主支消长的调整幅度甚至调整方向。

9.4 本 章 小 结

（1）新水沙条件下中枯水流量造床历时延长，更多比例的水、沙输移均发生在造床流量以下的中小流量级。造床作用向中枯水流量级集中程度的增加是河道冲刷调整与形态变化进一步向中枯水河槽集中、河道断面形态向窄深化方向发展的主要原因。

（2）三峡水库蓄水后河段内中低滩的冲刷变形主要发生在造床流量及其以下流量级。次饱和输沙水流条件下，滩体细颗粒泥沙组成是洲滩冲刷变形的前提，造床作用进一步向小于或等于造床流量的中小流量级集中，致使中低滩滩顶高程以下河道范围内的造床强度有所增大，是蓄水后中低滩冲刷加剧的主要原因。

（3）分汊格局随流量的变化过程、流量大小及持续时间、来沙饱和度和河床抗冲性是蓄水后分汊河段主支消长变化的驱动因子。不同的驱动因子对分汊河段主支消长调整的影响规律不同，三峡水库蓄水后分汊河段主支消长变化是各驱动因子共同作用的结果。

参考文献

蔡金德, 王韦, 吴学良, 1993. 连续河弯滩槽推移质交换的研究[J]. 泥沙研究(4): 95-102.

陈立, 张俊勇, 谢葆玲, 2003. 河流再造床过程中河型变化的实验研究[J]. 水利学报, 34(7): 42-45.

陈立, 周银军, 闫霞, 等, 2011. 三峡下游不同类型分汊河段冲刷调整特点分析[J]. 水力发电学报, 30(3): 109-116.

程文辉, 王船海, 1988. 用正交曲线网格及"冻结"法计算河道流速场[J]. 水利学报(6): 18-25.

丁君松, 丘凤莲, 1981. 汊道分流分沙计算[J]. 泥沙研究(1): 59-66.

丁君松, 杨国禄, 熊治平, 1982. 分汊河段若干问题的探讨[J]. 泥沙研究(4): 41-53.

窦国仁, 1964. 平原冲积河流及潮汐河口的河床形态[J]. 水利学报(2): 3-15.

窦希萍, 李来, 窦国仁, 1999. 长江口全沙数学模型研究[J]. 水利水运科学研究(2): 32-41.

樊咏阳, 张为, 韩剑桥, 等, 2017. 三峡水库下游弯曲河型演变规律调整及其驱动机制[J]. 地理学报(3): 420-431.

房春艳, 罗宪, 2013. 滩地植被化复式河槽的水流阻力特性试验[J]. 重庆交通大学学报(自然科学版), 32(4): 668-672.

付中敏, 闫军, 刘怀汉, 2011. 下荆江监利河段河床演变与航道整治思路浅析[J]. 泥沙研究(5): 30-38.

顾莉, 华祖林, 褚克坚, 等, 2011. 顺直微弯型分汊河道水流的紊动特性试验研究[J]. 河海大学学报(自然科学版), 39(5): 475-481.

哈岸英, 刘磊, 2011. 明渠弯道水流运动规律研究现状[J]. 水利学报, 42(12): 1462-1469.

韩剑桥, 2015. 三峡水库下游纵向水沙输移与河道形态相互作用机制研究[D]. 武汉: 武汉大学.

韩剑桥, 孙昭华, 黄颖, 等, 2014. 三峡水库蓄水后荆江沙质河段冲淤分布特征及成因[J]. 水利学报, 45(3): 277-285, 295.

韩剑桥, 张为, 袁晶, 等, 2018. 三峡水库下游分汊河道滩槽调整及其对水文过程的响应[J]. 水科学进展, 29(2): 186-195.

韩其为, 何明民, 陈显维, 1992. 汊道悬移质分沙的模型[J]. 泥沙研究(1): 44-54.

何广水, 姚仕明, 金中武, 2011. 长江荆江河段弯道凸岸边滩非典型冲刷研究[J]. 人民长江, 42(17): 1-3.

何娟, 陈立, 关洪林, 2009. 水库下游不同约束条件分汊河道冲刷调整规律研究[J]. 长江科学院院报, 26(5): 5-8.

何书会, 2000. 汊道型河道水面线及两汊分流量计算[J]. 水文, 20(1): 51-52.

洪笑天, 马绍嘉, 郭庆伍, 1987. 弯曲河流形成条件的实验研究[J]. 地理科学, 7(1): 35-43.

胡海明, 李义天, 1996. 非均匀沙的运动机理及输沙率计算方法的研究[J]. 水动力学研究与进展(A辑)(3): 284-292.

华祖林, 严明, 顾莉, 等, 2013. 分汊河道分汊口水流分离区特征尺寸初步研究[J]. 水力发电学报, 32(5): 163-168.

黄伟, 刘亚坤, 吴华林, 等, 2016. 泥沙起动过程中床面切应力与含沙量关系的试验研究[J]. 泥沙研究(1): 63-67.

假冬冬, 邵学军, 周建银, 2014. 水沙条件变化对河型河势影响的三维数值模拟研究[J]. 水力发电学报, 33(5): 108-113.

江凌, 李义天, 葛华, 等, 2008. 荆江微弯分汊浅滩的水沙输移及河床演变[J]. 武汉大学学报(工学版)(4): 10-13.

江凌, 李义天, 孙昭华, 等, 2010. 三峡工程蓄水后荆江沙质河段河床演变及对航道的影响[J]. 应用基础与工程科学学报, 18(1): 1-10.

李彪, 郑力, 刘林双, 等, 2018. 沙洲水道河床演变及航道整治方案[J]. 水运工程, 547(10): 21-25.

李昌华, 刘健民, 1963. 冲积河流的阻力[R]. 南京: 南京水利科学研究所.

李洁, 夏军强, 张晓雷, 等, 2015. 黄河下游准平衡状态下平滩流量及面积与水沙条件的关系[J]. 泥沙研究(5): 37-43.

李克锋, 赵文谦, 李嘉, 等, 1995. 分汊河段流场的数值模拟与实验检验[J]. 水利学报(12): 83-88.

李明, 2013. 长江中下游浅滩演变对水沙条件变化的响应机理及治理对策研究[D]. 武汉: 武汉大学.

李明, 胡春宏, 2017. 三峡工程运用后坝下游分汊型河道演变与调整机理研究[J]. 泥沙研究, 42(6): 1-7.

李宁波, 曾勇, 吴忠明, 2013. 长江荆江河段七弓岭弯道主流撇弯原因初探[J]. 人民长江, 44(1): 22-25.

李思璇, 2019. 三峡水库调蓄影响下荆江水沙输移及河床调整机理研究[D]. 武汉: 武汉大学.

李义天, 唐金武, 朱玲玲, 2012. 长江中下游河道演变与航道整治[M]. 北京: 科学出版社.

李振青, 路彩霞, 杨光荣, 2005. 长江中下游分汊河段支汊衰变因素探讨[J]. 水利水电快报, 26(9): 29-31.

李志威, 王兆印, 赵娜, 等, 2013. 弯曲河流斜槽裁弯模式与发育过程[J]. 水科学进展, 24(2): 161-168.

刘小斌, 林木松, 张政权, 2006. 长江中下游分汊河道主支汊易位特性研究[J]. 东北水利水电, 24(1): 55-58.

刘亚, 陈丽, 孙昭华, 2014. 流量过程对罗湖洲河段心滩冲淤影响分析[J]. 武汉大学学报(工学版), 47(4): 445-451.

卢金友, 渠庚, 李发政, 等, 2011. 下荆江熊家洲至城陵矶河段演变分析与治理思路探讨[J]. 长江科学院院报, 28(11): 113-118.

陆永军, 张华庆, 1993. 平面二维河床变形的数值模拟[J]. 水动力学研究与进展(A辑), 8(3): 273-284.

罗福安, 梁志勇, 张德茹, 1995. 直角分水口水流形态的实验研究[J]. 水科学进展(1): 71-75.

罗海超, 1989. 长江中下游分汊河道的演变特点及稳定性[J]. 水利学报(6): 10-19.

马淼, 李国栋, 张巧玲, 等, 2016. 弯道弯曲度对水流结构的影响[J]. 应用基础与工程科学学报(6): 124-133.

马振海, 1995. 黄河倒灌渭河的数值模拟[J]. 水科学进展(3): 211-217.

倪晋仁, 张仁, 1991. 弯曲河型与稳定江心洲河型的关系[J]. 地理研究(2): 68-75.

潘庆燊, 曾静贤, 欧阳履泰, 1982. 丹江口水库下游河道演变及其对航道的影响[J]. 水利学报(8): 54-63.

钱宁, 万兆惠, 1991. 泥沙运动力学[M]. 北京: 科学出版社.

钱宁, 麦乔威, 洪柔嘉, 等, 1959. 黄河下游的糙率问题[J]. 泥沙研究(1): 1-15.

覃莲超, 余明辉, 谈广鸣, 等, 2009. 河湾水流动力轴线变化与切滩撇弯关系研究[J]. 水动力学研究与进展(A辑)(1): 29-35.

秦荣昱, 1991. 动床水流卡门常数变化规律的研究[J]. 泥沙研究(3): 38-52.

秦荣昱, 刘淑杰, 王崇浩, 1995. 黄河下游河道阻力与输沙特性的研究[J]. 泥沙研究(4): 10-18.

秦文凯, 府仁寿, 韩其为, 1996. 汊道悬移质分沙模型[J]. 泥沙研究(3): 21-29.

孙东坡, 王勤香, 王鹏涛, 等, 2013. 基于水沙关系系数法确定黄河下游造床流量[J]. 水力发电学报, 32(1): 150-155.

谈广鸣, 卢金友, 1992. 河道主流摆动与切滩演变初步研究[J]. 武汉大学学报(工学版)(2): 107-112.

谈广鸣, 宁磊, 李付军, 1996. 汉江皇庄至泽口河段撇弯切滩演变研究[J]. 泥沙研究(2): 113-117.

童朝锋, 2005. 分汊口水沙运动特征及三维水流数学模型应用研究[D]. 南京: 河海大学.

汪飞, 李义天, 刘亚, 等, 2015. 三峡水库蓄水前后沙市河段滩群演变特性分析[J]. 泥沙研究(4): 1-6.

王昌杰, 2001. 河流动力学[M]. 北京: 人民交通出版社.

王明甫, 1995. 高含沙水流及泥石流[M]. 北京: 水利电力出版社.

王平义, 赵世强, 蔡金德, 1995. 弯曲河道推移质输沙带的研究[J]. 泥沙研究(2): 43-48.

王士强, 1990. 冲积河渠床面阻力试验研究[J]. 水利学报(12): 18-29.

王士强, 1993. 冲积床面阻力关系分析比较[J]. 水科学进展(2): 113-119.

王伟峰, 王平义, 郑惊涛, 等, 2009. 弯曲分汊河道水流紊动特性研究[J]. 水运工程(4): 117-122.

韦直林, 谢鉴衡, 傅国岩, 等, 1997. 黄河下游河床变形长期预测数学模型的研究[J]. 武汉水利电力大学学报(6): 2-6.

吴岩, 2014. 弯道水流结构及泥沙输移过程研究[D]. 天津: 天津大学.

夏军强, 吴保生, 王艳平, 等, 2010. 黄河下游河段平滩流量计算及变化过程分析[J]. 泥沙研究(2): 6-14.

夏军强, 宗全利, 邓珊珊, 等, 2015. 三峡工程运用后荆江河段平滩河槽形态调整特点[J]. 浙江大学学报(工学版), 49(2): 238-245.

谢鉴衡, 1997. 河床演变及整治[M]. 北京: 中国水利水电出版社.

许栋, 2008. 蜿蜒河流演变动力过程的研究[D]. 天津: 天津大学.

许栋, 白玉川, 谭艳, 2010. 正弦派生曲线弯道中水沙运动特性动床试验[J]. 天津大学学报(自然科学与工程技术版), 43(9): 762-770.

许栋, 白玉川, 谭艳, 2011. 蜿蜒河流演变动力过程及其研究进展[J]. 泥沙研究(4): 73-80.

许光祥, 1995. 牛顿法在汊道水力计算中的应用[J]. 重庆交通学院学报, 14(1): 86-94.

许全喜, 谈广鸣, 张小峰, 2004. 长江河道崩岸预测模型的研究与应用[J]. 武汉大学学报(工学版), 37(6): 9-12.

许全喜, 朱玲玲, 袁晶, 2013. 长江中下游水沙与河床冲淤变化特性研究[J]. 人民长江, 44(23): 16-21.

严以新, 葛亮, 高进, 2003. 最小能耗率理论在分汊河段的应用[J]. 水动力学研究与进展(A辑)(6): 692-697.

姚仕明, 余文畴, 董耀华, 2003. 分汊河道水沙运动特性及其对河道演变的影响[J]. 长江科学院院报(1): 7-9.

姚仕明, 张超, 王龙, 等, 2006. 分汊河道水流运动特性研究[J]. 水力发电学报, 25(3): 49-52.

要威, 李义天, 2005. 黄河下游游荡型河段挟沙力、阻力沿河宽分布的研究[J]. 科学技术与工程(23): 1823-1828.

要威, 李义天, 2007. 游荡型河道阻力沿河宽分布的研究[J]. 四川大学学报(工程科学版)(1): 38-43.

尹学良, 1965. 弯曲性河流形成原因及造床试验初步研究[J]. 地理学报(4): 287-303.

余文畴, 1987. 长江分汊河道口门水流及输沙特性[J]. 长江水利水电科学研究院院报(1): 14-25.

余新明, 谈广鸣, 张悦, 等, 2007. 分汊河道水沙输移特征试验[J]. 武汉大学学报(工学版)(4): 9-12.

张春燕, 陈立, 张俊勇, 等, 2005. 水库下游河流再造床过程中的河岸侵蚀[J]. 水科学进展, 16(3): 356-360.

张俊勇, 陈立, 刘林, 等, 2007. 汉江中下游河道最佳弯道形态[J]. 武汉大学学报(工学版), 40(1): 37-41.

张瑞瑾, 1998. 河流泥沙动力学[M]. 北京: 中国水利水电出版社.

张为, 李义天, 江凌, 2008. 三峡水库蓄水后长江中下游典型分汊浅滩河段演变趋势预测[J]. 四川大学学报(工程科学版)(4): 17-24.

张玮, 车瑞, 柴跃跃, 2019. 基于分流特征的汊道分类及其在东流水道航道治理中的应用研究[J]. 水道港口, 40(2): 170-176.

张植堂, 林万泉, 沈勇健, 1984. 天然河弯水流动力轴线的研究[J]. 长江水利水电科学研究院院报, 1(1): 47-57.

赵连军, 张红武, 1997. 黄河下游河道水流摩阻特性的研究[J]. 人民黄河, 19(9): 17-20.

郑珊, 吴保生, 谈广鸣, 2014. 基于宏观系统的冲积河流自动调整研究评述[J]. 泥沙研究(5): 73-80.

周祥恕, 刘怀汉, 黄成涛, 等, 2013. 下荆江莱家铺弯道河床演变及航道条件变化分析[J]. 人民长江, 44(1): 26-29.

朱玲玲, 许全喜, 熊明, 2017. 三峡水库蓄水后下荆江急弯河道凸冲凹淤成因[J]. 水科学进展(2): 36-45.

朱玲玲, 许全喜, 陈子寒, 2018. 新水沙条件下荆江河段强冲刷响应研究[J]. 应用基础与工程科学学报, 26(1): 85-97.

AFZALIMEHR H, ANCTIL F, 1998. Estimation of gravel-bed flow resistance[J]. Journal of hydraulic engineering, 124(10): 1054-1058.

BATHURST J C, THORNE C R, HEY R D, 1977. Direct measurements of secondary currents in river bends[J]. Nature, 269(5628): 504-506.

BERTOLDI W, ZANONI L, TUBINO M, 2010. Assessment of morphological changes induced by flow and flood pulses in a gravel bed braided river: The Tagliamento River(Italy)[J]. Geomorphology, 114(3): 348-360.

BLANCKAERT K, 2009. Saturation of curvature-induced secondary flow, energy losses, and turbulence in sharp open-channel bends: Laboratory experiments, analysis, and modeling[J]. Journal of geophysical research: Earth surface, 114(F3): 1-23.

BLANCKAERT K, 2010. Topographic steering, flow recirculation, velocity redistribution, and bed topography in sharp meander bends[J]. Water resources research, 46: 1-23.

BLANCKAERT K, 2011. Hydrodynamic processes in sharp meander bends and their morphological implications[J]. Journal of geophysical research: Earth surface, 116: 1-22.

BRAMLEY J S, DENNIS S C R, 1984. The numerical solution of two-dimentional flow in a branching channel[J]. Computers & fluids, 12(4): 339-355.

BRAUDRICK C A, DIETRICH W E, LEVERICH G T, et al., 2009. Experimental evidence for the conditions necessary to sustain meandering in coarse-bedded rivers[J]. Proceedings of the national academy of sciences, 106(40): 16936-16941.

BRAY D I, 1979. Estimating average velocity in gravel-bed channels[J]. Journal of the hydraulics division, 9(105): 1103-1122.

BRIDGE J S, JARVIS J, 1982. The dynamics of a river bend: A study in flow and sedimentary processes[J].

Sedimentology, 29(4): 499-541.

BROWNLIE W R, 1983. Flow depth in sand-bed channels[J]. Journal of hydraulic engineering, 109(7): 959-990.

CAMPOREALE C, PERONA P, PORPORATO A, et al., 2007. Hierarchy of models for meandering rivers and related morphodynamic processes[J]. Reviews of geophysics, 45(1): 1-28.

CELIK I, RODI W, 1991. Suspended sediment-transport capacity for open channel flow[J]. Journal of hydraulic engineering, 117: 191-204.

CHANG Y C, 1971. Lateral mixing in meandering channels[D]. Iowa: University of Iowa.

CHU H, MOSTAFA M G, 1979. A mathematical model for alluvial channel stability[C]//Proceedings of Engineering Workshop on Sediment Hydraulics. [S.l.]: [s.n.]: 130-150.

CONSTANTINE J A, MCLEAN S R, DUNNE T, 2010. A mechanism of chute cutoff along large meandering rivers with uniform floodplain topography[J]. Geological society of America bulletin, 122: 855-869.

CONSTANTINE J A, DUNNE T, AHMED J, et al., 2014. Sediment supply as a driver of river meandering and floodplain evolution in the Amazon Basin[J]. Nature geoscience, 7: 899-903.

CROSATO A, 2008. Analysis and modelling of river meandering[D]. Delft: Delft University of Technology.

DARGAHI B, 2004. Three-dimensional flow modelling and sediment transport in the River Klarälven[J]. Earth surface processes and landforms, 29(7): 821-852.

DE VRIEND H J, 1981. Steady flow in shallow channel bends[D]. Delft: Delft University of Technology.

DIETRICH W E, SMITH J D, DUNNE T, 1979. Flow and sediment transport in a sand bedded meander[J]. Journal of geology, 87: 305-315.

DIETRICH W E, SMITH J D, 1983. Influence of the point bar on flow through curved channels[J]. Water resources research, 19(5): 1173-1192.

DIETRICH W E, SMITH J D, 1984. Bed load transport in a river meander[J]. Water resources research, 20(20): 1355-1380.

DIETRICH W E, WHITING P, 1989. Boundary shear stress and sediment transport in river meanders of sand and gravel[J]. River meandering, 12: 1-50.

DIJK W M, LAGEWEG W I, KLEINHANS M G, 2012. Experimental meandering river with chute cutoffs[J]. Journal of geophysical research: Earth surface, 117: 1-18.

DIJK W M, SCHUURMAN F, LAGEWEG W I, et al., 2014. Bifurcation instability and chute cutoff development in meandering gravel-bed rivers[J]. Geomorphology, 213: 277-291.

DUAN J G, WANG S S Y, JIA Y, 2001. The applications of the enhanced CCHE2D model to study the alluvial channel migration processes[J]. Journal of hydraulic research, 39(5): 469-480.

DUNNE T, CONSTANTINE J A, SINGER M, 2010. The role of sediment transport and sediment supply in the evolution of river channel and floodplain complexity[J]. Transactions, Japanese geomorphological union, 31: 155-170.

EEKHOUT J P C, HOITINK A J F, 2015. Chute cutoff as a morphological response to stream reconstruction: The possible role of backwater[J]. Water resources research, 51: 3339-3352.

EINSTEIN H, 1952. River channel roughness[J]. Transactions of ASCE, 117(1): 1121-1132.

ELDER J W, 1959. The dispersion of marked fluid in turbulent shear flow[J]. Journal of fluid mechanics,

5(4): 544-560.

ENGEL F L, RHOADS B L, 2012. Interaction among mean flow, turbulence, bed morphology, bank failures and channel planform in an evolving compound meander loop[J]. Geomorphology, 163: 70-83.

ENGELUND F, 1966. Hydraulic resistance of alluvial streams[J]. Journal of the hydraulics division, 92(2): 315-326.

ENGELUND F, 1974. Flow and bed topography in channel bends[J]. American society of civil engineers, 100(11): 1631-1648.

ENGELUND F A, HANSEN E, 1967. A monograph on sediment transport in alluvial streams[R]. Copenhagen: Technical University of Denmark.

FERGUSON R I, PARSONS D R, LANE S N, et al., 2003. Flow in meander bends with recirculation at the inner bank[J]. Water resources research, 39(11): 1322.

FRIEDMAN J M, OSTERKAMP W R, SCOTT M L, et al., 1998. Downstream effects of dams on channel geometry and bottomland vegetation: Regional patterns in the great plains[J]. Wetlands, 18(4): 619-633.

GAUTIER E, BRUNSTEIN D, VAUCHEL P, et al., 2010. Channel and floodplain sediment dynamics in a reach of the tropical meandering Rio Beni(Bolivian Amazonia)[J]. Earth surface processes and landforms, 35: 1838-1853.

GAY G R, GAY H H, GAY W H, et al., 1998. Evolution of cutoffs across meander necks in Powder River, Montana, USA[J]. Earth surface processes and landforms, 23: 651-662.

GORING D G, NIKORA V I, 2002. Despiking acoustic Doppler velocimeter data[J]. Journal of hydraulic engineering, 128: 117-126.

GRENFELL M, AALTO R, NICHOLAS A, 2012. Chute channel dynamics in large, sand-bed meandering rivers[J]. Earth surface processes and landforms, 37: 315-331.

GUAN M, WRIGHT N G, SLEIGH P A, et al., 2015. Assessment of hydro-morphodynamic modelling and geomorphological impacts of a sediment-charged jökulhlaup, at Sólheimajökull, Iceland[J]. Journal of hydrology, 530: 336-349.

HABIBI M, NAMAEE M R, SANEIE M, 2014. An experimental investigation to calculate flow resistance in a steep river[J]. Journal of civil engineering, 18(4): 1176-1184.

HAN J, ZHANG W, FAN Y, et al., 2017. Interacting effects of multiple factors on the morphological evolution of the meandering reaches downstream the Three Gorges Dam[J]. Journal of geographical sciences, 27: 1268-1278.

HARDY R J, LANE S N, YU D, 2011. Flow structures at an idealized bifurcation: A numerical experiment[J]. Earth surface processes and landforms, 36(15): 2083-2096.

HARMAR O P, 2004. Morphological and process dynamics of the Lower Mississippi River[D]. Nottingham: University of Nottingham.

HEY R D, 1988. Bar form resistance in grave-bed rivers[J]. Journal of hydraulic engineering, 114(12): 1498-1508.

HICKIN E J, 1974. The development of meanders in natural river-channels[J]. American journal of science, 274(4): 414-442.

HICKIN E J, 1977. Hydraulic factors controlling channel migration[C]//Research in Fluvial Geomorphology:

Proceedings of the 5th Guelph Geomorphology Symposium. Norwich: Geo Books: 59-66.

HOOKE R L B, 1975. Distribution of sediment transport and shear stress in a meander bend[J]. Journal of geology, 83: 543-565.

HOOKE J M, 2004. Cutoffs galore: Occurrence and causes of multiple cutoffs on a meandering river[J]. Geomorphology, 61: 225-238.

IKEDA S, PARKER G, SAWAI K, 1981. Bend theory of river meanders. Part 1. Linear development[J]. Journal of fluid mechanics, 112: 363-377.

JEFF P, PHILIP J A, JAMES L B, 2007. Meander-bend evolution, alluvial architecture, and the role of cohesion in sinuous river channels: A flume study[J]. Journal of sedimentary research, 77(3): 197-212.

KANDARPA K, DAVIDS N, 1976. Analysis of the fluid dynamic effects on atherogenesis at branching sites[J]. Journal of biomechanics, 9(11): 735-741.

KARIM F, 1995. Bed configuration and hydraulic resistance in alluvial-channel flows[J]. Journal of hydraulic engineering, 121(1): 15-25.

KASHYAP S, CONSTANTINESCU G, RENNIE C D, et al., 2012. Influence of channel aspect ratio and curvature on flow, secondary circulation, and bed shear stress in a rectangular channel bend[J]. Journal of hydraulic engineering, 138(12): 1045-1059.

KASVI E, ALHO P, VAAJA M, et al., 2013a. Spatial and temporal distribution of fluvio-morphological processes on a meander point bar during a flood event[J]. Hydrology research, 44: 1022-1039.

KASVI E, VAAJA M, ALHO P, et al., 2013b. Morphological changes on meander point bars associated with flow structure at different discharges[J]. Earth surface processes and landforms, 38: 577-590.

KEULEGAN G H, 1938. Laws of turbulent flow in open channels[M]. Gaithersburg: National Bureau of Standards.

KIM S C, FRIEDRICHS C T, MAA J Y, et al., 2000. Estimating bottom stress in tidal boundary layer from acoustic Doppler velocimeter data[J]. Journal of hydraulic engineering, 126: 399-406.

LAKSHMANA R N S, SRIDHARAN K, BAIG M Y A, 1968. Experimental study of the diversion flow in an open channel[C]// Conference on Hydraulics and Fluid Mechanics. [S.l.]: [s.n.]: 139-142.

LAW S L, REYNOLDS A J, 1966. Dividing flow in an open channel[J]. Journal of the hydraulics division, 92(2): 207-231.

LEGLEITER C J, HARRISON L R, DUNNE T, 2011. Effect of point bar development on the local force balance governing flow in a simple, meandering gravel bed river[J]. Journal of geophysical research: Earth surface, 116(F1): 1-29.

LEOPOLD L B, WOLMAN M G, 1960. River meanders[J]. Bulletin of the geological society of America, 71: 769-794.

LEOPOLD L B, BAGNOLD R A, WOLMAN M G, et al., 1960. Flow resistance in sinuous or irregular channels[C]//The Physics of Sediment Transport by Wind and Water. Washington, D.C.: U.S. Government Printing Office.

LI D, LU X X, YANG X, et al., 2018b. Sediment load responses to climate variation and cascade reservoirs in the Yangtze River: A case study of the Jinsha River[J]. Geomorphology, 322: 41-52.

LI S, LI Y, YUAN J, et al., 2018a. The impacts of the Three Gorges Dam upon dynamic adjustment mode alterations in the Jingjiang reach of the Yangtze River, China[J]. Geomorphology, 318: 230-239.

LIU Y Q, ZHENG S W, WU Q, 2005. Experimental study of 3-D turbulent bend flows in open channel[J]. Journal of hydrodynamics(Ser. B), 17(6): 704-712.

LOTSARI E, VAAJA M, FLENER C, et al., 2014. Annual bank and point bar morphodynamics of a meandering river determined by high-accuracy multitemporal laser scanning and flow data[J]. Water resources research, 50: 5532-5559.

MACWILLIAMS M L, WHEATON J M, PASTERNACK G B, et al., 2006. Flow convergence routing hypothesis for pool-riffle maintenance in alluvial rivers[J]. Water resources research, 42: 1-21.

MARREN P M, GROVE J R, WEBB J A, et al., 2014. The potential for dams to impact lowland meandering river floodplain geomorphology[J]. The scientific world journal, 2014: 1-24.

MCGOWEN J H, GARNER L E, 1970. Physiographic features and stratification types of coarse-grained pointbars: Modern and ancient examples[J]. Sedimentology, 14(1/2): 77-111.

MICHELI E R, LARSEN E W, 2011. River channel cutoff dynamics, Sacramento River, California, USA[J]. River research and applications, 27: 328-344.

MILLER J R, FRIEDMAN J M, 2009. Influence of flow variability on floodplain formation and destruction, Little Missouri River, North Dakota[J]. Geological society of America bulletin, 121: 752-759.

NEARY V S, ODGAARD A J, 1993. Three-dimentional flow structure at open-channel diversions[J]. Journal of hydraulic engineering, 119: 1223-1230.

NEARY V S, SOTIROPOULOS F, ODGAARD A J, 1999. Three-dimensional numerical model of lateral-intake inflows[J]. Journal of hydraulic engineering, 125(2): 126-140.

NICOLL T J, HICKIN E J, 2010. Planform geometry and channel migration of confined meandering rivers on the Canadian prairies[J]. Geomorphology, 116(1/2): 37-47.

NIKORA V I, GORING D G, 1998. ADV measurements of turbulence: Can we improve their interpretation?[J]. Journal of hydraulic engineering, 124: 630-634.

PARSHEH M, SOTIROPOULOS F, PORTÉ-AGEL F, 2010. Estimation of power spectra of acoustic-Doppler velocimetry data contaminated with intermittent spikes[J]. Journal of hydraulic engineering, 136: 368-378.

PETERSON A W, PETERSON A E, 1988. Mobile boundary flow: An assessment of velocity and sediment discharge relationships[J]. Canadian journal of civil engineering, 15(4): 539-546.

PETTS G E, GURNELL A M, 2005. Dams and geomorphology: Research progress and future directions[J]. Geomorphology, 71(1/2): 27-47.

PYRCE R S, ASHMORE P E, 2005. Bedload path length and point bar development in gravel-bed river models[J]. Sedimentology, 52: 839-857.

RAMAMURTHY A S, TRAN D M, CARBALLADA L B, 1990. Dividing flow in open-channels[J]. Journal of hydraulic engineering, 116(3): 449-455.

RAUDKIVI A J, 1997. Ripples on stream bed[J]. Journal of hydraulic engineering, 123(1): 58-64.

SHETTAR A S, KESHAVA M K, 1996. A numerical study of division of flow in open channels[J]. Journal of hydraulic research, 34(5): 651-675.

SHIELDS JR F D, SIMON A, STEFFEN L J, 2000. Reservoir effects on downstream river channel migration[J]. Environmental conservation, 27(1): 54-66.

SHIN Y H, JULIEN P Y, 2010. Changes in hydraulic geometry of the Hwang River below the Hapcheon Re-regulation Dam, South Korea[J]. International journal of river basin management, 8(2): 139-150.

SMITH L M, WINKLEY B R, 1996. The response of the Lower Mississippi River to river engineering[J]. Engineering geology, 45(1/2/3/4): 433-455.

SMITH G H S, ASHWORTH P J, BEST J L, et al., 2006. The sedimentology and alluvial architecture of the sandy braided South Saskatchewan River, Canada[J]. Sedimentology, 53(2): 413-434.

SOBOL I M, 1993. Sensitivity estimates for nonlinear mathematical models[J]. Mathematical modelling and computational experiments, 1(4): 407-414.

SOULSBY R L, DYER K R, 1981. The form of the near-bed velocity profile in a tidally accelerating flow[J]. Journal of geophysical research: Oceans, 86: 8067-8074.

STAPLETON K R, HUNTLEY D A, 1995. Seabed stress determinations using the inertial dissipation method and the turbulent kinetic energy method[J]. Earth surface processes and landforms, 20: 807-815.

TAYLOR E H, 1944. Flow characteristics at open-channel junctions[J]. American society of civil engineers transactions, 109: 893-902.

THOMPSON A, 1986. Secondary flows and the pool-riffle unit: A case study of the processes of meander development[J]. Earth surface processes and landforms, 11: 631-641.

THOMPSON C E, AMOS C L, JONES T E R, et al., 2003. The manifestation of fluid-transmitted bed shear stress in a smooth annular flume-a comparison of methods[J]. Journal of coastal research, 19: 1094-1103.

VAN DE LAGEWEG W I, VAN DIJK W M, BAAR A W, et al., 2014. Bank pull or bar push: What drives scroll-bar formation in meandering rivers?[J]. Geology, 42(4): 319-322.

VAN RIJN L C, 1982. Equivalent roughness of alluvial bed[J]. Journal of the hydraulics division, 108(10): 1215-1218.

VAN RIJN L C, 1984. Sediment transport, part III: Bed forms and alluvial roughness[J]. Journal of hydraulic engineering, 110(12): 1733-1754.

VASQUEZ J A, 2005. Two-dimensional numerical simulation of flow diversions[C]//17th Canadian Hydrotechnical Conference: Hydrotechnical Engineering: Cornerstone of a Sustainable Environment. [S.l.]: [s.n.]: 17-19.

VOULGARIS B, TROWBRIDGE J H, 1998. Evaluation of the acoustic Doppler velocimeter(ADV) for turbulence measurements[J]. Journal of atmospheric and oceanic technology, 15: 272-289.

WAHL T L, 2003. Discussion of despiking acoustic Doppler velocimeter data[J]. Journal of hydraulic engineering, 129: 484-487.

WELLMEYER J L, SLATTERY M C, PHILLIPS J D, 2005. Quantifying downstream impacts of impoundment on flow regime and channel planform, lower Trinity River, Texas[J]. Geomorphology, 69(1/2/3/4): 1-13.

WU W, 2004. Depth-averaged two-dimensional numerical modeling of unsteady flow and nonuniform sediment transport in open channels[J]. Journal of hydraulic engineering, 130(10): 1013-1024.

WU W, WANG S S Y, 1999. Movable bed roughness in alluvial rivers [J]. Journal of hydraulic engineering, 125(12): 1309-1312.

XIA J, DENG S, LU J, et al., 2016. Dynamic channel adjustments in the Jingjiang reach of the middle

Yangtze River[J]. Scientific reports, 6(1): 1-10.

YANG S L, ZHANG J, XU X J, 2007. Influence of the Three Gorges Dam on downstream delivery of sediment and its environmental implications, Yangtze River[J]. Geophysical research letters, 34(10): 1-5.

YANG S L, MILLIMAN J D, XU K H, et al., 2014. Downstream sedimentary and geomorphic impacts of the Three Gorges Dam on the Yangtze River[J]. Earth-science reviews, 138: 469-486.

YANG H, LIN B, ZHOU J, 2015. Physics-based numerical modelling of large braided rivers dominated by suspended sediment[J]. Hydrological processes, 29(8): 1925-1941.

YEH K C, KENNEDY J F, 1993. Moment model of nonuniform channel-bend flow. I: Fixed beds[J]. Journal of hydraulic engineering, 119(7): 776-795.

ZAHAR Y, GHORBEL A, ALBERGEL J, 2008. Impacts of large dams on downstream flow conditions of rivers: Aggradation and reduction of the Medjerda channel capacity downstream of the Sidi Salem Dam(Tunisia)[J]. Journal of hydrology, 351(3/4): 318-330.

ZINGER J A, RHOADS B L, BEST J L, et al., 2013. Flow structure and channel morphodynamics of meander bend chute cutoffs: A case study of the Wabash River, USA[J]. Journal of geophysical research: Earth surface, 118(4): 2468-2487.